虚拟现实理论基础与应用开发实践

盛斌、鲍健运、连志翔　编著

上海交通大学出版社
SHANGHAI JIAO TONG UNIVERSITY PRESS

内容简介

本书分为 10 章。第 1 章为虚拟现实技术概论,第 2 章为渲染流水线,第 3 章为光线追踪理论基础及典型光线追踪算法,第 4 章为辐射度算法原理,第 5 章为动画基础及群体动画技术,第 6 章为 Unity 安装与基础,第 7 章为 Unity 基础,第 8 章为 Unity 入门案例,第 9 章为基于 HTCVive 的 VR 环境搭建,第 10 章为虚拟现实课程大作业——Viking Quest VR。

本书可作为对虚拟现实背景、技术与应用及其相关工具使用有兴趣的计算机相关专业的读者使用。

图书在版编目(CIP)数据

虚拟现实理论基础与应用开发实践 / 盛斌,鲍健运,
连志翔编著. —上海:上海交通大学出版社,2019
ISBN 978-7-313-21335-8

Ⅰ.①虚… Ⅱ.①盛… ②鲍… ③连… Ⅲ.①虚拟现
实 Ⅳ.①TP391.98

中国版本图书馆 CIP 数据核字(2019)第 101948 号

虚拟现实理论基础与应用开发实践

编　著:盛　斌　鲍健运　连志翔
出版发行:上海交通大学出版社　　　　　　地　　址:上海市番禺路 951 号
邮政编码:200030　　　　　　　　　　　　电　　话:021-64071208
印　　制:上海万卷印刷股份有限公司　　　经　　销:全国新华书店
开　　本:889 mm×1194 mm　1/16　　　　印　　张:23.75
字　　数:677 千字
版　　次:2019 年 6 月第 1 版　　　　　　印　　次:2019 年 6 月第 1 次印刷
书　　号:ISBN 978-7-313-21335-8/TP
定　　价:158.00 元

前　言

近年来,随着虚拟现实(virtual reality,VR)技术的快速发展,其在很多领域显示出开创性的引领作用,同时也展露出巨大的应用价值。VR利用计算机模拟产生一个三维空间的虚拟世界,提供给用户关于视觉、听觉、触觉等感官的影像。随着虚拟技术的普及应用,增强现实(augmented reality,AR)犹如一匹闯入人们生活中的黑马,格外引人注意,它是基于虚拟现实技术而发展起来的一门新技术,是计算机系统提供给用户对现实世界感知的技术,是将虚拟的信息应用到真实世界的技术。

本书共分为10章。第1章为虚拟现实技术概论,第2章为渲染流水线,第3章为光线追踪理论基础及典型光线追踪算法,第4章为辐射度算法原理,第5章为动画基础及群体动画技术,第6章为Unity安装与基础,第7章为Unity基础,第8章为Unity入门案例,第9章为基于HTCVive的VR环境搭建,第10章为虚拟现实课程大作业——Viking Quest VR。主要介绍了虚拟现实技术,并且从操作应用的角度,利用多个Unity入门案例引导读者学会三维建模工具的使用,使读者既具备基本理论知识又有实际操作能力,成为虚拟现实技术的掌握者和应用者。VR和AR技术固然重要,但更重要的是各个领域的技术人员在该领域的参与及专业技术上的融合,使其达到在众多领域的推广应用,体现出其更大的价值。

本书的一些内容来自书后列出的参考文献,在此对这些作者所做出的成绩和贡献表示崇高的敬意和深深的感谢！由于VR和AR技术的不断发展及我们掌握的技术有限,书中存在的不当之处,敬请读者批评指正。

目 录

第**1**章 绪 论

虚拟现实技术是一种可以创建和体验虚拟世界的计算机仿真系统,它利用计算机生成一种模拟环境,是一种多源信息融合的、交互式的三维动态视景和实体行为的系统仿真使用户沉浸到该环境中。

1.1 简介

虚拟现实技术是仿真技术的一个重要方向,是仿真技术与计算机图形学人机接口技术、多媒体技术、传感技术、网络技术等多种技术的集合,是一门富有挑战性的交叉技术前沿学科和研究领域[1]。虚拟现实(virtual reality, VR)技术主要包括模拟环境、感知、自然技能和传感设备等方面。模拟环境是由计算机生成的、实时动态的三维立体逼真图像。感知是指理想的 VR 应该具有一切人所具有的感知。除计算机图形技术所生成的视觉感知外,还有听觉、触觉、力觉、运动等感知,甚至还包括嗅觉和味觉等,也称为多感知。自然技能是指人的头部转动,眼睛、手势、或其他人体行为动作,由计算机来处理与参与者的动作相适应的数据,并对用户的输入作出实时响应,并分别反馈到用户的五官[1]。传感设备是指三维交互设备。

虚拟现实技术演变发展史大体上可以分为四个阶段:有声形动态的模拟是蕴涵虚拟现实思想的第一阶段(1963 年以前);虚拟现实萌芽为第二阶段(1963—1972 年);虚拟现实概念的产生和理论初步形成为第三阶段(1973—1989 年);虚拟现实理论进一步的完善和应用为第四阶段(1990—2004 年)[2]。

1.2 特征

虚拟现实技术的主要特征叙述如下。

(1)多感知性。指除一般计算机所具有的视觉感知外,还有听觉感知、触觉感知、运动感知,甚至还包括味觉、嗅觉、感知等。理想的虚拟现实应该具有一切人所具有的感知功能。

(2)存在感。指用户感到作为主角存在于模拟环境中的真实程度。理想的模拟环境应该达到使用户难辨真假的程度。

(3)交互性。指用户对模拟环境内物体的可操作程度和从环境得到反馈的自然程度。

（4）自主性。指虚拟环境中的物体依据现实世界物理运动定律动作的程度。

1.3　关键技术

虚拟现实是多种技术的综合，包括实时三维计算机图形技术，广角（宽视野）立体显示技术，对观察者头、眼和手的跟踪技术，以及触觉/力觉反馈、立体声、网络传输、语音输入输出技术等[3]。下面对这些技术分别加以说明。

1）实时三维计算机图形

相比较而言，利用计算机模型产生图形图像并不是太难的事情。如果有足够准确的模型，又有足够的时间，我们就可以生成不同光照条件下各种物体的精确图像，但是这里的关键是实时。例如，在飞行模拟系统中，图像的刷新相当重要，同时对图像质量的要求也很高，再加上非常复杂的虚拟环境，问题就变得相当困难。

2）显示

人看周围的世界时，由于两只眼睛的位置不同，得到的图像略有不同，这些图像在脑子里融合起来，就形成了一个关于周围世界的整体景象，这个景象中包括了距离远近的信息。当然，距离信息也可以通过其他方法获得，如眼睛焦距的远近、物体大小的比较等。

在 VR 系统中，双目立体视觉起了很大作用。用户的两只眼睛看到的不同图像是分别产生的，显示在不同的显示器上。有的系统采用单个显示器，但用户带上特殊的眼镜后，一只眼睛只能看到奇数帧图像，另一只眼睛只能看到偶数帧图像，奇、偶帧之间的不同即视差就产生了立体感。

用户（头、眼）的跟踪：在人造环境中，每个物体相对于系统的坐标系都有一个位置与姿态，而用户也是如此。用户看到的景象是由用户的位置和头（眼）的方向来确定的。

跟踪头部运动的虚拟现实头套：在传统的计算机图形技术中，视场的改变是通过鼠标或键盘来实现的，用户的视觉系统和运动感知系统是分离的，而利用头部跟踪来改变图像的视角，用户的视觉系统和运动感知系统之间就可以联系起来，感觉更逼真。另一个优点是，用户不仅可以通过双目立体视觉去认识环境，而且可以通过头部的运动去观察环境。

在用户与计算机的交互中，键盘和鼠标是目前最常用的工具，但对于三维空间来说，它们都不太适合。在三维空间中因为有六个自由度，我们很难找出比较直观的办法把鼠标的平面运动映射成三维空间的任意运动。现在，已经有一些设备可以提供六个自由度，如 3Space 数字化仪和 SpaceBall 空间球等。另外一些性能比较优异的设备是数据手套和数据衣。

3）声音

人能够很好地判定声源的方向。在水平方向上，我们靠声音的相位差及强度的差别来确定声音的方向，因为声音到达两只耳朵的时间或距离有所不同。常见的立体声效果就是靠左右耳听到在不同位置录制的不同声音来实现的，所以会有一种方向感。现实生活里，当头部转动时，听到的声音的方向就会改变。但目前在 VR 系统中，声音的方向与用户头部的运动无关。

4）感觉反馈

在一个 VR 系统中，用户可以看到一个虚拟的杯子。你可以设法去抓住它，但是你的手没有真正接触杯子的感觉，并有可能穿过虚拟杯子的"表面"，而这在现实生活中是不可能的。解决这一问题的常用装置是在手套内层安装一些可以振动的触点来模拟触觉。

5）语音

在 VR 系统中，语音的输入输出也很重要。这就要求虚拟环境能听懂人的语言，并能与人实时交互。而让计算机识别人的语音是相当困难的,因为语音信号和自然语言信号有其"多边性"和复杂性。例如,连续语音中词与词之间没有明显的停顿,同一词、同一字的发音受前后词、字的影响,不仅不同人说同一词会有所不同,就是同一人发音也会受到心理、生理和环境的影响而有所不同。

使用人的自然语言作为计算机输入目前有两个问题,首先是效率问题,为便于计算机理解,输入的语音可能会相当啰嗦。其次是正确性问题,计算机理解语音的方法是对比匹配,而没有人的智能。

1.4 技术特点

VR 艺术是伴随着"虚拟现实时代"的来临应运而生的一种新兴而独立的艺术门类,在《虚拟现实艺术:形而上的终极再创造》一文中,关于 VR 艺术有如下的定义:"以虚拟现实(VR)、增强现实(augmented reality,AR)等人工智能技术作为媒介手段加以运用的艺术形式,称为虚拟现实艺术,简称 VR 艺术。该艺术形式的主要特点是超文本性和交互性。"

"作为现代科技前沿的综合体现,VR 艺术是通过人机界面对复杂数据进行可视化操作与交互的一种新的艺术语言形式,它吸引艺术家的重要之处,在于艺术思维与科技工具的密切交融和二者深层渗透所产生的全新的认知体验。与传统视窗操作下的新媒体艺术相比,交互性和扩展的人机对话,是 VR 艺术呈现其独特优势的关键所在。从整体意义上说,VR 艺术是以新型人机对话为基础的交互性的艺术形式,其最大优势在于建构作品与参与者的对话,通过对话揭示意义生成的过程。

艺术家通过对 VR、AR 等技术的应用,可以采用更为自然的人机交互手段控制作品的形式,塑造出更具沉浸感的艺术环境和现实情况下不能实现的梦想,并赋予创造的过程以新的含义。如具有 VR 性质的交互装置系统可以设置观众穿越多重感官的交互通道以及穿越装置的过程,艺术家可以借助软件和硬件的顺畅配合来促进参与者与作品之间的沟通与反馈,创造良好的参与性和可操控性;也可以通过视频界面进行动作捕捉,储存访问者的行为片段,以保持参与者的意识增强性为基础,同步放映增强效果和重新塑造、处理过的影像;通过增强现实、混合现实等形式,将数字世界和真实世界结合在一起,观众可以通过自身动作控制投影的文本,如数据手套可以提供力的反馈,可移动的场景、360 度旋转的球体空间不仅增强了作品的沉浸感,而且可以使观众进入作品的内部,操纵它、观察它的过程,甚至赋予观众参与再创造的机会。"

1.5 技术应用

1) 医学

VR 在医学方面的应用具有十分重要的现实意义[4]。在虚拟环境中,可以建立虚拟的人体模型,借助于跟踪球、头盔显示器(helmet mounted display,HMD)、感觉手套,学生可以很容易了解人体内部各器官结构,这比现有的采用教科书的方式要有效得多。Pieper 及 Satara 等研究者在 20 世纪 90 年代初基于两个 SGI 工作站建立了一个虚拟外科手术训练器,用于腿部及腹部外科手术模拟。这个虚拟的环境包括虚拟的手术台与手术灯、虚拟的外科工具(如手术刀、注射器、手术钳等)、虚拟的人体模型与器官等。借助于 HMD 及感觉手套,使用者可以对虚拟的人体模型进行手术。但该系统有待进一步改进,如需提高环境的真实感,增加网络功能,使其能同时培训多个使用者,或可在外地专家的指导下工作等。手术后果预测及改善残疾人生活状况,乃至新型药物的研制等方面,VR 技术都有十分重要的意义。

在医学院校,学生可在虚拟实验室中,进行"尸体"解剖和各种手术练习[5]。用这项技术,由于不受标本、场地等的限制，所以培训费用大大降低。一些用于医学培训、实习和研究的虚拟现实系统，仿真程度非常高，其优越性和效果是不可估量和不可比拟的。例如，导管插入动脉的模拟器，可以使学生反复实践导管插入动脉时的操作；眼睛手术模拟器，根据人眼的前眼结构创造出三维立体图像，并带有实时的触觉反馈，学生利用它可以观察模拟移去晶状体的全过程，并观察到眼睛前部结构的血管、虹膜和巩膜组织及角膜的透明度等。还有麻醉虚拟现实系统、口腔手术模拟器等。

外科医生在真正动手术之前，通过虚拟现实技术的帮助，能在显示器上重复地模拟手术，移动人体内的器官，寻找最佳手术方案并提高熟练度。在远距离外科手术遥控、复杂手术的计划安排、手术过程的信息指导、手术后果预测及残疾人生活状况的改善，乃至新药研制等方面，虚拟现实技术都能发挥十分重要的作用[6]。

2）娱乐

丰富的感觉能力与3D显示环境使得VR成为理想的视频游戏工具。由于在娱乐方面对VR的真实感要求不是太高，故近些年来VR在该方面发展最为迅猛。如Chicago（芝加哥）开放了世界上第一台大型可供多人使用的VR娱乐系统，其主题是关于3025年的一场未来战争[7]；英国开发的称为"Virtuality"的VR游戏系统，配有HMD，大大增强了真实感[8]；1992年的一台称为"Legeal Qust"的系统由于增加了人工智能功能，使计算机具备了自学习功能，大大增强了趣味性及难度，使该系统获该年度VR产品奖。另外在家庭娱乐方面VR也显示出了很好的前景[9]。

作为传输显示信息的媒体，VR在未来艺术领域方面所具有的潜在应用能力也不可低估。VR所具有的临场参与感与交互能力可以将静态的艺术（如油画、雕刻等）转化为动态的，可以使观赏者更好地欣赏作者的思想艺术。另外，VR提高了艺术表现能力，如一个虚拟的音乐家可以演奏各种各样的乐器，手足不便的人或远在外地的人可以在他生活的居室中去虚拟的音乐厅欣赏音乐会等等。

对艺术的潜在应用价值同样适用于教育，如在解释一些复杂的系统抽象的概念如量子物理等方面，VR是非常有力的工具，Lofin等在1993年建立了一个"虚拟的物理实验室"，用于解释某些物理概念，如位置与速度、力量与位移等。

3）军事航天及室内设计

模拟训练一直是军事与航天工业中的一个重要课题，这为VR提供了广阔的应用前景。美国国防部高级研究计划局DARPA自20世纪80年代起一直致力于研究称为SIMNET的虚拟战场系统，以提供坦克协同训练，该系统可连接200多台模拟器[10]。另外利用VR技术，可模拟零重力环境，代替非标准的水下训练宇航员的方法。

虚拟现实不仅仅是一个演示媒体，而且还是一个设计工具。它以视觉形式反映了设计者的思想，比如装修房屋之前，你首先要做的事是对房屋的结构、外形做细致的构思，为了使之定量化，你还需设计许多图纸，当然这些图纸只能内行人读懂，虚拟现实可以把这种构思变成看得见的虚拟物体和环境，使以往只能借助传统的设计模式提升到数字化的即看即所得的完美境界，大大提高了设计和规划的质量与效率。运用虚拟现实技术，设计者可以完全按照自己的构思去构建装饰"虚拟"的房间，并可以任意变换自己在房间中的位置，去观察设计的效果，直到满意为止。既节省了时间，又节省了做模型的费用。

4）房产开发

随着房地产业竞争的加剧，传统的展示手段如平面图、表现图、沙盘、样板房等已经远远无法满足消费者的需要。因此敏锐把握市场动向，果断启用最新的技术并迅速转化为生产力，方可以领先一步，击溃竞争对手。虚拟现实技术是集影视广告、动画、多媒体、网络科技于一身的最新型的房地产营销方式，在国内的广州、上海、北京等大城市，国外的加拿大、美国等经济和科技发达的国家都非常热门，是当今房地产行业一个综合实力的象征和标志，其最主要的核心是房地产销售！同时在房地产开发中的其他重要环节包括申报、审批、设计、宣传等方面都有着非常迫切的需求。

房地产项目的表现形式可大致分为：实景模式、水晶沙盘两种。其中可对项目周边配套、红线以内建筑和总平、内部业态分布等进行详细剖析展示，由外而内表现项目的整体风格，并可通过鸟瞰、内部漫游、自动动画播放等形式对项目逐一表现，增强了讲解过程的完整性和趣味性。

5）工业仿真

当今世界工业已经发生了巨大的变化，大规模人海战术早已不再适应工业的发展，先进科学技术的应用显现出巨大的威力，特别是虚拟现实技术的应用正对工业进行着一场前所未有的革命。虚拟现实已经被世界上一些大型企业广泛地应用到工业的各个环节，对企业提高开发效率，加强数据采集、分析、处理能力，减少决策失误，降低企业风险起到了重要的作用。虚拟现实技术的引入，将使工业设计的手段和思想发生质的飞跃，更加符合社会发展的需要，可以说在工业设计中应用虚拟现实技术是可行且必要的。

工业仿真系统不是简单的场景漫游，是真正意义上用于指导生产的仿真系统，它结合用户业务层功能和数据库数据组建一套完全的仿真系统，可组建 B/S、C/S 两种架构的应用，可与企业 ERP、MIS 系统无缝对接，支持 SqlServer、Oracle、MySql 等主流数据库。

工业仿真所涵盖的范围很广，从简单的单台工作站上的机械装配到多人在线协同演练系统。下面列举一些工业仿真的应用领域：

（1）石油、电力、煤炭行业多人在线应急演练；

（2）市政、交通、消防应急演练；

（3）多人多工种协同作业（化身系统、机器人人工智能）；

（4）虚拟制造/虚拟设计/虚拟装配（CAD/CAM/CAE）；

（5）模拟驾驶、训练、演示、教学、培训等；

（6）军事模拟、指挥、虚拟战场、电子对抗；

（7）地形地貌、地理信息系统（GIS）；

（8）生物工程（基因/遗传/分子结构研究）；

（9）虚拟医学工程（虚拟手术/解剖/医学分析）；

（10）建筑视景与城市规划、矿产、石油；

（11）航空航天、科学可视化。

6）应急推演

防患于未然，是各行各业尤其是具有一定危险性行业（消防、电力、石油、矿产等）的关注重点，如何确保在事故来临之时做到最小的损失，定期的执行应急推演是传统并有效的一种防患方式，但其弊端也相当明显，投入成本高，每一次推演都要投入大量的人力、物力，大量的投入使得其不可能进行频繁性的执行，虚拟现实的产生为应急演练提供了一种全新的开展模式，将事故现场模拟到虚拟场景中去，在这里人为地制造各种事故情况，组织参演人员做出正确响应。这样的推演大大降低了投入成本，提高了推演实训时间，从而保证了人们面对事故灾难时的应对技能，并且可以打破空间的限制方便地组织各地人员进行推演，这样的案例已有应用，必将是今后应急推演的一个趋势。

虚拟演练有着如下优势：

（1）仿真性。虚拟演练环境是以现实演练环境为基础进行搭建的，操作规则同样立足于现实中实际的操作规范，理想的虚拟环境甚至可以达到使受训者难辨真假的程度。

（2）开放性。虚拟演练打破了演练空间上的限制，受训者可以在任意的地理环境中进行集中演练，身处何地的人员，只要通过相关网络通信设备即可进入相同的虚拟演练场所进行实时的集中化演练。

（3）针对性。与现实中的真实演练相比，虚拟演练的一大优势就是可以方便地模拟任何培训科目，借助虚拟现实技术,受训者可以将自身置于各种复杂、突发环境中去,从而进行针对性训练,提高自身的应变能力与相关处理技能。

(4)自主性。借助自身的虚拟演练系统,各单位可以根据自身实际需求在任何时间、任何地点组织相关培训指导,受训者等相关人员进行演练,并快速取得演练结果,进行演练评估和改进。受训人员亦可以自发地进行多次重复演练,使受训人员始终处于培训的主导地位,掌握受训主动权,大大增加演练时间和演练效果。

(5)安全性。作为电力培训中重中之重的安全性,虚拟的演练环境远比现实中安全,培训与受训人员可以大胆地在虚拟环境中尝试各种演练方案,即使创下"大祸",也不会造成"恶果",而是将这一切放入演练评定中去,作为最后演练考核的参考。这样,在确保受训人员人身安全万无一失的情况下,受训人员可以卸去事故隐患的包袱,尽可能极端地进行演练,从而大幅地提高自身的技能水平,确保在今后实际操作中的人身与事故安全。

结合以上特性,实际是将相关油气田和电子设施数字化,为企业构建一套全数字开放式数字资源库,通过在数字虚拟空间内实时录制、构建一套应急演练库,并可在虚拟数字环境中再现相应应急演练流程,在虚拟的环境中提高员工的业务水平。

将虚拟现实技术应用于电力相关培训中去,有着无可比拟的优势,打造虚拟的演练平台,毋庸置疑的将是电力培训的一个趋势。

7)文物古迹

利用虚拟现实技术,结合网络技术,可以将文物的展示、保护提高到一个崭新的阶段。首先表现在将文物实体通过影像数据采集手段,建立起实物三维或模型数据库,保存文物原有的各项形式数据和空间关系等重要资源,实现濒危文物资源的科学、高精度和永久的保存。其次利用这些技术来提高文物修复的精度和预先判断、选取将要采用的保护手段,同时可以缩短修复工期。通过计算机网络来整合统一大范围内的文物资源,并且通过网络在大范围内来利用虚拟技术更加全面、生动、逼真地展示文物,从而使文物脱离地域限制,实现资源共享,真正成为全人类可以"拥有"的文化遗产。使用虚拟现实技术可以推动文博行业更快地进入信息时代,实现文物展示和保护的现代化。

8)游戏

三维游戏既是虚拟现实技术重要的应用方向之一,也为虚拟现实技术的快速发展起了巨大的需求牵引作用。尽管存在众多的技术难题,虚拟现实技术在竞争激烈的游戏市场中还是得到了越来越多的重视和应用。可以说,电脑游戏自产生以来,一直都在朝着虚拟现实的方向发展,虚拟现实技术发展的最终目标已经成为三维游戏工作者的崇高追求。从最初的文字 MUD 游戏,到二维游戏、三维游戏,再到网络三维游戏,游戏在保持其实时性和交互性的同时,逼真度和沉浸感正在一步步地提高和加强。我们相信,随着三维技术的快速发展和软硬件技术的不断进步,在不远的将来,真正意义上的虚拟现实游戏必将为人类娱乐、教育和经济发展做出新的更大的贡献。

9)Web3D

Web3D 主要有四类运用方向:商业、教育、娱乐和虚拟社区。对企业和电子商务三维的表现形式,能够全方位的展现一个物体,具有二维平面图像不可比拟的优势。企业将他们的产品发布成网上三维的形式,能够展现出产品外形的方方面面,加上互动操作,演示产品的功能和使用操作,充分利用互联网高速迅捷的传播优势来推广公司的产品。对于网上电子商务,将销售产品展示做成在线三维的形式,顾客通过对之进行观察和操作能够对产品有更加全面的认识了解,决定购买的概率必将大幅增加,为销售者带来更多的利润。

对教育业现今的教学方式,不再是单纯地依靠书本、教师授课的形式。计算机辅助教学(computer assisted instruction, CAI)的引入,弥补了传统教学所不能达到的诸多方面。在表现一些空间立体化的知识,如原子、分子的结构,分子的结合过程,机械的运动时,三维的展现形式必然使学习过程形象化,学生更容易接受和掌握。许多实际经验告诉我们,做比听和说更能接受更多的信息。使用具有交互功能的3D课件,学生可以在实际的动手操作中得到更深的体会。

对计算机远程教育系统而言,引入 Web3D 内容必将达到很好的在线教育效果。现今,互联网上已不是单一静止的世界,动态 HTML、Flash 动画、流式音视频,使整个互联网呈现生机盎然。动感的页面较之静态页面更能吸引更多的浏览者。三维的引入,必将造成新一轮的视觉冲击,使网页的访问量提升。娱乐站点可以在页面上建立三维虚拟主持这样的角色来吸引浏览者。游戏公司除了在光盘上发布 3D 游戏外,网络环境中运行在线三维游戏。利用互联网络的优势,受众和覆盖面得到迅速扩张。

对虚拟现实展示与虚拟社区使用 Web3D 实现网络上的 VR 展示,只需构建一个三维场景,人以第一视角在其中穿行。场景和控制者之间能产生交互,加之高质量的生成画面使人产生身临其境的感觉,这为虚拟展厅、建筑房地产虚拟漫游展示,提供了解决方案。如果是建立一个多用户而且可以互相传递信息的环境,也就形成了所谓的虚拟社区。

如图 1-1 所示,表演者佩戴 17 个无线传感器、3 个无线收发器组成的动作捕捉服,连接到实时网,在虚拟情景中互动。加上头戴式显示器,跟踪头部和身体,可以给到“我”身临其境的体验。

Web3D 技术同样可以在三维定位监控、工业过程控制、建筑信息模型(building information model, BIM)、场馆虚拟展示等系统中得到应用。

图 1-1　VR 展示

10）道路桥梁

城市规划一直是对全新的可视化技术需求最为迫切的领域之一,虚拟现实技术可以广泛地应用在城市规划的各个方面,并带来切实且可观的利益。虚拟现实技术对于道路桥梁应用现状在高速公路与桥梁建设中也得到了应用。由于道路桥梁需要同时处理大量的三维模型与纹理数据,导致这种形势需要很高的计算机性能作为后台支持,但随着近些年来计算机软硬件技术的提高,一些原有的技术瓶颈得到了解决,使虚拟现实的应用达到了前所未有的发展。

在我国,许多学院和机构也一直在从事这方面的研究与应用。三维虚拟现实平台软件,可广泛地应用于桥梁道路设计等行业。该软件适用性强、操作简单、功能强大、高度可视化、所见即所得,它的出现将给正在发展的 VR 产业注入新的活力。虚拟现实技术在高速公路和道路桥梁建设方面有着非常广阔的应用前景,可由后台置入稳定的数据库信息,便于大众对各项技术指标进行实时的查询,周边再辅以多种媒体信息,如工程背景介绍、标段概况、技术数据、截面、电子地图、声音、图像、动画等,并与核心的虚拟技术产生交互,从而实现演示场景中的导航、定位与背景信息介绍等诸多实用、便捷的功能。

11）地理

应用虚拟现实技术,将三维地面模型、正射影像和城市街道、建筑物及市政设施的三维立体模型融合在一起,再现城市建筑及街区景观,用户在显示屏上可以很直观地看到生动逼真的城市街道景观,可以进行诸如查询、量测、漫游、飞行浏览等一系列操作,满足数字城市技术由二维地理信息系统(geographic information system, GIS)向三维虚拟现实的可视化发展需要,为城建规划、社区服务、物业管理、消防安全、旅游交通等提供可视化空间地理信息服务。

电子地图技术是集地理信息系统技术、数字制图技术、多媒体技术和虚拟现实技术等多项现代技术为一体的综合技术。电子地图是一种以可视化的数字地图为背景,用文本、照片、图表、声音、动画、视频等多媒体为表现手段展示城市、企业、旅游景点等区域综合面貌的现代信息产品,它可以存贮于计算机外存,以只读光盘、网络等形式传播,以桌面计算机或触摸屏计算机等形式提供大众使用。由于电子地图产品结合了数字制图技术的可视化功能、数据查询与分析功能以及多媒体技术和虚拟现实技术的信息表现手段,加上现代电子传播技术的作用,它一出现就赢得了社会的广泛兴趣。

12)教育

虚拟现实应用于教育是教育技术发展的一个飞跃。它营造了"自主学习"的环境,由传统的"以教促学"的学习方式代之为学习者通过自身与信息环境的相互作用来得到知识、技能的新型学习方式。

它主要具体应用在以下几个方面:

(1)科技研究。当前许多高校都在积极研究虚拟现实技术及其应用,并相继建起了虚拟现实与系统仿真的研究室,将科研成果迅速转化成实用技术,如北京航天航空大学在分布式飞行模拟方面的应用,浙江大学在建筑方面进行虚拟规划、虚拟设计的应用,哈尔滨工业大学在人机交互方面的应用,清华大学对临场感的研究等都颇具特色。有的研究室甚至已经具备独立承接大型虚拟现实项目的实力。虚拟学习环境虚拟现实技术能够为学生提供生动、逼真的学习环境,如建造人体模型、电脑太空旅行、化合物分子结构显示等,在广泛的科目领域提供无限的虚拟体验,从而加速和巩固学生学习知识的过程。亲身去经历、亲身去感受比空洞抽象的说教更具说服力,主动地去交互与被动地灌输,有本质的差别。虚拟实验利用虚拟现实技术,可以建立各种虚拟实验室,如地理、物理、化学、生物实验室等等,拥有传统实验室难以比拟的优势:

① 节省成本。通常我们由于设备、场地、经费等硬件的限制。许多实验都无法进行。而利用虚拟现实系统,学生足不出户便可以做各种实验,获得与真实实验一样的体会。在保证教学效果的前提下,极大地节省了成本。

② 规避风险。真实实验或操作往往会带来各种危险,利用虚拟现实技术进行虚拟实验,学生在虚拟实验环境中,可以放心地去做各种危险的实验。例如,虚拟的飞机驾驶教学系统,可免除学员操作失误而造成飞机坠毁的严重事故。

③ 打破空间、时间的限制。利用虚拟现实技术,可以彻底打破时间与空间的限制。大到宇宙天体,小至原子粒子,学生都可以进入这些物体的内部进行观察。一些需要几十年甚至上百年才能观察的变化过程,通过虚拟现实技术,可以在很短的时间内呈现给学生观察。例如,生物中的孟德尔遗传定律,用果蝇做实验往往要几个月的时间,而虚拟技术在一堂课内就可以实现。

(2)虚拟实训基地。利用虚拟现实技术建立起来的虚拟实训基地(见图1-2),其"设备"与"部件"多是虚拟的,可以根据实时情况,随时生成新的设备。教学内容可以不断更新,使实践训练及时跟上技术的发展。同时,虚拟现实的沉浸性和交互性,使学生能够在虚拟的学习环境中扮演一个角色,全身心地投入到学习环境中去,这非常有利于学生的技能训练。包括军事作战技能、外科手术技能、教学技能、体育技能、汽车驾驶技能、果树栽培技能、电器维修技能等各种职业技能的训练,由于虚拟的训练系统无任何危险,学生可以不厌其烦地反复练习,直至掌握操作技能为止。例如,在虚拟的飞机驾驶训练系统中,学员可以反复操作控制设备,学习在各种天气情况下驾驶飞机起飞、降落,通过反复训练,达到熟练掌握驾驶技术的目的。

图1-2 虚拟实训基地

（3）虚拟仿真校园。

教育部在一系列相关的文件中,多次涉及虚拟校园,阐明了虚拟校园的地位和作用。虚拟校园也是虚拟现实技术在教育培训中最早的具体应用,它由浅至深有三个应用层面,分别适应学校不同程度的需求: ① 简单的虚拟我们的校园环境供游客浏览。基于教学、教务、校园生活,功能相对完整的三维可视化虚拟校园。② 以学员为中心,加入一系列人性化的功能,以虚拟现实技术作为远程教育基础平台。③ 虚拟远程教育。虚拟现实可为高校扩大招生后设置的分校和远程教育教学点提供可移动的电子教学场所,通过交互式远程教学的课程目录和网站,由局域网工具作校园网站的链接,可对各个终端提供开放性的、远距离的持续教育,还可为社会提供新技术和高等职业培训的机会,创造更大的经济效益与社会效益。随着虚拟现实技术的不断发展和完善,以及硬件设备价格的不断降低,我们相信,虚拟现实技术以其自身强大的教学优势和潜力,将会逐渐受到教育工作者的重视和青睐,最终在教育培训领域广泛应用并发挥其重要作用。

13）演播室

随着计算机网络和三维图形软件等先进信息技术的发展,电视节目制作方式发生了很大的变化。视觉和听觉效果以及人类的思维都可以靠虚拟现实技术来实现。它升华了人类的逻辑思维。虚拟演播室则是虚拟现实技术与人类思维相结合在电视节目制作中的具体体现。虚拟演播系统的主要优点是它能够更有效地表达新闻信息,增强信息的感染力和交互性。传统的演播室对节目制作的限制较多。虚拟演播系统制作的布景是合乎比例的立体设计,当摄像机移动时,虚拟的布景与前景画面都会出现相应的变化,从而增加了节目的真实感。用虚拟场景在很多方面成本效益显著。如它具有及时更换场景的能力,在演播室布景制作中节约经费。不必移动和保留景物,因此可减轻对雇员的需求压力。对于单集片,虚拟制作不会显出很大的经济效益,但在使用背景和摄像机位置不变的系列节目中它可以节约大量的资金。另外,虚拟演播室具有制作优势。当考虑节目格局时,制作人员的选择余地大,他们不必过于受场景限制。对于同一节目可以不用同一演播室,因为背景可以存入磁盘。它可以充分发挥创作人员的艺术创造力与想象力,利用现有的多种三维动画软件,创作出高质量的背景。

14）水文地质

虚拟现实技术是利用计算机生成的虚拟环境逼真地模拟人在自然环境中的视觉、听觉、运动等行为的人机界面的新技术。利用虚拟现实技术沉浸感、与计算机的交互功能和实时表现功能,建立相关的地质、水文地质模型和专业模型,进而实现对含水层结构、地下水流、地下水质和环境地质问题(如地面沉降、海水入侵、土壤沙化、盐渍化、沼泽化及区域降落漏斗扩展趋势)的虚拟表达。具体实现步骤包括建立虚拟现实数据库、三维地质模型、地下水水流模型、专业模型和实时预测模型。

15）维修

虚拟维修是虚拟技术近年来的一个重要研究方向,目的是通过采用计算机仿真和虚拟现实技术在计算机上真实展现装备的维修过程,增强装备寿命周期各阶段关于维修的各种决策能力,包括维修性设计分析、维修性演示验证、维修过程核查、维修训练实施等。

虚拟维修是虚拟现实技术在设备维修中的应用,在现代化煤矿、核电站等安全性要求高的场所,或在设备快速抢修之前,进行维修预演和仿真,突破了设备维修在空间和时间上的限制,可以实现逼真的设备拆装、故障维修等操作,提取生产设备的已有资料、状态数据,检验设备性能。虚拟维修技术还可以通过仿真操作过程,统计维修作业的时间、维修工种的配置、维修工具的选择、设备部件拆卸的顺序、维修作业所需的空间、预计维修费用。

16）培训实训

在一些重大安全行业,如石油、天然气、轨道交通、航空航天等领域,正式上岗前的培训工作变得异常重要,但传统的培训方式显然不适合高危行业的培训需求。虚拟现实技术的引入使得虚拟培训成为现实。

图1-3 动作捕捉交互设备及3D立体显示技术

结合动作捕捉高端交互设备及3D立体显示技术(见图1-3),为培训者提供一个和真实环境完全一致的虚拟环境。培训者可以在这个具有真实沉浸感与交互性的虚拟环境中,通过人机交互设备和场景里所有物件进行交互,体验实时的物理反馈,进行多种实验操作。

通过虚拟培训,不但可以加速学员对产品知识的掌握,直观学习,提高从业人员的实际操作能力,还大大降低了公司的教学、培训成本,改善培训环境。最主要的是,虚拟培训颠覆了原有枯燥死板的教学培训模式,探索出了一条低成本、高效率的培训之路。

17) 船舶制造

通过虚拟现实技术不仅能提前发现和解决实船建造中的问题,还为管理提供了充分的信息,从而真正实现船体建造、舾装、涂装一体化和设计、制造、管理一体化。在船舶设计领域,虚拟设计涵盖了建造、维护、设备使用、客户需求等传统设计方法无法实现的领域,真正做到产品的全寿期服务。因此,通过对面向船舶整个生命周期的船舶虚拟设计系统的开发,可大大提高船舶设计的质量,减少船舶建造费用,缩短船舶建造周期。

18) 汽车仿真

汽车虚拟开发工程即在汽车开发的整个过程中,全面采用计算机辅助技术,在轿车开发的造型、设计、计算、试验直至制模、冲压、焊接、总装等各个环节中的计算机模拟技术联为一体的综合技术,使汽车的开发、制造都置于计算机技术所构造的严格的数据环境中,虚拟现实技术的应用,大大缩短了设计周期,提高了市场反应能力。

19) 轨道交通

轨道交通仿真就是运用三维虚拟与仿真技术模拟出从轨道交通工具的设计制造到运行维护等各阶段、各环节的三维环境,用户在该环境中可以"全身心的"投入到轨道交通的整个工程之中进行各种操作,从而拓展相关从业人员的认知手段和认知领域,为轨道交通建设的整个工程节约成本与时间,提高效率与质量。

其包括三部分内容:

(1)虚拟设计。虚拟设计包括轨道设计、轨道交通工具设计及轨道交通环境的设计。虚拟现实技术在轨道交通设计中并不直接参与设计,而是作为设计者的一个高效辅助工具,帮助设计师节约设计时间,提高设计产品的质量。

(2)虚拟装配。为保证轨道交通工具的设计符合流体力学、工程力学等各种学科的要求,利用计算机技术实现各部件的虚拟装配,便于检查出各个部件之间的嵌合度和兼容性;此外,虚拟装配还可以深入发展为交互式三维虚拟培训环境,让受训人员在沉浸式环境中熟悉各个部件及装配过程,提高学员的设备装配能力。

(3)虚拟运行。在列车投入使用前,利用三维虚拟仿真技术模拟出列车运行时的状态、各部件变化情况及周边环境变化情况,检查列车运行可行性;还可以利用计算机更改部分数据,观测列车因数据变化而受到的联动影响,从而总结出更多列车运行经验,有效地规避列车正式投入使用后的风险,提高相关工作人员应对突发情况的处理能力。

20) 能源领域

能源的开采和开发涉及很多模块,很多行业常常需要对大量数据进行分析管理,并且由于职业的特殊性,对员工的业务素质也有很高要求。运用三维虚拟技术不但能够实现庞大数据的有效管理,还能够创建一个具有高度沉浸感的三维虚拟环境,满足企业对石油矿井、电力、天然气等高要求、高难度职位的培训要求,有效提高员工的培训效率,提升员工的业务素质。

21) 生物力学

生物力学仿真就是应用力学原理和方法并结合虚拟现实技术,实现对生物体中的力学原理进行虚拟分析与仿真研究。利用虚拟仿真技术研究和表现生物力学,不但可以提高运动物体的真实感,满足运动生物力学专家的计算要求,还可以大大节约研发成本,降低数据分析难度,提高研发效率。这一技术现已广泛应用于外科医学、运动医学、康复医学、人体工学、创伤与防护学等领域。

(1) 人体模拟。遵循人体关节运动的骨架结构和肌肉组织,在计算机中生成具有物理属性的人体。可通过计算机实现对该数字人体的参数化改造,从而开展骨骼系统外科学与运动医学、植入物设计、体育运动与艺术力学、人体工程学、航空航天、虚拟士兵等领域的科学研究。

(2) 力学可视化。人体中各个骨骼、关节及肌肉都有一个特定的长度及自由度,而数字人体中的任何一个数据的变化都会对若干相关部件产生影响。结合数据可视化技术,以一种更形象、更直观的方式展现人体各关节的数据结构及相对运动关系,研究者可据此轻松读懂繁琐数据,从而实现力学相互作用关系研究的便捷化、可视化。

(3) 运动设计模拟。通过对人体骨骼及人体关节之间相互作用关系的分析,结合人机工程学原理,利用计算机技术计算和分析数据,依据计算结果为运动员、战士、患者等群体制定灵活科学的运动方案,合理指导各种训练活动。此外,还可以据此分析出相关疾病(如颈椎病、骨折、腰肌劳损等)产生的原因及有效的康复方法,设计出更为科学、有效的运动保健器材。

22) 康复训练

康复训练包括身体康复训练和心理康复训练,是指有各种运动障碍(动作不连贯、不能随心所动)和心理障碍的人群,通过在三维虚拟环境中做自由交互以达到能够自理生活、自由运动、解除心理障碍的训练。

传统的康复训练不但耗时耗力,单调乏味,而且训练强度和效果得不到及时评估,很容易错失训练良机,而结合三维虚拟与仿真技术的康复训练就很好地解决了这一问题,并且还适用于心理患者的康复训练,对完全丧失运动能力的患者也有独特效果。

(1) 虚拟身体康复训练。身体康复训练是指使用者通过输入设备(如数据手套、动作捕捉仪)把自己的动作传入计算机,并从输出反馈设备得到视觉、听觉或触觉等多种感官反馈,最终达到最大限度的恢复患者的部分或全部机体功能的训练活动。这种训练方法,不但大大节约了训练的人力物力,而且有效增加了治疗的趣味性,激发了患者参与治疗的积极性,变被动治疗为主动治疗,提高治疗的效率。

(2) 虚拟心理康复训练。狭义的虚拟心理康复训练是指利用搭建的三维虚拟环境治疗诸如恐高症之类的心理疾病。广义上的虚拟心理康复训练还包括搭配"脑-机接口系统""虚拟人"等先进技术进行的脑信号人机交互心理训练。这种训练就是采用患者的脑电信号控制虚拟人的行为,通过分析虚拟人的表现实现对患者心理的分析,从而制定有效的康复课程。此外,还可以通过显示设备把虚拟人的行为展现出来,让患者直接学习某种心理活动带来的结果,从而实现对患者的治疗。这种心理训练方法为更多复杂的心理疾病指明了一条新颖、高效的训练之路。

23) 数字地球

数字地球建设是一场意义深远的科技革命,也是地球科学研究的一场纵深变革。人类迫切需要更深入地了解地球、理解地球,进而管理好地球。

拥有数字地球等于占据了现代社会的信息战略制高点。从战略角度来说,数字地球是全球性的科技发展战略目标,数字地球是未来信息资源的综合平台和集成,现代社会拥有信息资源的重要性更基于工业经济社会拥有自然资源的重要性。

而从科技角度分析，数字地球是国家的重要基础设施，是遥感、地理信息系统、全球定位系统、互联网-万维网、仿真与虚拟现实技术等的高度综合与升华，是人类定量化研究地球、认识地球、科学利用地球的先进工具。

24）数字虚拟现实

（1）数据手套。数据手套是数字内容交互展示系统常用的一种人机交互设备，通过手指上的弯曲、扭曲传感器和手掌上的弯度、弧度传感器，确定手及关节的位置和方向，从而实现环境中的虚拟手及其对虚拟物体的操控。

（2）数字头盔（见图1-4）。头盔显示器固定在用户的头部，用两个显示器分别向两只眼睛显示两幅图像。这两个显示屏中的图像由计算机分别驱动，有细小差别，类似于人的双眼视差。头盔显示器所能提供的沉浸感要比立体眼镜好得多。

（3）头部跟踪。实时头部跟踪使用现成的 HMD（头盔显示器）、三维空间传感器。

 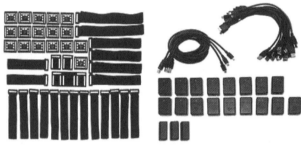

图1-4　数字头盔　　　　　图1-5　TSS-MOCAP-BUNDLE 动作捕捉套件

（4）动作捕捉。动作捕捉的英文 Motion capture，简称 Mocap。技术涉及尺寸测量、物理空间里物体的定位及方位测定等方面可以由计算机直接理解处理的数据。在运动物体的关键部位设置跟踪器，由 Motion capture 系统捕捉跟踪器位置，再经过计算机处理后得到三维空间坐标的数据。当数据被计算机识别后，可以应用在动画制作、步态分析、生物力学、人机工程等领域。

专业动作捕捉装备案例，动作捕捉套件——TSS-MOCAP-BUNDLE（见图1-5）。由17个3轴传感器无线设备与1英尺长 USB 充电电缆、3个3轴无线 Dongle 与6英尺 USB 连接线构成。

动作捕捉佩戴带 TSS-STRAP-MOCAP 由多件穿戴配件供3轴传感器动作捕捉套件捆绑使用（见图1-6）。包括所有必要的肩带和硬件，装备一个穿戴17个传感器的动作捕捉表演者。包括17硅胶传感器支架、胸式安全带，以及一个动作捕捉表演者所有必要的带。专为3轴空间传感器和动作捕捉工作室使用。可用于其他配置或其他动作捕捉相关项目。提供三种尺寸的带，可灵活配置和易于贴合。软松紧带魔术贴绑带适合人的身体或其他物体，不妨碍身体活动，同时将传感器绑在适当位置。

图1-6　动作捕捉佩戴带 TSS-STRAP-MOCAP

动作捕捉套装 TSS-MOCAP-BUNDLE+动作捕捉佩戴带 TSS-STRAP-MOCAP+OpenCV 可以应用于动作捕捉、教育和表演艺术、游戏及运动控制、虚拟现实技术和身临其境仿真等。其中 OpenCV 为共享软件。

常用的运动捕捉技术从原理上说可分为机械式、声学式、电磁式、主动光学式和被动光学、惯性导航传感器式[4]。不同原理的设备各有其优缺点,一般可从以下几个方面进行评价:定位精度;实时性;使用方便程度;可捕捉运动范围大小;抗干扰性;多目标捕捉能力;与相应领域专业分析软件连接程度。

(5) 位置追踪器。位置追踪器又称位置跟踪器,是指作用于空间跟踪与定位的装置,一般与其他 VR 设备结合使用,如数据头盔、立体眼镜、数据手套等,使参与者在空间上能够自由移动、旋转,不局限于固定的空间位置。操作更加灵活、自如、随意。产品有六个自由度和三个自由度之分。

(6) 虚拟现实软件。国内的虚拟现实引擎已经非常成熟,通用的仿真软件包括 VRP、Quest 3D、Patchwork3D、EON Reality 等,目前国内有相关虚拟现实软件开发能力的公司大概在 20 家左右[11]。

VRP 虚拟现实平台(Virtual Reality Platform,简称 VR‐Platform 或 VRP)是一款由中视典数字科技有限公司独立研发的,具有完全自主知识产权的虚拟现实软件,也是目前国内市场占有率最高的一款虚拟现实软件。

作为中国最早一批自主知识产权的虚拟现实软件,它以纯中文界面、简单易用、所见即所得等人性化的功能设计,深得国人青睐。目前 VRP‐Builder、VRP‐SDK、VRP‐IE、VRP‐Physics、VRP‐Mystory、VRP‐3DNCS 等应用性极强的一系列软件,已广泛应用于院校教育、旅游教学、工业仿真、应急救援、展览展示、地产营销、家装设计、军事仿真、交互艺术等众多领域,为各行业提供切实可行的解决方案。

Quest 3D 虚拟展示及实时 3D 建构工具软件。使用 Quest 3D,无论是创建一个软件程序、网页或模拟分析,它都能提供完整的解决方案,并完美适用于建筑设计、产品可视化、数字传媒、计算机辅助培训、高端虚拟现实应用程序等领域。

Quest 3D 拥有独特的视觉效果展示,支持在一个方案中创建快速迭代。除此之外,Quest 3D 在工作上还带来了更多的便利,其中最为重要的还是它的通道系统定义,你完全不用担心计算错误,Quest 3D 强大的编辑器 100% 可以计算出精准的数据结果[12]。

DVS 3DDVS3D 是国内虚拟现实企业曼恒数字自主研发的一款虚拟现实软件平台,根据高端制造业的通用性需求进行开发,是行业内首个结合设计、虚拟和仿真一体的三维软件平台[13]。

DVS3D 与 ProE、Catia 等三维建模程序相结合,实时获取三维模型数据,并对其进行设计调整、展示及虚拟装配。平台结合硬件环境实现多通道的主被动立体显示,兼容 VRPN 和 TrackD 标准接口实现虚拟外设的交互操作。平台主要有以下模块:模型信息库模块、模型展示模块、基于物理引擎的装配训练模块、GPU 加速渲染模块、WEB 服务模块等[14]。

DVS3D 广泛应用于高端制造业,在产品设计阶段辅助方案评审,为产品的装配训练和培训提供数字化虚拟方式,降低成本、提高效率。

第**2**章 渲染流水线

在了解了虚拟现实的相关背景与应用后,本章了解什么是渲染流水线及其作用。

2.1 渲染流水线的设计

图 2-1 应用程序的分层模式

为了解决 Direct3D 或者 OpenGL 对不同硬件厂商的支持,解决移植性的问题,可以通过将加速卡功能抽象出来,统一定义接口的形式来实现[15]。于是,人们采用了典型的分层模式(参阅:设计模式),将一套应用程序分为 3 个层次:应用程序层→硬件抽象层→硬件层,如图 2-1 所示。

应用层就是游戏和应用软件开发人员的开发主体,他们调用统一的加速卡 API 来进行上层开发,而不用考虑移植性问题。

硬件抽象层则抽象出硬件的加速功能,进行有利于应用层开发的封装,并向应用层开放 API。

硬件层将硬件驱动提供给抽象层,以实现抽象层加速功能的有效性。

这个结构有两个好处:① 有效地将游戏和应用程序与硬件加速卡隔离开,这就很好地提升了程序的移植能力;② 开发人员的知识复用率得到提高,从而降低了这类软件的开发[16]。

2.2 渲染流水线的分类及其意义

首先,我们需要了解一个概念:Shader,中文名,着色器。着色器其实就是一段在 GPU 运行的程序。我们平时的程序,是在 CPU 运行。由于 GPU 的硬件设计结构与 CPU 有着很大的不同,所以 GPU 需要一些新的编程语言。目前,微软提供了 HLSL(High Level Shading Language),通过 Direct3D 图形软件库来写 Shader。OpenGL 提供了 GLSL(OpenGL Shading Language)来写 Shader 程序。Nividia 希望显卡的程序开发独立于 DX 和 GL 的图形软件库,与微软共同研发了 CG 语言(C for graphics)。因为它是在 HLSL 的基础上进行开发的,所以他的语法跟 HLSL 非常相似。并且,CG 编写的 Shader 可以编译到 Direct3D 和 GL 能适应的环境。

渲染流水线分为两种,其中一种为可编程渲染流水线,另外一种为固定渲染流水线(也称可编程管线或固定管线,管线就是流水线的意思)[17]。渲染流水线可否编程,取决于程序员能否在定点着色器以及片段着色器上进行编码。而现在的渲染流水线,基本都是可编程的,当然,它们也支持固定渲染流水线的功能。学习这个,我想大家心中一定有个疑问? 可编程渲染流水线存在的意义是什么?

这个要从现实与虚拟的差距说起,我们知道现实的世界五彩缤纷,而我们对于现实世界的模拟,实际上就是对现实世界里面各种存在的事物进行一一的模拟。而默认的着色器,对于模拟五彩缤纷的世界就捉襟见肘了。而要让编写默认着色器的程序员把所有的情况一一列举,不仅会使得 SDK 非常庞大,而且也不太可能办到。所以,有必要让渲染流水线可编程,以满足用户无穷的胃口。打个比方,画家在画一幅画的时候,要用的色彩或许有上万种,我们无法为他提供所有可能用到的色彩,只能让画家可以通过自己的喜好混合不同的颜色。你可以把着色器理解为这里面的各种颜色,自己写的着色器就是自己调的颜色。

2.3 渲染流水线的具体流程

前面说了,渲染流水线包括了应用程序层→硬件抽象层→硬件层。我们首先讲解应用程序层以及这一层能够做的事。

2.3.1 应用程序层

应用程序层主要与内存、CPU 打交道,诸如碰撞检测、场景图监理、视锥裁剪等经典算法在此阶段执行。在阶段的末端,几何体的数据(顶点坐标,法向量,纹理坐标,纹理)等通过数据总线传送到图形硬件(时间瓶颈)[18]。

这里面讲到了两个东西:经典算法与数据总线。为什么特意提一下呢? 这需要我们先了解一下后续的一些知识:GPU 会对我们一些不会进行绘制的物体进行剔除,比如物体的背面或者超出视域体范围的物体。假如我们把游戏里面所有的物体全部抛给 GPU,那么 GPU 的负担就会特别重。若这部分的优化做不好,那么即使有很劲爆的 GPU,也难以渲染出一个绚丽的游戏世界。而数据总线,每次能够传输的数据量是有限的,并且数据总线是整台计算机共用的,在我们的游戏里面,数据总线把游戏里面的数据从内存传送到了 GPU。假如我们对它好不客气,那么不仅我们的游戏运行时会经常出现卡顿的现象,我们整台电脑运行的速度也会下降。

2.3.2 硬件抽象层

在这一层,我们目前使用的是 DirectX 与 OpenGL。对于这一部分,主要是一些 API 等的调用。

2.3.3 硬件层

硬件层在渲染流水线中最为复杂,也最为重要。前面已经提到,可编程渲染流水线与固定渲染流水线的区别在于是否对着色器进行编程。

首先我们先了解固定渲染流水线主要分为以下几个阶段:顶点变换→图元转配与光栅化→片段纹理映射和着色→光栅化操作,如图 2-2 所示。

下面,我们再看一下可编程渲染流水线硬件层的流程图(见图 2-3)。

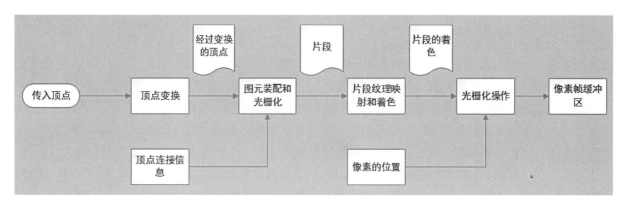

图 2-2 固定渲染流水线的几个阶段

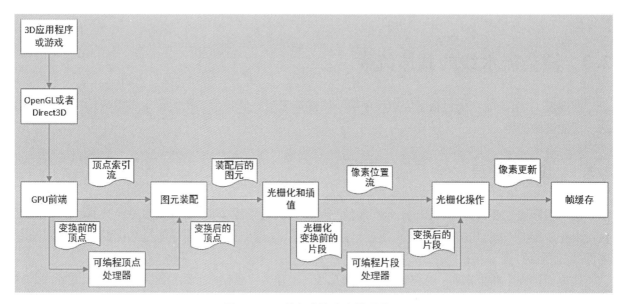

图 2-3 可编程渲染流水线硬件层

对比上面的两个图我们发现,在可编程渲染流水线中,固定渲染流水线中的顶点变换与片段纹理映射和着色被分离出来,作为可编程顶点处理器与可编程片段处理器。而如前面所述,假如我们使用DirectX 或者 OpenGL 自带着色程序,那么两条流水线其实是一样的[19]。所以,下面我们将对可编程渲染流水线进行讲解。

下面,我们主要从可编程顶点处理器、图元装配、光栅化插值、可编程片段处理器、光栅化操作来讲解硬件层的渲染流水线。

1) 可编程顶点处理器(下面的流水线都是指硬件层部分)

顶点变换:在固定渲染流水线或者可编程渲染流水线中这都是第一个处理阶段。这个阶段对顶点进行了一系列的数学变换。包括了世界变换、取景变换、投影变换、视口变换。另外,贴图纹理坐标的产生、顶点照亮以及顶点颜色的决定,都在这个阶段进行。

在这里,世界变换、取景变换、视口变换在这里我不多加赘述,但是投影变换还是很想多说几句,投影和裁剪到底哪一个先进行。下面我们先介绍几个概念。

投影:把一个物体从 n 维变换到 $n-1$ 维的过程称为投影。所以我们三维的世界转换到 2D 的屏幕上的过程也叫做投影。

视域体裁剪:在以摄像机为中心,由视线方向、视角和远近平面共同构成的一个梯形体,在梯形体内的物体可见,梯形体外的物体不可见。裁剪这部分不可见物体的过程称为视域体裁剪。

在图 2-4 中,梯形体为三维空间中的一部分,超出梯形体部分的物体将会被剔除。而在视域体中的物体,最终会形成一幅图像,展示在近平面上。这里默认裁剪平面与投影片面重合。

投影矩阵:将 3D 世界里顶点变换到投影平面上的矩阵。即一个三维的顶点与这个矩阵相乘,能够将空间中的顶点变换到投影平面上(最终的顶点依然具有四个维度,第四个维度只是用来区分三维的向量是点还是普通的数学向量)。具体,大家可以参考 http://blog.csdn.net/popy007/article/details/1797121#comments。

回归我们的问题,到底是投影先还是裁剪先呢?

实际上,当我们把空间中的点变换到投影平面的时候,假如一个点不在视域体的范围内,那么变换后的点的坐标不会在

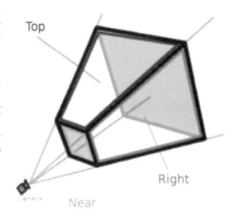

图 2-4 视域体裁剪案例

$(-1,-1,-1)$ 到 $(1,1,1)$ 的范围内(OpenGL 以这个为标准),说明这个点是被裁剪的顶点。而假如变换后的坐标在这个范围内,其 (x, y) 坐标就是对应的视口坐标系的坐标了。所以,实际上我们做投影变换的时候其实也同时为裁剪做了准备,也就是裁剪跟投影其实是同步的,只是裁剪的周期会比较长一点。

这里其实有个问题刚好被我跳过了,就是为什么不直接在 3D 的空间里面进行裁剪,要转换到投影屏幕上才进行裁剪。这里涉及实现的难度的问题。视域体是一个 3D 的梯形,我们要在 3D 的空间里对顶点进行剔除,是一件非常难以实现的事,所以才将顶点变换到投影平面上。

下面让我们看一下可编程顶点着色器的工作流程(见图 2-5)。

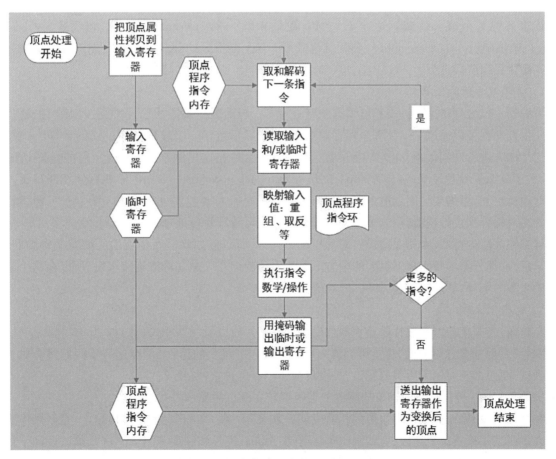

图 2-5 可编程顶点着色器的工作流程

2）图元装配

图元：实际上就是点，线，面。

图元装配阶段的工作：根据伴随顶点序列的集合图元分类信息把顶点装配几何图元。产生一系列的三角形、线段和点（之前的流水线只是对顶点进行处理）。

挑选：光栅器根据多边形的朝前或朝后来丢弃一些多边形。多边形经过挑选后，进入光栅化插值。

3）光栅化插值

首先解释一下，为什么要用光栅化插值而不用光栅化。我学习渲染流水线主要是通过图 2-5 的流程图来学习的，而其他的作者将光栅化分为了光栅化插值与光栅化操作，所以我也继续沿用了他的方法。下面先介绍几个概念。

光栅化：一个决定哪些像素被几何图元覆盖的过程。光栅化的结果是像素位置的集合和片段位置的集合。

片段：是更新一个特定像素潜在需要的一个状态。

术语片段是因为光栅化会把每个几何图元，例如三角形，所覆盖的像素分解成像素大小的片段。一个片段有一个与之相关联的像素位置，深度值和经过插值的参数，例如颜色，第二（反射）颜色和一个或多个纹理坐标集。这些各种各样的经过插值的参数是来自变换过的顶点，这些顶点组成了某个用来生成片段的几何图元。如果一个片段通过了各种各样的光栅化测试，这个片段将被用于跟新帧缓存中的像素。

在这个阶段，光栅器还可以根据多边形的朝前或朝后来丢弃一些多边形（挑选 Culling）。

实际裁减是一个较大的概念，为了减少需要绘制的顶点个数，而识别指定区域内或区域外的图形部分的算法都称为裁减。裁减算法主要包括：视域剔除（view frustum culling）、背面剔除（back-face culling）、遮挡剔除（occlusing culling）和视口裁减等。在上面提到的裁剪是指背面剔除。遮挡剔除在下一个光栅化操作阶段进行。

4）可编程片段处理器

可编程片段处理器需要许多和可编程顶点处理器一样的数学操作，但是它们还支持纹理操作，纹理操作使得处理器可以通过一组纹理坐标存取纹理图像，然后返回一个纹理图像过滤的采样（注意了，纹理在这个地方进行映射。假如没有编写着色器程序，也是在这里映射，只不过使用的是默认的着色器）。关于什么是纹理过滤，请参考 http：// blog. csdn. net/poem_qianmo/article/details /8567848。

前面有讲到，可编程与固定渲染流水线的区别在于是否对着色器进行编程。第一个可能进行编程的地方在可编程顶点处理器，第二个可能进行编程的在可编程片段处理器这里。

可编程片段处理器，因为纹理操作等都在这里进行，所以假如我们希望我们的游戏非常绚丽，特效非常丰富，这部分需要我们投下很大的精力。不过因为我们今天是解释渲染流水线，所以在这个地方我们不做太多的解释，其内部流程，如图 2-6 所示。

5）光栅化操作

在前面，光栅化与可编程片段处理器会提供给我们片段以及一些相关的数据，比如片段的 ALPHA，其深度等（片段的概念见前面，忘了可以认为是没有存在屏幕上的像素）。在这一步我们将会对其进行各种测试，而假如它通过了所有的测试，片段将会显示在屏幕上（见图 2-7）。

抖动显示：一种能够使用较少的颜色种类模拟较多颜色的显示模式。

在这个阶段，光栅器根据多边形的朝前或朝后来丢弃一些多边形（挑选 Culling）。光栅操作阶段将根据许多测试来检查每个片段，这些测试包括剪切、Alpha、模板和深度等测试。这些测试设计了片段最后的颜色或深度，像素的位置和一些像素值（如像素的深度值和颜色值）。如果任何一项测试失败了，

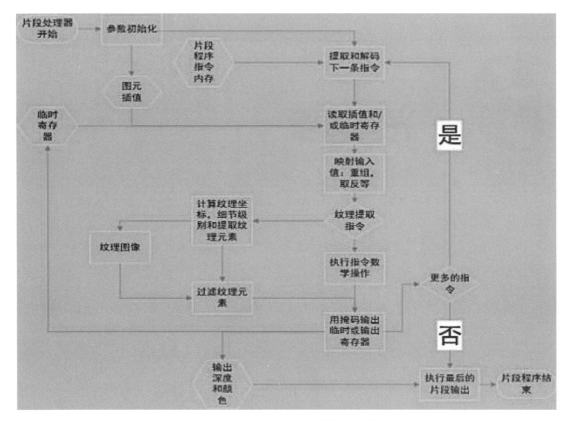

图 2-6　可编程片段处理器的内部流程

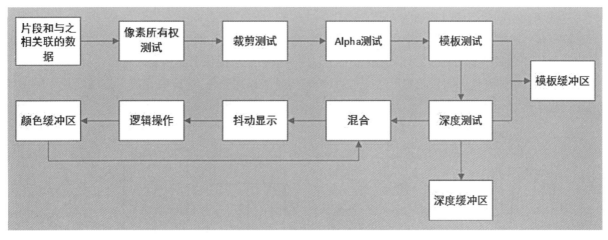

图 2-7　片段测试的过程

片段就会在这个阶段被丢弃,而更新像素的颜色值,虽然一个模板写入的操作也许会发生。通过了深度测试就可以用片段的深度值代替像素的深度值了。

第 **3** 章 光线追踪

了解了渲染流水线技术之后,本章介绍的是虚拟现实里另一个重要的技术,即光线追踪技术。

3.1 理论基础

3.1.1 三维场景中创建图像

三维场景中创建图像过程如图 3－1 所示。

第一步:透视投影。这是一个将三维物体的形状投影到图像表面上的几何过程,这一步只需要连接从对象特征到眼睛之间的线,然后在画布上绘制这些投影线与图像平面相交的轮廓。

第二步:添加颜色。图像轮廓绘制好之后,给它的骨架添加颜色,这样就完成了三维场景中的图像创建过程。

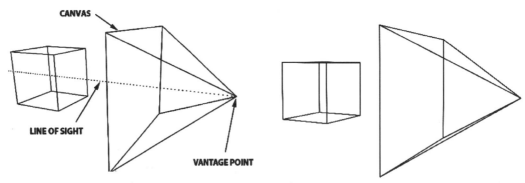

图 3－1 三维场景中创建图像过程

3.1.2 物体的颜色和亮度

物体的颜色和亮度主要是光线与物体材质相互作用的结果。

光由光子(电磁粒子)组成,光子由各种光源发射。当一组光子撞击一个物体时,可能发生三种情况:被吸收、反射或透射。发生这三种情况的光子百分比因材料而异,通常决定了物体在场景中的显现方式。然而,所有材料都有一个共性:入射光子总数总是与反射光子、吸收光子、透射光子的总和相同[20]。

白光由"红""蓝""绿"三种颜色光子组成。当白光照亮红色物体时,光子吸收过程会过滤掉"绿色"和"蓝色"光子。因为物体不吸收"红色"光子,所以它们将被反射,这就是物体呈现红色的原因。

我们之所以能够看到物体,是因为物体反射的一些光子向我们传播并击中了我们的眼睛。我们的眼睛由光感受器组成,可以将光信号转换为神经信号,然后我们的大脑能够使用这些信号来辨别不同的阴影和色调。

3.1.3 光与物体的关系

没有光线,我们都看不到周围的物体。
周围环境中没有物体,我们看不到光。

3.2 光线追踪算法描述

3.2.1 前向光线追踪

在用计算机生成的图像中模拟光与物体相互作用过程之前,我们需要了解一个物理现象。一束光线照射在物体上时,反射的光子中只有少数会到达我们眼睛的表面。想象一下,假设有一个每次只发射一个光子的光源,光子从光源发出并沿着直线路径行进,直至撞击到物体表面,忽略光子的吸收,该光子会以随机的方向反射。如果光子撞击到我们的眼睛表面,则我们会看到光子被反射的点。具体过程如图 3-2 所示。

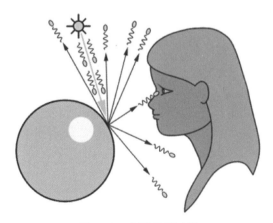

图 3-2 光子反射过程

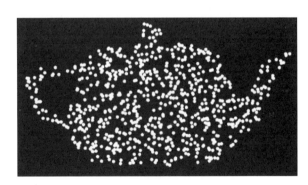

图 3-3 前向光线追踪

现在从计算机图形的角度来看待这种情况。首先,我们用像素组成的平面代替我们的眼睛。在这种情况下,发射的光子将撞击图形平面上许多像素的一个,并将该点的亮度增加到大于零的值。重复多次直到所有的像素被调整,创建一个计算机生成的图像。这种技术称为前向光线追踪(Forward Tracing)(见图 3-3),因为我们是沿着光子从光源向观察者前进的路径。

但是,这种技术在计算机中模拟光子与物体相互作用是不太现实的,因为在实际中反射的光子击中眼睛表面的可能性是非常非常低的,我们必须投射大量的光子才能找到一个能够引起眼睛注意的。此外,我们也不能保证物体的表面被光子完全覆盖,这是这项技术的主要缺点。

换句话说,我们可能不得不让程序一直运行,直到足够的光子喷射到物体的表面上获得精确的显示。这意味着我们要监视正在呈现的图像以决定何时停止应用程序。这在实际生产环境中是不可能的。另外,正如我们将看到的,射线追踪器中最昂贵的任务是找到射线几何交点。从光源产生大量光子不是问题,但是在场景内找到所有的交点将会是非常昂贵的。

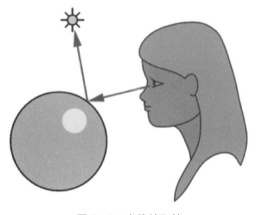

图 3-4 光线被阻挡

3.2.2 反向光线追踪

反向光线追踪技术为前向光线追踪技术的缺陷提供了一个方便的解决方案。由于我们的模拟不能像自然一样快速完美,所以我们必须妥协,并追踪从眼睛进入到场景中的光线。光线照到一个物体时,可以通过将另一条光线(称为光线或阴影光线)从击中点投射到场景的光线,得到它所接受到的光子数量。这个"光线"有的时候会被另一个物体阻挡,这意味着原来的撞击点在阴影中,没有获得任何照明(见图 3-4)。

3.3 算法实现

3.3.1 基本原理

光线追踪算法采用由像素组成的图像[21]。对于图像中的每个像素,它将主光线投射到场景中。该主光线的方向是通过追踪从眼睛到像素中心线获得的。一旦我们确定了主射线的方向,我们就开始检查场景中的每个对象,看它是否与其中的任何一个相交。当发生主射线与多个对象相交的情况时,我们选择交点离眼睛最近的物体。然后,我们从交叉点向光线投射阴影射线。如果这条特定的光线在通往光源的路上不与某个物体相交,那么这个点就被照亮了(见图 3-5)。

如果它与另一个物体相交,则该物体在其上投下阴影(见图 3-6)。

最后,如果我们对每个像素重复这一操作,就可以获得三维场景的二维表示(见图 3-7)。

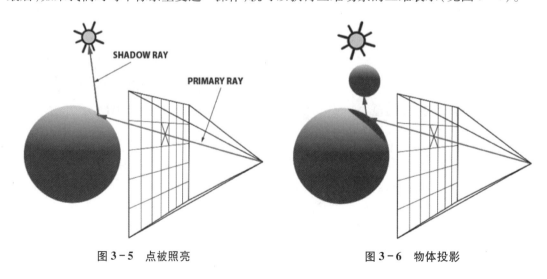

图 3-5 点被照亮　　　　　　　　　　图 3-6 物体投影

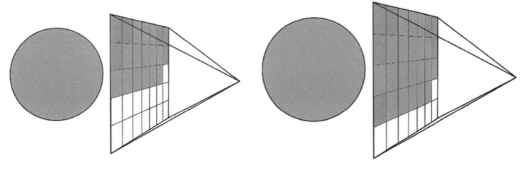

图 3 - 7　三维场景的二维表示

3.3.2　伪代码

```
for (int j = 0; j < imageHeight; ++j) {
    for (int i = 0; i < imageWidth; ++i) {
        //compute primary ray direction
        Ray primRay;
        computePrimRay(i, j, &primRay);
        //shoot prim ray in the scene and search for intersection
        Normal nHit;
        float minDist = INFINITY;
        Object object = NULL;
        for (int k = 0; k < objects.size(); ++k) {
            if (Intersect(objects[k], primRay, &pHit, &nHit)) {
                float distance = Distance(eyePosition, pHit);
                if (distance < minDistance) {
                    object = objects[k];
                    minDistance = distance; //update min distance
                }
            }
        }
        if (object ! = NULL) {
            //compute illumination
            Ray shadowRay;
            shadowRay.direction = lightPosition - pHit;
            bool isShadow = false;
            for (int k = 0; k < objects.size(); ++k) {
                if (Intersect(objects[k], shadowRay)) {
                    isInShadow = true;
                    break;
                }
            }
        }
        if (! isInShadow)
            pixels[i][j] = object->color * light.brightness;
        else
            pixels[i][j] = 0;
```

```
  }
 }
```

3.4　加入反射和折射

3.4.1　基本原理

在光学中,反射和折射是众所周知的现象。反射和折射分向都是基于相交点处的法线和入射光线(主光线)的方向[22]。为了计算折射方向,我们还需指定材料的折射率。

同样,我们也必须意识到像玻璃球这样的物体同时具有反射性和折射性的事实。我们需要为表面上的给定点计算两者的混合值。反射和折射具体值的混合取决于主光线(或观察方向)和物体的法线和折射率之间的夹角。有一个方程式精确地计算了每个参数应该如何混合,这个方程称为菲涅耳方程。

加入反射折射后,进行以下三个步骤(见图3-8)。

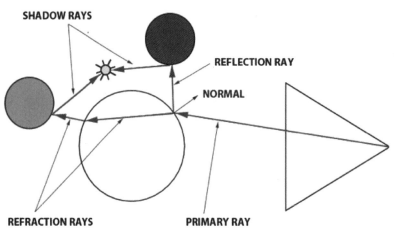

图3-8　玻璃球与光线关系

1) 计算反射

为此,我们需要两个项:交点处的法线和主光线的方向。一旦获得了反射方向,我们就朝这个方向发射新的光线。假设反射光线撞击了红色球体,通过向光线投射阴影射线来找出到达红色球体上的那个点的光线多少。这会得到一种颜色(如果是阴影,则为黑色),然后乘以光强并返回到玻璃球的表面。

2) 计算折射

注意,因为光线穿过玻璃球,所以被认为是透射光线(光线从球体的一侧传播到另一侧)。为了计算透射方向,需要在知道击中点的法线、主射线方向和材料的折射率。

当光线进入并离开玻璃物体时,光线的方向会改变。每当介质发生变化时都会发生折射,而且两种介质具有不同的折射率。折射对光线有轻微弯曲的作用。这个过程是让物体在透视时或在不同折射率的物体上出现偏移的原因。

现在让我们想象一下,当折射的光线离开玻璃球时,它会碰到一个绿色的球体。在那里,我们再次计算绿色球体和折射射线之间交点处的局部照明(通过拍摄阴影射线)。然后,将颜色(如果被遮挡,则为黑色)乘以光强并返回到玻璃球的表面。

3）应用菲涅耳方程

我们需要玻璃球的折射率、主光线的角度，以及击中点的法线。使用点积、菲涅耳方程返回两个混合值。

这种算法的美妙之处在于它是递归的。迄今为止，在我们研究过的情况下，反射光线照射到一个红色的、不透明的球体上，而折射光线照射到一个绿色的、不透明的和漫射的球体上。但是，我们会想象红色和绿色的球体也是玻璃球。为了找到由反射和折射光线返回的颜色，必须按照与原始玻璃球一起使用的红色和绿色球体的相同过程。

这是光线追踪算法的一个严重缺陷。想象一下，我们的相机是在一个只有反射面的盒子里。从理论上讲，光线被困住了，并且会持续不断地从箱子的墙壁反弹（或者直到你停止模拟）。出于这个原因，必须设置一个任意的限制值，从而防止光线相互作用导致的无限递归。每当光线反射或折射时，其深度都会增加。当光线深度大于最大递归深度时，我们就停止递归过程。

3.4.2　伪代码

伪代码如下所示：

```
//compute reflection color
color reflectionCol = computeReflectionColor();
//compute refraction color
color refractionCol = computeRefractionColor();
float Kr; //reflection mix value
float Kt; //refraction mix value
fresnel(refractiveIndex, normalHit, primaryRayDirection, &Kr, &Kt);
color glassBallColorAtHit = Kr * reflectionColor + (1-Kr) * refractionColor; //mix the two
```

3.5　RayTracking 光线跟踪算法

1）辐照度（Irradiance）

Total amount of energy received per unit area of a surface。

2）照明度（Illuminance）

Essentially same as irradiance, the difference is that illuminance measures the amount of visible light energy in photometric terms。

3）辐射（Radiance）

Measure of energy that is reflected by the surface。

4）亮度（Luminance）

Measure of photometrically weighted light energy that leaves the surface。

5）　（Luminous intensity）

Amount of light energy that is emitted by the surface in a given direction。

实际上称为反向光线追踪（backward raytracing），因为计算是从 camera 开始发射光线，而不是从光源发射光线。

反向光线追踪步骤：

（1）camera 的胶片被分成离散的网格（即像素点），我们的目标是确定每一个像素点的颜色值（见图 3－9）。

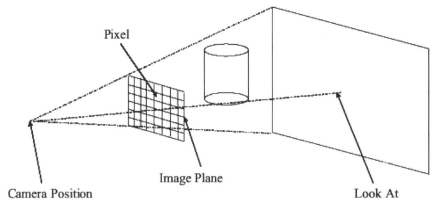

图 3－9　胶片被分成离散网格

（2）对于每一个像素，从 camera 位置追踪一条光线，指向该像素点（见图 3－10）。

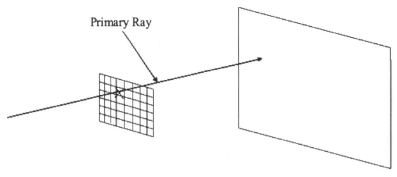

图 3－10　每一个像素追踪一条光线

（3）对于这束光线，判断其是否和场景中的物体相交。如果相交，则转到步骤（4）；否则，将背景色填充到当前像素中去，回到步骤（2），继续处理下一个像素。

（4）如果光线和物体相交，计算物体表面交点的颜色值。该点的颜色值即为该像素的颜色值。

① 首先检查每个光源在该交点的贡献值。追踪一条新光线去光源，用来确定交点是被全部照亮、部分照亮还是没有被照亮，同时确定了阴影（见图 3－11）。

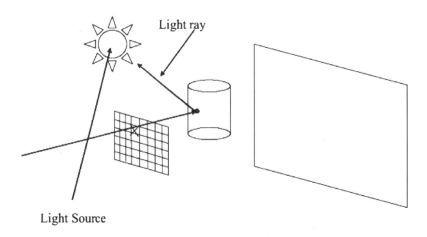

图 3－11　追踪新光线至光源

② 如果物体表面具有反射性质,计算初始光线的反射光线,然后追踪这条反射光线,转到步骤(3)。

③ 如果物体表面具有折射性质,计算初始光线的折射光线,然后追踪这条折射光线,转到步骤(3)。

④ 最终,根据表面性质(反射率、折射率),和不同类型光线计算得出的颜色值,来确定交点的颜色值,即当前像素点的颜色值。

(5) 回到步骤(2),继续下一个像素点。重复这个过程直到像素点都遍历完成。

3.5.1　四种主要类型的追踪光线

1) 主光线

从 camera 发出的光线(见图 3 - 12)。

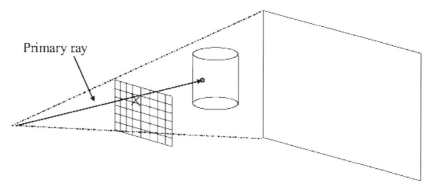

图 3 - 12　主光线

2) 阴影光线

从交点发出的光线,指向光源(见图 3 - 13)。如果这条光线在指向光源之前不相交于任何物体,则这个光源对该交点有贡献值;否则,该交点位于该光源的阴影处。

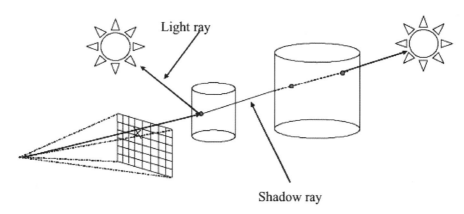

图 3 - 13　阴影光线

3) 反射光线

如果物体表面具有反射性质,则部分光将会被反射出去,继续在场景中前进。根据斯涅尔定律,一条新的光线将会从交点发出(见图 3 - 14)。

4) 折射光线

当物体表面具有折射性质并且部分透明,部分光线将会进入物体继续传播。根据斯涅尔定律,一条新的光线将会从交点发出进入物体(见图 3 - 15)。

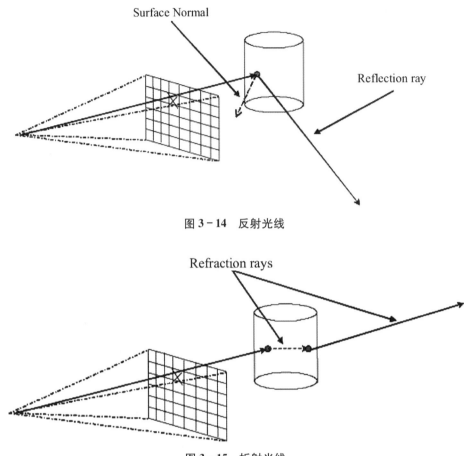

图 3 - 14　反射光线

图 3 - 15　折射光线

3.5.2　光线追踪的问题和解决方案

1）问题

（1）性能。算法的递归性质和大数目的追踪光线，渲染过程可能持续数小时。80%~90%的渲染时间花费在计算光线和物体交点上。

（2）走样。

（3）尖锐的阴影。基本的光线追踪算法只能得到尖锐的阴影（因为模拟的是点光源）。

（4）局部光照和着色。算法只追踪少数目的光线，只有四种类型的光线被考虑在内，物体之间的漫反射光没有被考虑在内，即算法并不包括全局光照。

2）解决方案

（1）性能。

① 使用更多或者更好的硬件。

② 大规模并行计算。每一个光线都相互独立。将图像分割，分配在多核上或者分布式网络上；或者分配在多个线程上。

③ 限制交点检测的数目。使用包围盒的层次关系。快速判断光线是否和一组物体相交。物体被分组在封闭的包围盒中。利用空间细分技术：octree、BSP、grid。

④ 优化交点检测。

⑤ 限制追踪光线的数目。确定最大的递归层数。根据光线对当前像素点贡献值大小来限制递归

深度。一个阈值用来确定后续光线由于对像素点贡献太小而不会被追踪。

（2）走样：使用超采样（super sampling）、抗锯齿（antialiasing）、（jittering）

① 追踪额外的主光线并取平均值。即超采样，相对于每一个像素点取一条光线，你可以取特定数目的光线。每一个像素被分为亚像素，对每一个亚像素发射一条光线。当所有的亚像素点都处理完毕，对亚像素点的颜色值取平均值，并将其赋值给该像素点（见图 3-16）。这种方法大大增加了渲染时间。

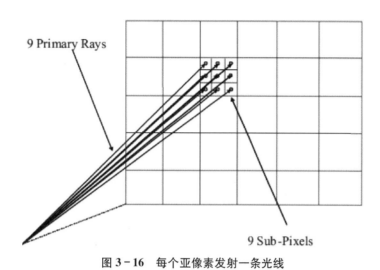

图 3-16　每个亚像素发射一条光线

② 自适应抗锯齿。在颜色剧烈变化的地方使用追踪的主光线，颜色变化不大的地方使用最少的主光线（见图 3-17）。

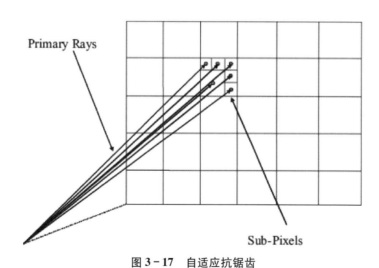

图 3-17　自适应抗锯齿

③ 随机抗锯齿。随机取样代替常规取样（见图 3-18）。

（3）尖锐的阴影。

原因：使用点光源，每个交点仅仅对应一条阴影光线。

① 区域光（area light）。使用一系列点光源来模拟区域光源。对于每一个交点，需要和点光源数目一样多的追踪光线（见图 3-19）。

② Monte Carlo 光线追踪法。使用随机超采样，光源建模成球形光源，阴影光线指向代表光源的球上面的点（见图 3-20）。阴影光线颜色的平均值决定该交点最终的颜色值。

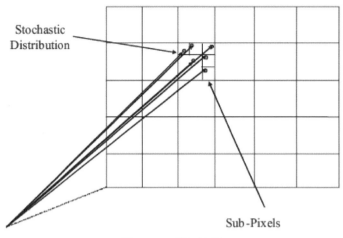

图 3-18　随机取样

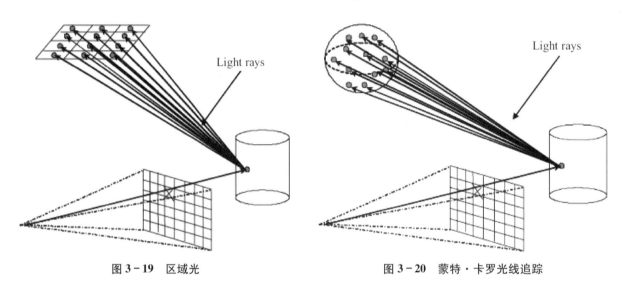

图 3-19　区域光　　　　　　　　　图 3-20　蒙特·卡罗光线追踪

（4）全局光照。

依旧可以使用蒙特·卡罗（Monte Carlo）法，使用辐射度（radiosity）算法。

3.5.3　[RayTracing]代码框架

以下伪代码总结了光线追踪算法。

```
Function Raytrace(Scene World)
{
    for(each pixel of the image)
    {
        Calculate the ray corresponding to the pixel
            (projection);
        Pixel color=trace(ray,0);
    }
}


color trace(Ray myRay,interger recurs_level)
```

```
{
    if(myRay intersects an object Obj)
    {
        Calculate normal N at point of intersection Pi;
        Calculate surface color SC at point of intersection Pi;
        Final_Color = Shade(Obj,myRay,N,SC,Pi,recurs_level);
    }
    else
    {
        Calculate background color BkgC;
        Final_Color = BkgC;
    }
    return Final_Color;
}

color Shade(Object obj,Ray myRay,Normal N,Surface_Color SC,
Point Pi,integer recurslevel)
{
    recurslevel++;
    if(recurslevel>MAX_RECURSION_LEVEL)
        return 0;

    for(each light source)
    {
        Calculate light ray(Pi points to light source);
        if(light ray doesn't intersect an object)
        {
            add light contribution to color based
            on the angle between light ray and myRay;
        }
    }
    calculate reflect ray;
    refl_color = trace(refl_ray,recurslevel);
    calculate refract ray;
    refr_color = trace(refr_ray,recurslevel);

    return average(color,refl_color,refr_color);
}
```

3.5.4 ［RayTracing］扩展光线追踪

1）随机采样

在基本光线追踪算法中,只追踪有限数目的光线。这是一个采样过程(sampling process)。

采样有很多种方法:

(1)均匀采样。举例:根据给定的区间绘制数学函数。

将区间划分为许多小的宽度一致的小区间,在小区间的中点处计算函数的值,最终将这些点平滑连接出来。

在小区间数目很少的情况下,均匀采样可能会得到错误的结果。

(2)随机采样。使用随机间隔宽度代替统一间隔宽度。

可以使用随机采样绘制平滑的阴影;绘制模糊的反射和折射;考虑景深;考虑运动模糊。

2)路径追踪

路径追踪算法考虑了全局光照问题。之前的光线追踪只考虑了四种类型的光线,没有哪一条光线考虑了物体之间的作用。

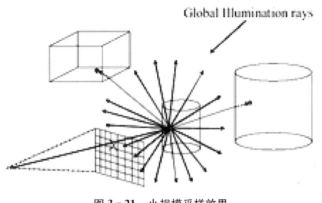

图 3-21　小规模采样效果

通过追踪交点周围所有路径的光线来计算间接光照,为了避免无限渲染次数,所有的可能光线路径使用随机采样。这种方法的光线分布通常是半球形,中心点是交点。

渲染有天空光的户外场景中,路径追踪算法非常有效率。因为这种场景下光变化的频率不高,也就是说,采样的函数值变化不大,小规模的采样依然可以得到很好的效果(见图3-21)。

双向(bidirectional)路径追踪额外追踪了发自光源的光线,减少了路径追踪的采样次数。

3)光子映射

两通道算法,考虑了全局光照和物体之间的反射,实现了(caustics effect)。

(1)Pass 1-创建 photon map。光线(光子)从光源开始追踪,光子携带从光源散发的一部分能量。当光子在场景中传播时,可能被反射、穿透、吸收。当光子击中漫反射表面时,使用 map 存储射进的能量。photon map 以 k-d tree 数据结构实现。

(2)Pass 2-渲染阶段。使用光线追踪算法。在交点处,使用存储在 map 中的信息去估计光照度。

3.5.5　光的基本传递模型

光的基本传递模型基础知识:

(1)在一个要渲染的场景中,我们认为光能由预先指定的光源发出,然后以光线来描述光能的传递过程,当整个场景中的光能信息被计算出来后,收集这些信息转化为顶点的亮度。

(2)光线经过物体表面可以产生反射和漫反射,光线透过物体可以产生折射和散射。具体产生哪种出射效果,依据物体的表面属性而定。物体的表面一般不会是理想的某种单一属性的表面,表面可以同时存在反射、折射、漫反射等多种属性,各种属性按一定比例混合之后才是其表面反射模型。

(3)一点的在某一个视线方向上的光亮度=该点在该方向的自身发光亮度+半球入射光能在该方向所产生的反射光亮度。

(4)关于散射,高度真实的散射是一个很难模拟的物理过程,一般在渲染中都不会采用过于复杂的物理模型来表示散射,而是采用一些取巧的办法来计算散射。

(5)在常见的渲染中,有两种效果很难模拟,但是它们会使人眼觉得场景更真实。

①(color bleeding):入射光为漫反射,受光表面属性为漫反射,出射光是漫反射。比如把一本蓝色的纸制的书靠近白色的墙,墙上会有浅浅的蓝晕。

②(caustics):入射光为镜面反射或折射,受光表面属性为漫反射,出射光是漫反射。比如把一个装了红色葡萄酒的酒杯放在木桌上面,会有光透过杯中的酒在桌上形成一块很亮的红色区域。

传统的阴影算法和光线追踪算法:

1）传统的阴影算法

游戏中传统的光照算法，是利用公式法来计算特定类型光源的直接光照在物体表面所产生的反射和漫反射颜色，然后再使用阴影算法做阴影补偿[23]。标准的阴影算法不能计算面光源，改进以后的阴影算法通过对面光源采样，可以模拟出软阴影的效果。但是这些方法计算的光照都是来自直接光源的，忽略了光的传播过程，也就无法计算出由光的传播所产生的效果。通过特定的修正，我们也可以计算特定的反射折射或漫反射过程，但是无法给出一种通用并且物理正确的方法。目前游戏中大多是采用改进的阴影算法来进行渲染，它的优点是效率比较高，结合预计算的话，还是可以产生比较生动可信的效果。

2）传统的逆向光线追踪

正如前面描述的那样，要想计算光能在场景中产生的颜色，最自然的考虑就是，从光源出发，正向跟踪每一根光线在场景中的传递过程，然后收集信息。然而这个想法在被提出来的那个时代的计算机硬件上是不可能实现的，当时人们认为，正向光线追踪计算了大量对当前屏幕颜色不产生贡献的信息，而且它把看不见的物体也计算在内，极大的浪费了效率。

于是人们想出的另一个方法是：只计算有用的，从人眼出发，逆向跟踪光线。

逆向光线追踪从视点出发，向投影屏幕发出光线，然后追踪这个光线的传递过程。如果这个光线经过若干次反射折射后打到了光源上，则认为该光线是有用的，递归的计算颜色，否则就抛弃它。很显然，这个过程是真实光线投射的逆过程，它同样会产生浪费（那些被抛弃的逆向光线），而且只适用于静态渲染。

逆向光线追踪算法中的顶点亮度主要包括三个方面：

（1）由光源直接照射而引起的光亮度。

（2）来自环境中其他景物的反射折射光在表面产生的镜面反射光亮度。

（3）来自环境中其他景物的反射折射光在表面产生的规则透射光亮度。

3）预设定的顶点漫反射颜色

显然，这一过程仅跟踪景物间的镜面反射光线和规则透射光线，忽略了至少经过一次漫反射之后光能传递，而且该算法中的物体表面属性只能是单一的，因而它仅模拟了理想表面的光能传递。

对于该算法的具体描述如下：

（1）从视点出发，经过投影屏幕上的每一个像素向场景发射一根虚拟的光线。

（2）求光线与场景最近的交点。

（3）递归跟踪：

① 如果当前交点所在的景物表面为理想镜面，光线沿其镜面反射方向继续跟踪。

② 如果当前交点所在的景物表面为规则投射表面，光线沿其规则投射方向继续跟踪。

（4）递归异常结束：

① 光线与场景中的景物没有交点。

② 当前交点所在的景物表面为漫反射表面。

③ 跟踪层次已经超过用户设定的最大跟踪层数。

④ 所跟踪的光线对显示像素的光亮度的贡献小于预先设定的阈值。

（5）递归正常结束：

光线于光源相交，取得光亮度值，按递归层次反馈。

传统的光线追踪技术可以较好地表现出反射折射效果，也可以生成真实度比较高的阴影。但是它的光照都比较硬，无法模拟出非常细腻的柔化效果。

光线追踪需要对大量的光线进行多次与场景中物体的求交计算。如何避免这些求交计算成为光线追踪追求效率的本质。早期的光线追踪算法都是通过各种空间划分技术来避免无谓的求交检测,这些方法对于之后的理论同样有效,常见的空间划分方法分为两类,一类是基于网格的平均空间划分,一类是基于轴平行的二分空间划分。

3.6　蒙特卡罗光线追踪

1)对传统的逆向光线追踪的改进

传统的逆向光线追踪算法有两个突出的缺点,即表面属性的单一和不考虑漫反射[24]。我们不难通过模型的修正来缓解这两个问题。我们首先认为一个表面的属性可以是混合的,比如它有20%的成分是反射,30%的成分是折射,50%的成分是漫反射。这里的百分比可以这样理解,当一根光线打在该表面后,它有20%的概率发生反射,30%的概率发生折射,50%的概率发生漫反射。然后通过多次计算光线跟踪,每次按照概率决定光线的反射属性,这样它就把漫反射也考虑了进去。具体的算法如下[25]:

(1)从视点出发,经过投影屏幕上的每一个像素向场景发射一根虚拟的光线。

(2)当光线与景物相交时按照俄罗斯轮盘赌规则决定它的反射属性。

(3)根据不同的反射属性继续跟踪计算,直到正常结束或者异常结束。如果反射的属性为漫反射,则随机选择一个反射方向进行跟踪。

(4)重复前面的过程,把每次渲染出来的贴图逐像素叠加混合,直到渲染出的结果达到满意程度。

该方法是一种比较简易的基于物理模型的渲染,其本质就是通过大量的随机采样来模拟半球积分。这种方法在光照细节上可以产生真实度很高的图像,但是图像质量有比较严重的走样,而且效率极其低下。

2)蒙特卡罗光线追踪-采样

蒙特卡罗光线追踪的本质就是通过概率理论,把半球积分方程进行近似简化,使之可以通过少量相对重要的采样来模拟积分。蒙特卡罗光线追踪理论中的采样方案有很多,有时候还要混合使用这些采样方案。

蒙特卡罗光线追踪已经是一个比较完备的渲染方案,他有效地解决了光线追踪的模型缺陷和效率问题,使得在家用图形硬件上做基于物理的渲染成为一种可能。但是我们仍然无法实时的进行计算,而且如何解决图像走样的问题也是蒙特卡罗光线追踪的一大难点。

相对于普通光线追踪,蒙特卡罗光线追踪引入了更复杂的漫反射模型,从而增加了需要跟踪的光线数量。但是它又通过采样算法减少了需要跟踪光线,所以其核心效率取决于采样模型。

与普通光线追踪一样,为了减少不必要的求交检测,蒙特卡罗光线追踪也需要使用空间划分技术,最常用的是平衡k-d tree。蒙特卡罗光线追踪虽然是一种逆向光线追踪算法,但是其采样的理论却与光线追踪的方向无关,可以用于任何一种渲染方案。

此外,使用蒙特卡罗光线追踪不容易计算焦散(caustics)现象。也就是说它不容易计算由镜面反射或者规则透射引起的漫反射(但是很容易计算由漫反射引起的镜面反射或者规则透射)。

蒙特卡罗光线追踪本身也是一种逆向光线跟踪。逆向光线追踪最初被设计出来是为了只计算那些会影响最终屏幕像素的光能传递过程,这一思想在早期硬件并不发达,对最终影响要求也不高的年代是非常实用的。但是我认为由于对屏幕上每个像素的跟踪都是无关的,即每两次跟踪之间都不会建立通信说哪些是计算过的,哪些是没计算过的,所以这里面必然会包含大量重复计算的中间过程。当我们对图像所表现效果的真实度非常高的时候,必然会产生巨量的采样,然后重复计算的问题就会放大,而由逆向追踪思想带来的那些优势也将荡然无存。而且,对场景中光能贡献越大的光源应该被越多的采样跟踪覆盖到,但是逆向光线跟踪只是对屏幕上每个像素反复遍历追踪,其结果应该趋向于采样平均覆盖各个光源,如果要想对高亮度光源采很多的样本,必然也会导致对其他光源也过多地采取了样本,这会非常浪费效率。重新考虑正向光线追踪,光由光源发出,打在场景之中,每一次光能转化都被记录下来,最后只要收集这些信息就可以知道任意点上面的亮度,这个方法的描述非常贴近真实的自然,关键在于如何保证速度。

另外,完全的逆向光线追踪根本就不应该作为实时渲染的算法,道理很简单,光能的传递过程不变,只要视点一变,就要重新计算。

3.7 辐射度算法

辐射度的算法分为三个步骤[26]。

(1)先把场景中的面划分为一个个小的(patch),然后计算两个 patch 之间的形式因子。两个 patch 之间的形式因子表示了一个 patch 出射的光有多少比例会被另一个 patch 接收。对于任意一个有 n 个 patch 的场景来说,总有 $n \cdot (n-1)$ 个形式因子。

(2)通过迭代法来找到一个光能传递的平衡状态。

(3)把第二步所产生的亮度值作为顶点色渲染。

辐射度算法会非常的慢,而且如果不考虑额外的复杂度,辐射度算法很难计算镜面反射,改进的辐射度算法可以缓解这一问题。很多研究者都试图结合光线追踪和辐射度这两种方法,以期达到各自的优势。

前面谈到,正向光线追踪才是最自然的光能传递的描述,由此,在 1994 年,有人提出了 photonmaping 算法。photonmaping 是一个两步的算法,第一步通过正向光线跟踪来构建光子图,第二步通过光子图中的信息来渲染整个场景。它的核心思想是从光源开始追踪光能的传递,把每一个传递中间过程都记录下来,最后按照投影或者逆向光线追踪来收集这些信息,以达到渲染的目的。由于中间每一个光线和场景的相交都被记录下来,所以它很自然地避免了逆向光线追踪中重复计算的问题。

具体的,这两步算法又可以分为如下四个步骤[27]。

(1)从光源发射出 N 根采样光线。光线的方向和光源的类型有关。采样光线的数目选择与光源自身的亮度有关,越亮的光源应该选择越多的采样。

(2)光子打到场景中,一步步传递,把光能传递的过程记录下来,结果放在 k-d tree 中。

(3)用逆向光线追踪或者反投影的方法找到可视点。

(4)使用逆向光线追踪和半球积分(如最终聚集)方法收集光子图中的信息,从而计算可视点的光亮度。

首先要选择一个光源,然后才能发射一个光子。对于场景中的多个光源,每次做发射一个光子采样的时候,不能完全地随机选择光源,一个光源被选中的概率要正相关于它的在该场景中的能量。

典型的光源一般被分为三种。

(1)点光源。点光源的数据结构仅仅是三维空间中的一个坐标。对点光源所发出的光线进行采样时,可以在包围该点的单位球上任选一点,然后以球心到该点的射线作为采样光线。也有人建议用单位立方体包围盒采样来代替单位球。

(2)方形面光源。方形面光源上的每一个点都可以看作一个只能从靠近面法向量一侧发射光线的点光源。

（3）其他光源。任意空间形状和物理特性的光源,只能具体问题具体分析。一旦选好了初始要追踪的光子向量的位置和方向,我们就可以开始一次正向追踪。

一般的,光子与场景中景物的相交情况可以分为如下。

（1）如果光子打到了镜面反射表面或者规则折射表面,不用做任何记录,继续追踪。

（2）如果光子打到了漫反射表面,则把光子所携带的能量和入射方向记录下来。如果入射光是折射或者反射光,则把光子记入 caustics map,否则就记入全局 map;其实,对于每一次相交,我们既可以记录入射光子,也可以记录出射光子。但是我们选择了记录入射光子。

我们记录镜面反射与规则折射的光子信息是没有意义的,因为不可能把所有的镜面反射和规则折射过程都记录下来,所以这一类亮度还是要通过逆向光线追踪或其他方法来计算。但是记录漫反射过程中的采样信息是有用的。因为可以通过某一点的部分入射采样光子来近似地模拟该点的全部入射光子。然后可以计算该点任意方向上的出射光子。这也决定了只能记录入射光子信息而不是出射光子信息。记录入射光子还可以通过选择不同的 brdf 甚至不同的简化模型来重构每一次反射过程,这样就可以随心所欲的计算。

那么我们后面如何通过一点的入射光子来计算该点的出射光子呢,选择一个包围该点的范围很小的球空间,把这个空间里所有的入射光子按照半球积分模型计算,就可以算出该点的出射光子。

（3）如果光子打到的表面既有一定的镜面反射属性,又有一定的漫反射属性,则依据两种属性各自所占的百分比,使用俄罗斯轮盘赌原则来决定该次的反射属性。

（4）光子在决定了反射属性之后,还要依据反射属性再随机一次,以判定其是被表面吸收还是发射出去。

构造好光子贴图之后,我们就可以在第二步收集这些信息来计算顶点亮度。

我们首先来看一个对光能半球积分简化过的公式:

$$L \cdot f = (L(l) + L(c) + L(d)) \cdot (f(s) + f(d)) \qquad (3-1)$$

公式（3-1）中,L 表示入射光的集合;f 表示该点的表面反射属性集合;$L(l)$ 表示直接光照;$L(c)$ 表示纯粹的反射折射光;$L(d)$ 表示至少经历了一次漫反射的入射光;$f(s)$ 表示镜面反射或者规则透射 brdf;$f(d)$ 表示漫反射 brdf。$L \cdot f$ 的结果就是出射光的亮度,我们要做的就是如何快速的计算 $L \cdot f$。

把上面的等式分化一下:

$$L \cdot f = L(l) \cdot (f(s) + f(d)) + f(s) \cdot L(c) + f(s) \cdot L(d) + f(d) \cdot L(c) + f(d) \cdot L(d)$$

如果直接采用半球积分方程进行计算,需要大量的采样,这种分化把半球积分分化为四部分,对不同的部分采用不同的办法计算,这样每一种都不会产生大量的采样,合起来的计算复杂度远远低于原来不分开计算的。

（1）直接光源照射,反射属性为所有。

（2）入射光源为镜面反射或者规则透射或者漫反射,反射属性为镜面反射或者规则透射。

（3）入射光源为纯反射或透射,反射属性为漫反射。

（4）入射光源为至少经过一次漫反射的,反射属性为漫反射。

对于（1）,我们采用 shadow ray 的方法计算直接光照。

对于（2）,我们采用经典的蒙特卡罗光线追踪来计算。

对于（3）,我们收集来自 caustics map 中的光子信息。

对于（4）,我们收集来自全局 map 中的光子信息。

这样,一次典型的正向光线追踪的计算就完成了。即使是 photon map 算法,对于普通硬件,暂时也只能用于静态渲染。但是我们依然可以把它用在游戏中,比如在地图编辑器中对静态光源和大型静态场景进行预渲染,如果光源是变化的,那么对光源变化的过程采样,渲染后再通过插值计算来模拟光源变化。通过基于光线追踪计算出的图像,具有很高的光真实感,可以令用户产生赏心悦目的感受。

3.8　Photonmap 实时渲染方案

Photonmap 实时渲染方案的特点:

(1) 区别于静态渲染,不是一次发射所有必需的光子,而是只产生少量的光子,把相关信息保存在光子图中,然后每帧逐步递加光子,过了一定时间以后,就抛弃旧的光子信息。

(2) 构造类似于 Windows 脏矩形思想的脏光线算法。

光线跟踪是一种真实地显示物体的方法,该方法由 Appel 在 1968 年提出。光线跟踪方法沿着到达视点的光线的反方向跟踪,经过屏幕上每一个像素,找出与视线相交的物体表面点 P_0,并继续跟踪,找出影响 P_0 点光强的所有光源,从而算出 P_0 点上精确的光线强度,在材质编辑中经常用来表现镜面效果。

光线跟踪或称光迹追踪,是计算机图形学的核心算法之一。在算法中,光线从光源被抛射出来,当它们经过物体表面的时候,对它们应用种种符合物理光学定律的变换。最终,光线进入虚拟的摄像机底片中,图片被生成出来。由于该算法是成像系统的完全模拟,所以可以模拟生成十分复杂的图片。

业界公认此算法为 Turner Whitted 在 1980 年提出。近日,世界主要国家的图形学学生都要实习此算法,他的一个著名的实现是开源软件。

第 4 章　辐射度算法原理

简单地说,辐射度算法就是:把场景细分到很细很细的面片(如1个像素那么大的三角形),分别计算它们接受和发出的光能,然后逐次递归,直到每个面片的光能数据不再变化(或者到一定的阈值)为止。因此,计算量很大(要计算很多次),而且难以并行(因为递归)[28]。

光照和阴影投射算法可以大致分为两大类:直接照明和全局照明。许多人都会对前者较为熟悉,同时也了解它所带来的问题[29]。本章将首先简要地介绍两种方法,然后将深入地研究一种全局照明算法,这就是辐射度。

4.1　直接照明

直接照明是一个被老式渲染引擎(如3D Studio、POV等)所采用的主要光照方法。一个场景由两种动态物体组成:普通物件和光源。光源在不被其他物件遮挡的情况下向某些物件投射光线,若光源被其他物体遮挡,则会留下阴影[30]。

在这种思想之下有许多方法来产生阴影,如Shadow Volume(阴影体)、Z缓冲方法、光线追踪等等。但由于它们都采用一个普遍的原则,因此这些方法都有同样的问题,而且都需要捏造一些东西来解决这些问题(见表4-1)。

表 4-1　阴影产生方法

	优　点	缺　点
光线追踪	能够同时渲染由参数或多边形描述的物体,允许实现一些很酷的体效果(volumetric effects)	慢速, 非常锐利的阴影和反射
阴影体	可以加以修改以渲染软阴影(非常有技巧性)	实现起来需要技巧, 非常锐利的阴影, 物体只能用多边形描述
Z缓冲 (Shadow Mapping)	容易实现, 快速(能做到实时)	锐利的阴影,锯齿问题

需要考虑的最重要的问题是,由于这些方法会产生超越真实的图像,他们只能处理只有点光源的场景,而且场景中的物体都能做到完美地反射和漫反射。现在,除非你是某种富裕的白痴,你的房子可能

并不是装满了完全有光泽的球体和点状的光源。事实上,除非你生活在完全不同的物理背景下的一个宇宙空间,你的房间是不可能出现任何超级锐利的阴影的。

人们宣称光线追踪器和其他渲染器能够产生照片级的真实效果是一件非常自然的事情。但想象如果有人拿一张普通光线追踪(这种渲染方法类似经典 OpenGL 光栅和光照渲染方法)的图片给你看,然后声称它是一张照片,你可能会认为他是一个瞎子或者骗子。

同时也应该注意到,在真实世界里,我们仍然能看到不被直接照亮的物体。阴影永远都不是全黑的。直接照明的渲染器试图通过加入环境光来解决这样的问题。这样一来所有的物体都接收到一个最小的普遍直接照明值。

4.2 全局照明

全局照明方法试图解决由光线追踪所带来的一些问题。一个光线追踪器往往模拟光线在遇到漫反射表面时只折射一次,而全局照明渲染器模拟光线在场景中的多次反射。在光线追踪算法里,场景中的每个物体都必须被某个光源照亮才可见,而在全局照明中,这个物体可能只是简单的被它周围的物体所照亮。很快就会解释为什么这一点很重要。

全局照明的优缺点如表 4-2 所示。由全局照明方法产生的图片看起来真正让人信服。这些方法独自成为一个联盟,让那些老式渲染器艰苦地渲染一些悲哀的卡通。但是,而且是一个巨大的"但是",但是它们更加地慢。正像你可能离开你的光线追踪渲染器一整天,然后回来看着它产生的图像激动到发抖,在这儿也一样。

表 4-2 全局照明的优缺点

	优 点	缺 点
辐射度算法	– 非常真实的漫反射表面光照, – 概念简单,容易实现, – 能够容易地使用 3D 硬件加速计算	– 慢, – 不能很好地处理点光源, – 也不能处理有光泽的表面, – 总是过于复杂而且很少在书本中解释
蒙特卡罗法	– 非常、非常好的效果, – 能够很好地模拟各种光学效果	– 慢, – 轻度困难, – 需要聪明才智来优化, – 总是过于复杂而且很少在书本中解释

用直接照明照亮一个简单的场景如下。用 3D Studio 对这个简单的场景进行了建模,想让这个房间看起来就像被窗外的太阳照亮一样。因此,设置了一个聚光灯照射进来。当渲染它时,整个房间都几乎是黑色的,除了那一小部分能够被光射到的地方。打开环境光只是让场景看起来呈现一种统一的灰色,除了地面被照射到的地方呈现统一的红色。在场景中间加入点光源来展现更多细节,但场景并没有你想象中的被太阳照亮的房间那样的亮斑。最后,把背景颜色设为白色,来展现一个明亮的天空(见图 4-1)。

用 Terragen 渲染了一个天空盒来作为光源,并把它放置于窗户之外。除此之外没有使用任何其他光源。无需任何其他工作,这个房间看起来被真实的照亮了。注意以下几点有趣的地方:

(1)整个房间都被照亮并且可见,甚至那些背对者太阳的表面。

(2)软阴影。

(3)墙面上的亮度微妙地过度。

图 4-1　用全局照明照亮这个简单的场景　　　　　图 4-2　用 Terragen 渲染场景

原本灰色地墙面,再也不是原始的灰色,在它们上面有了些暖意。天花板甚至可以说是呈现了亮度变化(见图 4-2)。

辐射度渲染器的工作原理

清空你脑子里任何你所知道的正常的光照渲染方法。你之前的经验可能会完全地转移你的注意力。

当你想询问一个在阴影方面的专家,他会向你解释所有他们所知道的关于这个学科的东西。你的专家是在我面前的一小片墙上的油漆。

你:"为什么你在阴影当中,而你身边的那一片跟你很相像的油漆却在光亮之中?"

油漆:"你什么意思?"

你:"你是怎么知道你什么时候应该在阴影之中,什么时候不在? 你知道哪些阴影投射算法? 你只是一些油漆而已啊。"

油漆:"听着,伙计。我不知道你在说什么。我的任务很简单:任何击中我的光线,我把它分散开去。"

You:"任何光线?"

油漆:"是的。任何光线。我没有任何偏好。"

因此你应该知道了。这就是辐射度算法的基本前提。任何击中一个表面的光都被反射回场景之中。是任何光线。不仅仅是直接从光源来的光线,是任何光线。这就是真实世界中的油漆是怎么想的,这就是辐射度算法的工作机制。

接下来将详细讲解怎样制作你自己的会说话的油漆。

这样,辐射度渲染器背后的基本原则就是移除对物体和光源的划分。现在,你可以认为所有的东西都是一个潜在的光源。任何可见的东西不是辐射光线,就是反射光线。总之,它是一个光的来源,一个光源。一切周围你能看到的东西都是光源。这样,当我们考虑场景中的某一部分要接受多少光强时,我们必须注意把所有的可见物体发出的光线加起来。

(1) 基本前提:

① 光源和普通物体之间没有区别。

② 场景中的一个表面被它周围的所有可见的表面所照亮。

现在你掌握这个重要的思想。我将带你经历一次为场景计算辐射度光照的全过程。

(2) 一个简单的场景。我们以这个简单的场景开始:一个有三扇窗户的房间。这里有一些柱子和凹槽,可以提供有趣的阴影。

它会被窗外的景物所照亮,我假设窗外的景物只有一个很小、很亮的太阳,除此之外一片漆黑(见图4-3)。

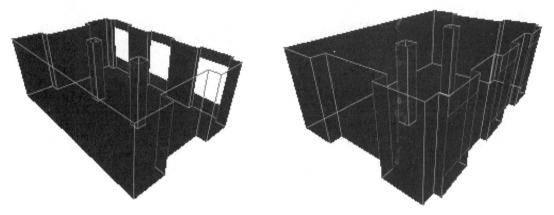

图4-3 窗外很小、很亮的太阳光,窗内场景

现在,我们来任意选择一个表面。然后考察它上面的光照(见图4-4)。

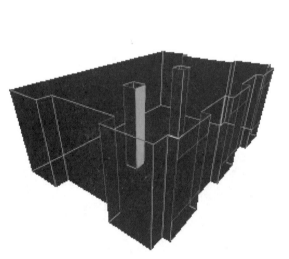

图4-4 表面光照

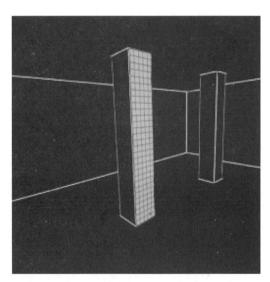

图4-5 面片—"小油漆"

由于一些图形学中难以解决的问题,我们将把它分割成许多小片(如油漆)(见图4-5),然后试着从它们的角度来观察这个世界。

从这里开始,我将使用面片来指代"一小片油漆"。

选取他们之中的一个面片。然后想象你就是那个面片。从这个角度,这个世界看起来应该是什么样子呢(见图4-6)?

(3) 一个面片的视角。将我的眼睛贴紧在这个面片之上,然后看出去,就能看见这个面片所看见的东西。这个房间非常黑,因为还没有光线进入。但是我把这些边缘画了出来以方便你辨认。

通过将它所看见的所有光强加在一起,我们能够计算出从场景中发出的所有能够击中这个面片的光强。我们把它称为总入射光强。

这个面片只能看见房间以及窗外漆黑的风景。把所有的入射光强加起来,我们可以看出没有光线射到这里(见图4-7)。这个面片应该是一片黑暗。

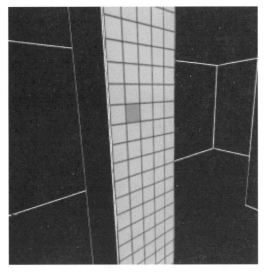

图4-6　面片

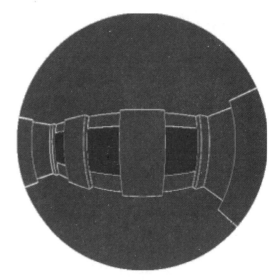

图4-7　累加所有入射光效果

（4）一个较低处的面片的视角。选择柱子上的一个稍低一些的面片。这个面片能够看到窗外明亮的太阳。这一次，所有的入射光强相加的结果表明有很多的光线到达这里（尽管太阳很小，但是它很亮）。这个面片被照亮了。

（5）墙柱上的光照。为墙柱上的每个面片重复这个过程，每次都为面片计算总入射光强之后，我们可以回头看看现在的柱子是什么样子。

在柱子顶部的面片，由于看不见太阳，处在阴影当中。那些能看见太阳的被照得很亮。而那些只能看见太阳的一部分的面片被部分地照亮了（见图4-8）。

如此一来，辐射度算法对于场景中的每个其他的面片都用几乎一样的方式重复。正如同你所看到的，阴影逐渐地在那些不能看见光源的地方显现了。

图4-8　墙柱光照

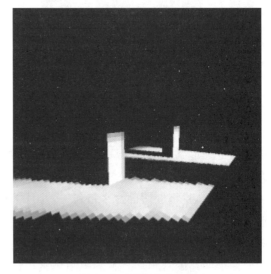

图4-9　面片变成光源

（6）整个房间的光照：第一次遍历。为每个面片重复这个过程，给我们呈现这样的场景：除了那些能够从太阳直接接受光线的表面之外，所有的东西都是黑的。

因此，这看起来并不像是被很好地照亮了的场景。忽略那些光照看起来似乎是一块一块的效果。我们可以通过将场景分割为更多的面片来解决这个问题。更值得注意的是除了被太阳直接照射的地方都是全黑的。在这个时候,辐射度渲染器并没有体现出它与其他普通渲染器的不同。然而,我们没有就此而止。既然场景中的某些面片被照得十分明亮,它们自己也变成了光源,并且也能够向场景中的其他部分投射光线(见图4-9)。

(7)在第一次遍历之后面片的视角。

那些在上次遍历时不能看见太阳而没有接收到光线的面片,现在可以看到其他面片在发光了(见图4-10)。因此在下次遍历之后,这些面片将变得明亮一些。

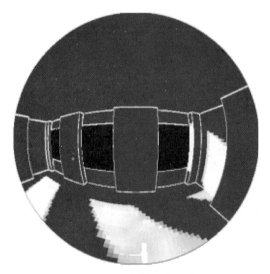 

图4-10 其他面片发光　　　　图4-11 太阳光照射到表面后一次反射效果

(8)整个房间的光照:第二次遍历。这一次,当你为每个面片计算完 入射光强之后,上次全黑的面片现在正被照亮(见图4-11)。这个房间开始变得有些真实了。

现在所发生的是太阳光照射到表面之后反射一次时,场景的效果。

(9)整个房间的光照:第三次遍历。

第三次遍历产生了光线折射两次的效果。所有的东西看起来大致相同,只是轻微的亮了一些。

下一次遍历也仅仅是让场景更加明亮,甚至第16次遍历也并没有带来很大的不同。在那之后已经没有必要做更多的遍历了。

辐射度过程集中在一个光照解决方案上缓慢地进展。每一次遍历都给场景带来一些轻微的变化,直到产生的变化趋于稳定。根据场景复杂度的不同,以及表面的光照特性,可能需要几次或几千次遍历不等。这取决于你什么时候停止遍历,告诉它已经完成了(见图4-12)。

(10)更加详细的算法描述:面片。面片的属性主要包括:

① 辐射光强(emmision)。尽管我曾说过我们应该认为光源和普通物体是一样的,但场景中显然要有光发出的源头。在真实世界中,一些物体会辐射出光线,但有些不会。并且所有的物体会吸收某些波段的光。我们必须有某种方法区分出场景中那些能够辐射光线的物体。我们在辐射度算法中通过辐射光强来表述这一点。我们认为,所有的面片都会辐射出光强,然而大多数面片辐射出的光强为0。这个面片的属性称为辐射光强。

② 反射率(reflectance)。当光线击中表面时,一些光线被吸收并且转化为热能(可以忽略这一点),剩下的则被反射开去。我们称反射出去的光强比例为反射率。

③ 入射和出射光强(incident and excident lights)。在每一次遍历的过程中,记录另外两个东西是有必要的:有多少光强抵达一个面片,有多少光强因反射而离开面片。我们把它们称为入射光强和出射

第4次遍历　　　　　　　　　　　　　　第16次遍历

图4－12　场景亮度变化

光强。出射光强是面片对外表现的属性。当我们观看某个面片时,其实是面片的出射光被我们看见了。

```
incident_light(入射光强) = sum of all light that a patch can see
excident_light(出射光强) = (incident_light * reflectance) + emmision
```

对于面片的数据结构,了解了一个面片的所有必要属性,就要定义面片的数据结构。结构定义如下所示。

```
structure
  PATCH
    vec4   emmision
    float  reflectance
    vec4   incident
    vec4   excident
  end
  structure

load scene
divide each surface into roughly equal sized patches
  initialise_patches:
```

```
for each Patch
  in the scene
if this patch
  is a light then
    patch.emmision
  = some amount of light
else
    patch.emmision
  = black
end if
    patch.excident
  = patch.emmision
end Patch
  loop
  Passes_Loop：
  each patch collects light from the scene
for each Patch
  in the scene
render the scene from the point of view of this patch
    patch.incident
  = sum of incident light in rendering
end Patch
  loop
  calculate excident light from each patch：
for each Patch
  in the scene
```

第 **5** 章　动画技术

在了解了渲染技术、光线追踪技术之后,本章介绍的是另一个重要的技术——动画技术。

5.1　背景

随着时代的发展,计算机动画扮演着越来越重要的角色,目前已经广泛应用于科学教育、数字游戏、商业广告、军事仿真、影视特效、智能机器人等许多领域或行业。计算机动画技术可以分为基于关键帧的动画、基于运动学的动画、基于物理模型的动画和基于运动捕获的动画等几大类[1]。其中,基于捕获数据的人体动画技术具有比较突出的优势。这是由于人物的运动模型非常复杂,包括上百个自由度,所以创建一个真实的和完全的运动模型,是非常困难的,采用捕获设备来获取并记录真实的运动轨迹则成为一种现实的选择。为了获得逼真的效果,可以通过捕获一个真实的原始角色运动作为原型,这样可以避免创建物理模型的困难。而基于运动捕获的动画技术,借助于专门的捕获设备直接获取演员的真实运动,然后将运动数据映射到动画角色上。和传统的动画制作方法相比,该方法能够使得动画角色的动作效果更加逼真、自然,并且动画制作所需的工作量、工作难度和工作强度大大降低[2]。由于上述优点,结合运动捕获的动画技术现已成为计算机动画领域最具活力的方法。

5.2　基础知识

5.2.1　运动捕获

运动捕获技术(motion capture)是一种高级动画技术,在演员进行运动动作时,捕获其主要关节的运动轨迹,可实现人物运动信息记录自动化,产生运动的基本轨迹,然后将记录的运动信息传递给动画模型,达到控制其运动的目的。通过运动捕获获得一个真实的原始运动作为原型,可以避免为人体运动构造一个复杂的物理仿真模型的困难,而只需要修改运动数据以符合新的角色或场景等要求,并注意保持原有运动的特色,就可以创建逼真和自然的人物角色运动。

1) 运动捕获及设备

运动捕获可以定义为[3]:利用照相机、摄像机或其他运动捕获系统将人或动物的(关节)运动状态序列,真实地记录、保留下来,以便分析、处理和利用。运动捕获技术广泛运用于娱乐、医学、体育、司法等行业,尤其是在计算机动画制作中发挥特别重要的作用。

在运动捕获技术的发展历史上,有三个先驱者做出了开创性的贡献[3]。第一位是 Eadweard Muybridge(1830—1904 年)。他于 1872 年拍出了世界上第一个运动序列照片,并从中发现马可以四蹄悬空;1884—1885 年,他拍摄了包含 20 000 张人与动物的各种运动的照片。第二位是 Etienne-Jules Marey(1830—1904 年),他是一位法国医生,同时又是发明家和摄影家。他的主要功绩是首次运用视频的方法来分析人和动物的运动,发明了连续照相法并且第一次成功拍摄了鸟的飞翔。第三位是 Harold Edgerton(1903—1990 年),MIT 的一位学者。他的主要贡献是发明了频闪观测仪和电子闪光灯。他还是高速照相的先驱,他拍摄的“奶滴与皇冠”和“洞穿苹果的子弹”是摄影史上的经典作品。

运动捕获硬件早已告别了早期的照相机,获得了巨大的发展。当前的运动捕获硬件系统按传感器和感应源放置的位置(以捕获对象的身体为参照)分为三大类:① 光学运动捕获系统;② 电磁式运动捕获系统;③ 机电式运动捕获系统(见图 5-1)。

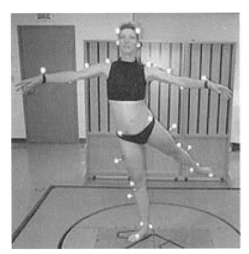  

(a) 光学运动捕获系统　　　　　(b) 电磁式运动捕获系统　　　　　(c) 机电式运动捕获系统

图 5-1　运动捕获设备[4]

Vicon 8 系统是典型的光学运动捕获装置,主要包括有四大部分:① 24 个数字 CCD 照相机阵列;② 红外光源;③ 标记点小球;④ 数据编辑软件。其基本原理是:红外光源照射到包含涂料的标记点,形成反射,为相机所捕获,经过处理可以得到位置信息。其优点是:① 捕获数据精确;② 标记点的位置和数量没有限制;③ 表演者没有缆线的束缚,可以有更大的活动空间;④ 捕获频率高。它的不足之处是:① 硬件成本在三类捕获设备中是最高的;② 捕获数据需进行大量的后期处理;③ 捕获环境对光的要求苛刻,不能有黄色光源和反射光的干扰;④ 如果捕获时间长,捕获的动作复杂,容易造成标记点的闭塞。

电磁式运动捕获系统的典型系统配置包括 1 个电磁发射器、11~18 个电磁感应器和 1 个电子控制装置。它的捕获频率是 144 幅/秒。其基本原理是首先由发射器产生一个低频的电磁场,然后由感应器将感应的电磁信号输入到电子控制装置,经过处理,转换为三维位置数据。

电磁式捕获系统的优点有:① 速度达到实时性要求;② 捕获数据无需后期处理即可直接应用;③ 价格相对便宜;④ 感应器不会闭塞。它的不足之处是:① 捕获场所若存在金属物体,则需要校正;② 表演者受到线缆的束缚;③ 标记点的配置难以更改;④ 捕获区域要小。

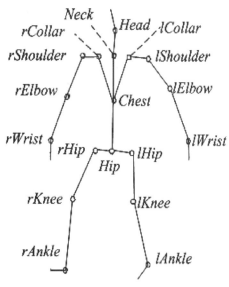

图 5-2 原始运动捕获数据的骨骼模型

机电式运动捕获系统包括传感器、机械传动装置等。其基本原理是由机械装置来传递人体的运动信号，并由放置在人体主要关节处的电位计或角度测量仪来感应关节角度。这类系统的优点有：① 捕获范围极大；② 在三种类型的捕获设备中，价格比较便宜；③ 实时数据收集；④ 感应器不会闭塞；⑤ 可以同时捕获多个表演者的互动。其不足之处有：① 捕获频率低；② 硬件笨重，束缚表演者的活动；③ 感应器配置固定；④ 通常只能捕获关节角度的变化，而不能捕获空间位置的变化。

运动捕获的过程是，首先请表演者按照动画师的要求，模仿动画设计中的人物角色进行表演，然后使用运动捕获设备采集人物各关节的运动位置信号；并且针对这些信号，利用设备自带的专用软件进行后处理，从而得到人体关节运动的真实数据。目前，运动捕获数据格式主要包括 BVH、BVA、CSM、BIP、TRC、AMC、ASF、C3D、TVD 等。图 5-2 绘出了常见的BVH 数据所描述的人体关节模型。

2）运动捕获技术分类

运动捕获技术可分为传统方式和基于视频方式两大类，如图 5-3 所示。

传统的运动捕获方法通常需要在演员的关节贴上特殊的标记，然后利用硬件设备来跟踪这些标记的位置和方向，从而生成一组运动数据。传统的运动捕获设备分为机械式、电磁式和光学式三大类。这类方法的缺点是：捕获设备的价格昂贵；运动捕获过程繁杂；捕获设备干扰了运动的自然和流畅。

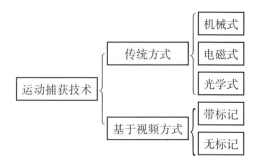

图 5-3 运动捕获技术的分类

随着计算机视觉领域在基于人体运动跟踪方面研究的进展，基于视频的人体运动捕获被广泛地研究。基于视频的运动捕获涉及计算机图形学、计算机视觉等多方面的研究领域，其核心是从单个或者多个视频序列中检测、跟踪并获取人体运动数据，重建人体的 3D 运动，生成逼真的人体动画。

基于视频的运动捕获分为基于单目和基于多目两大类。基于单目视频的人体运动捕获具有易获取的优点，这些方法从图像帧中提取人体关键点、区域、轮廓等特征，并进行跟踪，然后进行 3D 估计[5]。但由于丢失了很多深度信息，捕获的精度低，仅适用于对捕获精度要求不高的应用。基于多目视频的人体运动捕获是在多摄像机条件下进行的人体运动跟踪。通常的方法是从图像中提取人体特征并跟踪，然后通过对多个跟踪结果的 3D 重建来得到人体的 3D 运动数据。近年来，基于体素（Voxels）的运动捕获方法作为一种新的基于多目视频的人体运动捕获方法被提出，得到广泛研究。这种方法并不直接从图像得到人体运动数据，而是建立一个 3D 观察区域，然后采用 SFS（Shape-From-Silhouette，由轮廓线估计形状）、Visual Hull（可见外壳）等方法，通过 3D 体素拟合人体模型，从而得到人体 3D 运动数据。Mikic 等[6,7]实现了一个基于体素的运动捕获的系统，从 6 个摄像机的同步视频中提取轮廓线来重建人体的 3D 体素数据，然后标记人体的各个部分，并采用卡尔曼滤波来获取人体姿态序列。Theobalt 等[8,9]建立了一个从多个同步视频中获取不带标记的人体 3D 运动原型系统。首先基于背景剔除方法获取人体轮廓线，构造人体的可见外壳（Visual Hull）；然后识别和跟踪视频中头、手、脚等特征点的 2D 位置，进而确定其对应的 3D 位置；最后，通过这些特征点来求解人体模型和可见外壳之间的最优拟合结果，进而确定人体模型的 3D 姿态。这种方法的显著优点是无需标记、人体运动不受限制。

3）角色表情和动作的捕获

3D 人脸建模是角色表情动画的基础,一直是国内外学者的研究热点,具有广阔的应用前景。目前已有多种建模方法,MPEG－4 标准中也专门制定了人脸模型参数规范。3D 人脸建模的基本要求是,用较少的面片数表达清楚脸部的明显特征。上文角色外观建模部分对人脸建模已有所提及,这里从角色表情的角度再次比较详细阐述。

角色表情数据的获取方式可分为两类[10]:

第一类获取方式是借助硬件设备采集真实人脸的数据进行 3D 重构。该方法着眼于恢复出准确的人脸形状,生成的模型精确度高、逼真,能满足某些场合的特殊需要;但它们的一个最大缺点是需要专门的 3D 扫描设备,如 CT、核磁共振仪、3D 激光扫描仪等,来直接获取人脸的几何数据进行建模,成本昂贵;而且重建模型相当耗时,因而应用范围受到一定的限制,不利于推广。Guenter 等[11] 提出的建模方法通过在人脸上贴上密集的标签,来跟踪表情人脸的变形,同时也通过对 Cyberware 扫描仪扫得的数据做三角化来得到人脸的网格模型,这个网格可以根据跟踪到的特征点而移动。但是这种方法所建立的模型不能根据动画参数来直接进行动画。

第二类获取方式是基于视频的人脸建模技术。此方法不需要特殊的设备,成本低廉,应用面广,尤其适用于对人脸模型精度要求不是特别高的情况。T. Akimoto 等[12] 用人脸的正、侧面两张照片来获得适配一般模型的特征信息,并采用模板匹配技术提取外围轮廓特征,划分很多小的矩形窗检测眼、鼻、口等特征信息,分别从正面、侧面调节一般模型从而建立特定人脸的 3D 模型。

基于视频来获取角色表情数据时涉及自动人脸检测技术。自动人脸检测及分割可以描述为:给定一个静态图像或视频序列,要求从未知的图像背景中分割、提取并确认可能存在的人脸,它是脸部表情建模的第一步。目前,现有的人脸检测技术方法可以分成三类[13]:基于特征的方法(feature-based)[14-23]、基于模板的方法(template-based)[24-28]、Appearance-based 方法[29-33]。

基于特征的检测方法是根据面部特征的空间几何关系和颜色纹理特征来定位人脸[15],这类方法检测速度很快,但精度较差,主要用于人脸的粗检测。这种方法可进一步分为基于知识自上而下的方法和基于不变特征自下而上的方法。前者首先定位候选人脸区域,然后通过对人脸的先验知识规则来检测人脸[14,23]。与前者相反的是,后者首先确定局部特征如眼睛、鼻子和嘴巴等或颜色纹理特征,然后组合这些特征来确定人脸的存在。基于知识自上而下的方法的代表性工作有:Yang 等[14] 采用分层次(不同分辨率下)由粗到细的检测思路,对于远距离检测的研究有借鉴之处,但是该方法不适用于检测姿态变化的人脸。在 Yang 等的基础上,Kotropoulos 等[15] 通过对边缘图像作垂直和水平的积分投影并结合五官分布的知识来确定面部器官的位置,方法简单,但不适用于复杂条件及多人检测的情况。李华胜等[23] 通过区域增长分割人脸,在知识层次上进行眼睛、嘴巴、鼻子等人脸特征的提取,取得较高检测率和光照鲁棒性。基于不变特征的方法可以进一步分成三类:基于器官特征的方法、基于肤色纹理的方法和多特征结合的方法等。Yow 等[16] 提出一种基于器官特征的方法,该方法能检测不同方位和姿态的人脸,但是它不适用于检测中小尺度的人脸,且计算量较大。肤色信息是一种识别人脸区域和特征的有效工具,而且能用于小尺度和可变姿态的检测,但是肤色受光照的影响很大,必须进行光照补偿。Hsu 等[17] 在 YCbCr 颜色空间中,对 Cb 和 Cr 两个颜色分量分别进行转换,使它们自适应于光照变量,对光照具有较好的鲁棒性。Mckenna 等[18] 采用肤色高斯混合模型可以在较大的光照范围内进行检测。然而,单独使用基于肤色的方法不能有效地检测人脸。结合肤色信息,Dai 等[19] 采用空间灰度级共生矩阵(Space Gray-Level Dependence Matrix, SGLD)实现了在复杂条件下的人脸定位,该方法能用于非正立人脸、戴眼镜和胡须人脸的检测。综合利用形状、肤色及运动信息等多特征的方法[20-22] 也许可以实现尺度鲁棒性的检测,应用于远距离的人脸检测。

基于模板的方法利用人脸的部分或全部的标准特征模板和输入图像中所有的区域进行匹配,利用模板和区域之间的匹配度量来检测。相比于基于特征的方法,这类方法速度慢,但精度较好。早期的基于模板匹配的方法都是建立一个标准的人脸模板,对输入图像进行全局搜索,对应不同尺度大小的图像窗口,计算与各子模板的相关系数,通过预先设置的阈值来判断该图像窗口中是否含有人脸[24]。这种简单的模板匹配方法易于实现,但噪声对检测影响很大。Miao 等[25]提出一个多层次的模板匹配检测方法,可以实现一定程度上的多尺度和多姿态的检测,缺点就是不适用于多人的检测。Yuille 等[26]使用可变形的模板用于人脸特征的提取,该方法的优点在于:由于模板可调,所以能够检测不同尺度和视角的人脸;其缺点在于:由于要动态地调整参数和计算能量函数,计算量很大。Lanitis 等[27]通过使用点分布模型(point distribution model, PDM)描述形状矢量,同时,动态形状模型(active shape model, ASM)被用于估计人脸位置并提取强度信息,结合形状和强度信息表示人脸。ASM 结合卡尔曼滤波算子用于估计基于形状不变的强度参数,这样可以用来检测视频序列中的人脸图像[28]。

基于表象的人脸检测方法利用统计学习去挖掘人脸与非人脸图像之间的本质区别,通过学习大量训练样本形成的样本分布模型和判别函数进行人脸检测。如果学习样本比较充分,分类器选择得当,该类方法精度要好于上述两种方法,但计算量大,结合上述两种方法其中之一能在一定程度上解决问题。基于表象统计学习的检测方法也是目前的主流算法。该类方法广泛应用于静态图像的检测中,典型的方法如 Rowly 等[29]基于神经网络的方法、支持向量机的方法[30]、朴素贝叶斯分类器[31]等方法。Sung 等[32]提出了一种基于样本学习的人脸检测方法,可以在复杂背景中检测正面垂直人脸,其缺点是它用于建立人脸模型和训练神经网络的样本数量太大,进行全局搜索的时间较长,但其提出的利用人脸标准模型来检测人脸的思想启发了以后的研究。在基于神经网络的检测方法中,值得一提的是 Rowley 等[29]的工作。他们的方法可以检测不同尺度的人脸,但只能检测垂直正面的人脸。Viola 和 Jones[33]提出的基于 Haar 特征的 Adaboost 的检测方法,大大提高了人脸检测速度,准确率也相当不错,被公认为当前自动人脸检测的标准方法,它使得人脸检测从真正意义上走向实用。然而总体而言,基于表象的人脸检测方法需要大量的各种条件下的训练样本,计算量大,这是一个必须考虑的问题。将来一个可能的方向是基于统计学习和结构知识相结合,再综合利用人工智能解决一些复杂的情况,如遮挡、光照、图像质量等问题。

总而言之,在自动人脸检测中,精度和速度是两个重要方面,一般都希望一个系统既能有很高的精度又能达到实时的速度,而这两方面在实际系统中又常常矛盾,如何在保证精度的前提下,有效地提高系统的速度,对于人脸检测研究具有很重要的意义。

基于运动捕获技术获取角色的表情和动作是表情和动作的主要来源之一。

5.2.2 基于运动捕获的动画技术

基于运动捕获的动画技术现已成为计算机动画领域最具活力的方法。该动画技术主要包括运动重定向技术、运动轨迹编辑技术、运动融合技术和运动合成技术等。

1)运动重定向技术

运动重定向是指编辑和调节从原始角色捕获到的运动数据,并将其正确地映射到与原始角色不同的新角色中。如果直接将原始的捕获数据映射到新角色,则很容易违背原有运动中固有的运动性质(约束),从而导致运动失真,出现诸如足部穿地、悬空和滑步等错误。运动重定向的实现方法可以分为基于反向运动学(inverse kinematics, IK)的方法、基于时空约束的方法和基于物理的方法等。

反向运动学问题是数字驱动的人体动画技术中的基本问题,几乎所有的数字人体动画创作都要使用到反向运动学技术,反向运动学技术因此成为一个重要的研究方向。现有反向运动学(IK)求解算法中,解析求解法是最稳定、最快速的算法。但是现有的 IK 解析求解算法只能求解 6 个自由度的 IK 链。对于人体这种特殊结构,可以求解 7 个自由度的手臂链。当人体运动链的自由度大于 7 时,就需要使用数值迭代法进行求解,这必然导致求解速度的下降,也容易造成求解的不稳定,而且求解结果难以重复,特别是当反向运动学求解的规模较大时。吴小毛等[34]针对运动编辑中存在的技术难题,考虑到人体结构的特殊性,通过测量法建立了肘关节转角和手的朝向角之间的关系,从一个新的角度得到了 7 自由度手臂链的解析解。在此基础上,提出反向运动学求解过程中衣领关节和肩关节调整方案,并推导出 12 自由度人体运动链的解析求解算法。该算法将现有的 7 个自由度的人体运动链解析求解推广到 12 个自由度,它能够在人体动画中得到很好的应用。杨熙年等[35]在假定原始角色和目标角色之间骨骼结构相同,骨骼长度比例相差不大的情形下,提出一种基于骨干长度比例的运动重定向方法。该方法首先求出两个角色之间的骨骼缩放比例,根据这个比例得到目标角色的根关节在第一帧的位置及其他帧的位移量,然后推算出末端效应器的约束位置,最后选择循环坐标下降(cyclic coordinate descent, CCD)作为IK 求解器,根据位置约束求出重定向后的运动数据。反向率控制也是一种用于运动重定向的 IK 方法,通过它可以得到符合末端效应器约束的所有解的集合。Balestrino、Tsai 以及 Sciavicco 等[36-38]通过对基本范数解添加约束误差的反馈,设计出闭环的反向率控制方法;Zhao 和 Balder[39]通过对零空间乘积中的自由向量设置特定的取值,可以使新运动同时满足其他的约束;Choi 等[40]综合了以上两种方法,并加以改进,提出了基于反向率控制的在线运动重定向方法。基于 IK 的方法实质上是基于每一帧的方法,即每次只处理一帧的约束,因而处理速度很快,符合交互式运动编辑的要求。该方法另一个优点是,所求出的解能够很好地满足设定的帧内位置约束。但是基于 IK 的方法,只考虑帧内的几何约束,而没有考虑相邻帧间的连续性约束,所以常使得求解得到的目标运动出现跳动情形。此外,当给定的位置约束不恰当时,会出现无解的情形。Gleicher[41]于 1998 年提出了基于时空约束的重定向方法。基于时空约束的重定向方法,通过将原始运动的特征表示为必须遵守的时空约束,包括帧内的空间约束和相邻帧间的时间约束,并将目标函数定义为最小化编辑前后的运动差别,从而将重定向问题转化为约束优化的求解。利用该法可以求得一个基于全局目标的最优解,所得到的目标运动同时满足了空间约束和时间约束。基于时空约束的方法的缺点是: ① 求解基于全局优化,运算量大,收敛速度慢,对于帧数较多的运动编辑处理不能达到实时交互速度; ② 只考虑了几何约束,可能会使运动违背物理规律而导致失真。

以上运动重定向的方法往往只考虑人体运动的几何位置约束,而没有去考虑物理约束,所以不适合于像跳跃、拳击、乒乓等具有高度动态性能的运动。平衡约束是重要的物理约束。Oshita 等[42]研究了静态平衡问题。Tak 和 Ko[43]扩展了物理约束的范围,除了平衡约束,还包括了力矩约束和动量约束。他们将运动重定向转化为基于逐帧卡尔曼滤波的约束状态估计问题。根据动画师指定的运动学和动态约束,利用他们提出的方法可由捕获运动得到物理上可行的运动。该法实际上是一个卡尔曼滤波器与最小二乘滤波器串接而成的复合滤波器,能够顺序处理输入运动,以实时交互的速度产生输出运动帧。与一般的物理约束方法相比,该法速度很快,但是由于将位置与速度、加速度当作独立的自由度来考虑,割裂了三者间的关系,因而得到的运动会产生不自然和不逼真的现象。

在上述方法中,物理约束实际上是作为运动编辑的后处理来应用的。与此不同,物理约束也可以在运动求解时加入。但是,物理约束的高度非线性大大增加了优化求解的复杂度,使得优化过程极其缓慢,甚至不能收敛。为解决这个问题,一些学者提出了基于简化的求解方法,包括简化角色模型、简化约束表示和简化约束计算等方法。Pullen 等[44,45]指出人体各个关节的运动不是互相独立,而是高度关联的。也就是说,捕获的人体运动存在着冗余的自由度。根据这一点,可以采用简化角色模型的方法,试图通过保留尽可能少的运动自由度来降低求解的复杂度。Pollard[46]提出运动缩放的方法。他把人体模型表示成包含一个质点和两个弹簧的简单任务模型,能够将质量、速度和肢体长度等参数进行缩放处理,重定向到一个新的角色上。该方法简单易行,不需要进行时空优化处理,能够做到实时处理。但是弹簧质点模型只适合于比较简单的运动,对于复杂的运动则效果不好。Sofanova 等[47]利用主分量分析(principle component analysis, PCA)技术来处理多个相似的捕获运动,从而构造出维数大大降低的运动子空间。随后在这个简化的子空间里,运用优化方法编辑得到物理上逼真的人体运动。该法与普通的基于物理的优化方法相比,运算量大大降低,但其不足之处是需要用户从捕获数据库中选择一组运动作为基运动,并且编辑效果依赖于基运动与结果运动之间的相似程度。

一般情况下,运动重定向的目标角色与原始角色拥有相同的关节结构,但也存在不同的情况。一些学者研究了目标角色与原始角色的关节结构不同的情形,包括 Monzani 等[48]提出的基于中间骨骼的重定向方法,Park 和 Shin[49]提出的基于散乱数据插值和关键帧对应的运动克隆方法。这些方法都能将捕获运动重定向到具有不同关节结构的目标角色上,但是都需要较多的人工干预。

在实际应用中,常常需要制作出具有不同风格的运动,而现有的运动编辑算法大都没有将运动风格考虑进去。运动风格编辑的目标是解决如何在满足一定的运动学和动力学约束的前提下,将一个角色的运动风格传输到另外一个角色的运动上。运动重定向技术能够将一个角色的运动映射到另外一个角色身上,从而实现在具有相同骨架拓扑结构、不同骨骼长度的角色之间,甚至是在具有不同骨架拓扑结构的角色之间的运动映射和数据重用的问题。但运动重定向技术只考虑运动细节的传递,没有将风格剥离开来单独考虑,而运动风格编辑算法可以将风格单独提取出来,可以只传递风格而不传递运动。吴小毛等[50]提出了一个新的运动风格传输算法,该算法不需要用户输入参数,也不需要进行模型的训练,能够方便地应用到运动风格编辑中。算法的基本思想是定义了适合于风格传输的四元数均值与方差表示方法,将运动风格表达为一个统计分布模型,通过将统计分布模型的参数从一个运动传输到另外一个运动,从而实现不同运动间的风格传递。

2)运动轨迹编辑技术

运动轨迹编辑技术的实现方法包括基于 IK 的方法、时空约束方法、运动曲线拟合方法、运动曲线变形方法和运动路径变换方法等。基于 IK 的方法和时空约束方法不仅在运动重定向中应用广泛,也适合于运动轨迹的编辑[51]。前两种方法在前面已介绍,下面侧重介绍后面三种方法。

运动曲线拟合方法的主要思路是将捕获运动与目标运动的偏移,用样条曲线来拟合,然后通过修改控制点来编辑运动。该法包括单条样条曲线拟合和层次样条曲线拟合两种方法。Bruderlin 等[52]将运动参数随时间的变化,看作普通的信号。他们采用单条样条曲线拟合运动位移信号,并利用波形变换、滤波等方法来处理样条曲线,从而改变运动轨迹。与 Bruderlin 的方法不同,Lee 等[53]提出了一种层次 B 样条曲线拟合与 IK 结合的方法。他们利用 IK 求解器,调整关节配置来满足位置约束;然后利用拟合技术,插值每个约束帧上每个关节的运动位移,并平滑地推移到其他帧。使用单条 B 样条曲线拟合的方法时,如控制点间距过大,则得到的曲线与数据点误差大;控制点间距过小,则得到的曲线过于波动。多层次的 B 样条近似法,则是采用一系列控制点间距不同的 B 样条函数的累加来较精确地近似数据点并得到平滑的形状。基于曲线拟合的运动编辑方法的缺点是不能处理帧之间关系的约束,例如,脚的落地约束存在于多帧之间,由于没有一个落地的绝对坐标,无法通过运动位移求解来获得,因此需要结合其他方法来解决。其次,如果要对运动进行全局性的改变,则需要调节所有或绝大多数控制点,计算量很大。

运动曲线变形方法是通过对运动参数曲线进行时间变形、幅度变形和位移变形等,来修改动画角色的运动。角色运动包括根关节的位置和各个关节的角度等运动参数,每一个参数随时间变化都形成一条参数曲线。Witkin[54]提出了基于运动参数曲线变形技术的动画编辑方法,可以独立调整每一条运动曲线。变形方法类似传统的关键帧方法,动画师通过交互指定一系列关键帧(相比传统的关键帧方法,需要创建的帧数少得多)作为约束,然后利用简单的线性运算进行时间、幅度和位移等变形,可以得到一个能保存原始运动细微特征的平滑运动。曲线变形的优点是算法简单、计算量小、速度快。适合于整体的运动变形,但是很难实现运动的局部修改和变形。

Gleicher 等[55]提出运动路径的概念,并利用运动路径变换的方法进行运动编辑。运动路径变换方法首先将捕获运动分解成原始路径与余量,其中路径描述了运动的总体特征,余量则代表了运动的细节。利用路径坐标系变换,将捕获运动的细节与用户设定的运动轨迹曲线合成,从而产生沿着指定路径行进的新运动。运动路径变换是一种特殊的运动轨迹编辑方法,它着眼于改变角色行进的轨迹,从而产生新的运动。其主要特色是在路径变换公式中加入了旋转矩阵一项:改进了原有的位移映射局限,即不仅考虑到运动路径编辑前后的相对位移,而且考虑到保持原有的人物相对朝向。但是路径变换是纯几何方法,未考虑物理约束,因此不适合跳跃、跑步时的急转弯等高度动力学性质的运动,也不适合于地形变化大的情形下新路径的编辑。陈志华等[56]对现有的路径编辑方法进行了较大改进,将运动自动简化技术引入到传统的时空优化方法中,同时将物理约束引入到传统的路径变换方法,保证了优化过程的快速收敛和结果运动的物理真实性。

3) 运动融合技术

运动融合,也称运动混合,是将两个或多个指定的捕获运动进行加权平均,从而得到新的运动或运动过渡[57]。最常见的运动混合包括运动过渡和运动插值。其中运动过渡为两个运动之间的参数加权平均,输入运动的权函数为一个 0 到 1 之间变化的函数,其目的是生成连接两个运动之间的运动过渡片断;运动插值则是针对两个或多个运动进行参数插值,从而生成和原有风格不同的运动。插值算法包括双线性插值和多变量插值[58]。

要对多个不同来源的运动进行拼接或混合,前提条件是这些运动角色的骨架中对应骨骼的长度必须相同,否则将难以得到合理的结果运动。也就是说,在将不同来源的数据放入运动数据库之前,需要对它们进行数据预处理,确保它们都具有相同的关节尺寸。高岩等[59]利用一种较运动重定向更为简单的技术——运动正规化进行数据预处理。提出的运动正规化算法包括三个主要步骤:约束检测、骨架调整和滑步清除。约束检测的目的是确定源运动的哪些特征必须在目标角色中予以保留。骨架调整将源运动通过缩放的方式调整到目标角色。滑步清除算法则作为后处理过程,恢复在骨架调整中丢失的约束信息。Witkin 等[54]利用标准的淡入淡出函数,对运动参数进行插值,生成过渡运动。Asharaf 等[58]通过对原始运动的关节参数进行加权平均,实现运动混合。而 Unuma 等[60]则通过在频率域上对运动参数进行加权平均,得到融合后的运动。Rose 等[61]采用时空约束与 IK 约束相结合的方法,来生成无缝的、物理上可行的运动片段过渡。Rose 的方法不能保证时间变形的单调性,在搜索和混合多个输入运动之间的对应帧时,可能会出现角色突然转向等现象。Park 等[62]对此进行了改进,提出基于散乱数据插值的实时方法。Rose 等[63]提出插值运动例子的方法。这些运动例子的特征,可以是情绪或诸如拐弯、上下坡等控制行为。这些参数化的运动称为"动词",控制参数称为"副词",动词之间可以通过平滑过渡构成动词图。他们采用径向基函数(radical basis function, RBF)和低阶多项式来产生例子运动的插值空间,IK 约束用于后处理。动词图构造好以后,可以实时修改副词,提供对运动的控制。

以上运动混合方法只适合于捕获运动之间很相似的情况,但是当捕获运动相差较大时,很难得到满意的结果。Kovar 等[64]对此进行了改进,提出利用配准曲线进行运动混合。他们引进了一种新的数据结构,即配准曲线,包括时间变形曲线、坐标配准曲线和约束匹配。利用配准曲线进行运动融合,大大扩充了可以进行参数融合的运动类型,但是该法不能处理物理约束。Glardon 等[65]着重研究了走、跑等移动类运动和跳跃的融合。他们根据脚跟着地的状态,将移动运动细分为 6 个阶段,而将跳跃运动巧妙地"嵌入"到移动的合适阶段之间,从而得到走跳结合的运动序列。这种方法能够保证当前移动运动的速度和类型与跳跃运动的长度相匹配。但是它也有局限,一方面作为一个半自动的方法,需要人工来选择过渡的时刻和持续区间;另一方面依赖于一个预先标注好每一个约束的时间信息的运动子集。

也有些学者,通过构造一些基运动,然后对这些基运动进行融合,从而产生新运动。Grunvogel 等[66]

进一步提出参数动态可变的运动模型。他们利用不同的运动模型构造一种特殊的数据结构,即运动树,然后通过融合运动树得到各种风格的人体运动。运动模型方法的缺点是对于约束较多的运动难以获得其模型。

4) 运动合成技术

运动合成是将多个运动片断进行合成,从而得到新的运动序列。针对事先获得的运动捕获数据库进行建模,搜索合适的运动片断,并将运动片断进行光滑拼接,从而产生新的运动序列。基于数据库的运动合成方法首先对运动捕获数据库进行预处理和建模,然后设计相应的搜索算法,自动高效地搜索到所需要的运动片段,最后拼接运动片断,从而生成新的运动。研究难点包括数据库的建模,运动片断的快速搜索和运动风格等参数的提取等。现有的合成方法主要包括基于运动图的合成[67]、基于统计模型的合成[68]和基于运动风格的合成方法[69]等。

基于运动图的合成是一种重要的合成方法,它将运动合成问题转化为运动图的搜索问题,并提供给用户对合成结果高层控制的能力。Kovar 等[67]提出将运动序列表示成运动图,通过搜索图的路径,从而合成新的运动。运动图的概念被提出后不断得到扩展和改善。在 2003 年 Kovar、Gleicher 等又提出了一种新的合成高质量运动的方法,这一方法可以达到近乎实时可控,叫 Snap – Together Motion(STM)[70]。STM 方法需要预处理数据,将运动捕获的数据处理成可以连接在一起的短片段运动的集合,处理过程中需要人为辅助选择"常用"姿态,系统自动产生通过该姿态点的多样的过渡片段。Safonova 等在改善运动图结构方面也做了不少工作[71-72]。为了做到保证光滑过渡的前提下提高运动图的连通性,Safonova 等[71]提出了一种新的运动图构建方法,简称 wcMG。wcMG 是通过插值方法生成很多过渡运动数据,用这些数据和原有捕获的数据一起去构建图,从而大大提高了运动图的连通性,同时提出一种剪辑算法保留捕获到的数据,去掉冗余的人为生成的运动数据,保证了连通性同时减小图的规模。Lee[73]预计算了每一个可能的输入和对应该输入的运动状态之间的关系,Park 和他的同事们[74-75]手工将运动预处理成一个个小的部分,具有相似结构的部分被安排到同一个图中的节点上并加以融合,使得本地搜索能够被用来产生实时的运动。图的结构被设计成可以由运动自动产生,这一工作是由 Kwon 和 Shin[76]完成的。Shin 和 Oh[77]扩展了这一技术使之可以包含额外的行为。高岩在基于内容的运动检索与运动合成方面也做了很多研究,将运动检索和运动图组织进行了关联。

由于运动图的结构与图的结构基本一致,因此我们可以应用图论中的知识和算法来解决我们在运动图搜索中遇到的各种问题。为了让生成的运动具有更高的质量,运动图的规模一般较大,图的搜索过程也比较慢,因此,加快图的搜索是运动图算法中的一个关键问题。Arikan[79]等使用了随机搜索的方法,并引入了突变的概念来得到最终运动路径。Kovar[73]等通过先定义一个目标函数,然后采用分支定界法来得到使目标函数最优的路径。Lee[80]等在构造好的高层聚类树上寻找一个条件概率分布最大的路径作为最终的运动路径。Safonova[81]的研究采用了诸如离散降维、简化运动图和限制插值使用次数等方法来较快地找到接近全局最优解的路径。

人体运动既可以直接表示为原始运动帧,便于保持原有的运动风格,也可以表示为概率统计模型,便于搜索。Li 等[82]采用两层随机模型来描述人体运动的概率分布特性。他们提出运动纹理的概念。运动纹理包括纹理基元及其转移分布,利用线性动态系统来表示基元,采用一阶马尔可夫过程来模拟纹理基元的分布,模型相关参数可以通过采用最大似然法学习得到。用户可以在两个层次上编辑、合成人体运动:即从基元(低)层次上,通过调节线性动态系统模型中的噪声函数,或加入末端位置约束,来合成新的基元;或者从基元分布(高)层次上,通过基元分布采样,或用户交互指定路径,来合成新的基元路径。这种方法的局限是:① 基元转移分布模型局限于捕获数据的内容;② 基元中加入高斯噪声,可以合成新的基元,但是由于没有考虑到物理规律,所以可能会出现运动不真实的现象;③ 没有考虑到和场景物体进行交互的问题。

很多学者着眼于合成新的运动风格。Grochow 等[83]提出 SGPLVM（Scaled Gaussian Process Latent Variable Model）模型，利用不同的捕获数据训练该模型，继而可以构造出不同风格的 IK 求解器，最后能够求解出既满足约束要求，同时又具有特定风格的角色运动。该法的主要局限是不适合高度动态的运动。Li 等[84]研究利用二维图像数据，来改变三维的角色运动，从而使得动画师可以通过绘画，随意改变捕获运动的角色风格。该法的主要局限是不能改变和动态性能关联的风格，如角色运动的速度等。

　　总之，人物动作规划技术作为计算机动画领域内的研究热点之一，引起了众多学者的研究兴趣。在国外，美国的卡耐基-梅隆大学、华盛顿大学、麻省理工学院、斯坦福大学、纽约大学和布朗大学等在该领域的研究处于国际领先地位，此外还有瑞士的联邦工学院、韩国的汉城大学等；在国内，浙江大学、上海交通大学、北京理工大学和天津大学等单位都开展了卓有成效的相关研究，微软亚洲研究院前几年在运动捕获的动画技术方面进行了深入研究，其研究成果多次在 SIGGRAPH 会议上发表。上述研究团队，对人物动作规划的各个内容，包括运动重定向技术、运动轨迹编辑技术、运动融合技术等进行了深入的和富有成果的研究，提出了各自的编辑方法。虽然这些方法具有各自的优点，但是它们也都存在着各自的局限性。

5.2.3　群体动画技术

　　群体动画的快速制作是目前计算机图形学的主要研究方向之一，群体动画有较高的研究价值，主要体现在电影制作、游戏制作、军事训练中。SIGGRAPH 连续几年已有论文收录，体现了学术界对群体动画的重视，目前的研究重点主要表现两个方面：① 研究并建立大规模群体运动的仿真模型，即如何实现对群体运动的真实感行为模拟；② 研究群体动画中高质量的可视化效果，即如何将大规模群体运动以三维的方式逼真地展现到虚拟场景中。

　　在群体行为仿真建模方面，Amkraut 等[85]于 1985 年 SIGGRAPH 的 The Electronic Theater 中提出群体动画概念。他们采用鸟群运动的全局向量力场第一次实现了可编程虚拟鸟群的群体动画模拟。1987年，Reynolds 首先在群体动画中引入了自主智能体这一概念[86]，开创了群体动画的新纪元。他提出了基于规则来模拟简单个体组成的群落与环境以及个体之间的互动行为，首次完整给出了一个群体行为控制的模型，最终为自治主体群给出一种类似鸟群、鱼群或蜂群等群体行为的逼真形式。Tu 等[87]提出基于自然生命模型的动画生成方法，把鱼作为自主智能体，创作了包括生物力学模型、几何显示模型、感知模型、动机模型和行为选择机制在内的人工鱼模拟动画系统。Funge 等[88]对 Tu 的工作进行了扩展。对行为动力学中的诸如"刺激-响应"等进行模拟，同时也模拟了感知系统中的知识和学习过程。对于感知系统，Shao 等[89]又进一步扩展到了步行者的视觉范围和寻道方面。Musse 等[90]针对虚拟人群的实时模拟提出了一种层次模型。控制程度按从高到低的顺序将群组抽象为群、组、个体三个层次，个体按照不同属性归属于不同的组，由组再组成群。同时结合社会心理学的分析，就能达到模拟复杂群组行为和满足不同自由度控制需求的目的。类似的，Niederberge 等[91]用层次框架实时模拟 heterogeneous 的人群。Ulicny 等[92]使用层次方法模拟个体行为，结合法则和有限状态机来模拟交互式的导航过程。流体力学中的很多方法也被引入人群模拟中来。Hughe[93]提出了一个将步行者人群描述为一个连续的密度场的模型。该模型使用了一对微分方程描述人群的动力学，这个系统中的人群使用一个扩展的势能函数驱动，以便使密度场达到一个向目标移动的最佳状态。Treuille[94]则使用一个全局的动态势能场驱动人群的运动。这个动态势能场同时考虑了人群的密度、人群的速度、地势高低以及舒适度的问题，将局部的碰撞避免和全局的路径控制结合，以组为单位成功对人群进行了模拟。

　　在群组动画的场景快速方面，为了能简化大规模场景渲染的数据量，文献[95]提出了裁剪算法，它的基本思想就是尽可能多地剔除掉那些在最终的渲染图像上不可见的部分来达到降低场景复杂性的目的。Airey 等[96]、Teller 和 Sequin[97]使用了空间划分方法来尝试在复杂建筑场景中预先计算物体之间的可视化遮挡关系,预测下一帧中场景中的可见部分,从而减少必须渲染的图元的数量。Tecchia[98]提出基于二叉树合并的动态裁剪算法,使用城市场景的离散性和属性来对不可见的静态几何模型和运动的群体角色模型进行快速的裁剪。几何模型的 LOD 方法可以用来有效减少渲染时的三角片数目,Heckbert 和 Garland[99]对网格简化技术进行了概述。Funkhouser 和 Sequin[100]使用一个启发式的方法对最佳的细节表达模型进行选择。该算法需要考虑几个要素:图像空间大小(image-space size)、物体与视线的距离以及动作,每个物体都有不同的优先权。LOD 技术不仅降低了模型的复杂度,而且动态 LOD 技术还提供了平滑的视觉过渡和对模型的动态控制,非常适合应用于角色运动的三维可视化。基于图像的方法也可以用来简化渲染复杂度,它用一系列的纹理多边形代替三维模型进行绘制。Impostor 技术最初由 Maciel 和 Shirley[101]于 1995 年引入到群组的绘制研究中。其基本思想是:预先设定所有可能的视角来建立纹理,同时在模拟过程中动态地更新和调整纹理。在绘制过程中,旋转纹理平面使其始终面对视点的正方向。基于图像的技术的 impostor 缺点在于需要很多的内存以存储动画角色每一帧、每个视角的图像。

与现有方法不同,我们关注的是群体动画在工业界的应用。因此我们利用目前主流的商业动画制作软件 Maya 为其研发插件,通过优化的人工智能算法来对动画场景、角色数据进行智能运算,以实现群体行为和个体行为相结合的群组动画运算。

5.3 基于运动捕获的复杂人物动作规划技术

结合运动捕获的动画技术现已成为计算机动画领域最具活力的方法。基于运动捕获数据的人物动作规划技术,是角色动画内的极其重要的研究课题。针对人体运动捕获数据,我们深入讨论和研究其中的关键技术,包括运动重定向技术、运动轨迹编辑技术以及运动融合技术等,以期提高数据的重用性。

5.3.1 基于层次化曲线和 IK 结合的运动编辑方法

运动编辑就是通过修改运动捕获数据,使之适合用户设定的新角色、新场景或新约束等,同时保留原有的自然、逼真的运动特征。基于运动曲线编辑的方法,需要调整运动的每个自由度曲线,过程极为繁琐;基于 IK 的关键帧编辑算法,存在着插值曲线跳跃性过大,样条控制点间距难以设定的缺点。为此,我们研究利用层次化样条曲线来自动确定样条控制点的间距。给定原始运动序列,用户利用 IK 算法调整原始运动的若干关键帧姿态,系统自动利用层次化样条曲线拟合运动的偏移图,生成光滑的运动曲线,得到结果运动。

整个算法包括解析逆向运动学、多层次运动曲线拟合和在线运动编辑三大步骤。

1) 解析逆向运动学算法

逆向运动学算法是运动编辑中的核心算法。具有 n 个自由度的运动链,其运动学方程式可以写成:

$$T_1(q_1)T_2(q_2)\cdots T_n(q_n) = \boldsymbol{G} \tag{5-1}$$

其中 q_1, q_2, $\cdots$, q_n 是 n 个关节变量,T 是变换矩阵,$\boldsymbol{G}$ 是目标变换矩阵。逆向运动学所要求解的问题是已知目标矩阵 $\boldsymbol{G}$,求解关节变量 q_1, q_2, $\cdots$, q_n。

Tonali 提出一种解析 IK 算法[102],用于求解逆向运动学问题,它比数值 IK 法更加快速和鲁棒。该算法用于求解 7 个自由度的四肢链,不失一般性,我们以右腿为例进行说明。

首先计算右腿运动链上各关节的角度,使右踝的目标配置得以满足。假定右臀、右膝、右踝的全局

位置分别为 P_H、P_K 和 P_A，右踝的约束位置为 P_T。设右大腿和右小腿的长度分别是 l_1 和 l_2，它们在旋转平面上的投影分别为 l_1' 和 l_2'，则目标右膝关节转角 θ 可由式(5-2)计算。

$$\theta = \arccos\left(\frac{l_1^2 + l_2^2 + 2\sqrt{l_1^2 - l_1'^2}\sqrt{l_2^2 - l_2'^2} - \parallel P_H - P_T \parallel^2}{2l_1'l_2'}\right) \qquad (5-2)$$

现在右踝位于新位置 $P_{A'}$，我们通过旋转右臀来使右踝位于目标位置，然后旋转右踝使其朝向满足要求。

因为腿有 7 个自由度而目标配置约束只有 6 个(3 个旋转,3 个平移)，系统存在一个冗余的自由度。可以将右腿沿轴 $P_H - P_A$ 旋转，而不违反任何约束，这一多余的自由度称为"肘园"。我们的算法通过调整该自由度使得右踝的局部朝向尽量与其初始局部朝向相同。设 ΔQ 是应用在右踝关节上使右踝位于目标朝向的旋转，其四元数形式为 (w, v)，则我们将右腿绕轴 $n = \dfrac{P_H - P_A}{\parallel P_H - P_A \parallel}$ 旋转的角度 Φ 如式(5-3)所示

$$\Phi = \arctan\left(\frac{w}{n \cdot v}\right) \pm \pi \qquad (5-3)$$

其中符号根据最大化 $\Delta Q \cdot Q\Phi$ 选取，$Q\Phi$ 是右臀的朝向。

2) 多层次运动曲线拟合

之所以选择多层次曲线拟合方法来进行运动偏移的叠加，是因为多层次曲线拟合能够在给定精度下确定所需要的 B 样条曲线控制顶点，避免当帧数过多时控制顶点过于密集;而且采用多层次运动曲线拟合技术可以避免曲线跳动太大(Overshooting)。下面介绍如何将多层次 B 样条拟合技术应用到运动曲线的拟合中。

定义 $\Omega = \{t \in R \mid 0 \leq t < n\}$ 为一个均匀分布的时间域。考虑一系列的散乱数据点 $P = \{(t_i, y_i)\}$，$t_i \in \Omega$，这里 t_i 可以认为是第 i 帧所处的时刻，y_i 是在 t_i 时刻关节的转角值。定义均匀三次 B 样条逼近函数 $f(t) = \sum_{k=0}^{3} B_k(t - \lfloor t \rfloor)b_{\lfloor t \rfloor + k - 1}$，其中 $0 \leq k \leq 3$，$0 \leq t \leq 1$，B_k 是基函数，b_j 是第 j 个控制顶点，$-1 \leq j \leq n + 1$。问题的关键在于如何求解控制顶点 $b_j(-1 \leq j \leq n + 1)$，使 $f(t)$ 最佳逼近于散乱数据点集 P。

对于均匀三次 B 样条，它的每个控制顶点 b_j 都受相邻的四个点的影响，我们将其这点邻域点定义为邻域点集 $P_j = \{(t_i, x_i) \in P \mid j - 2 \leq t_i \leq j + 2\}$，可以使用伪逆法求解需要的控制顶点。

$$b_j = \frac{\sum_{(t_i, x_i) \in P_j} W_{ij}^2 \beta_{ij}}{\sum_{(t_i, x_i) \in P_j} W_{ij}^2}, \quad j \in [-1, n+1] \qquad (5-4)$$

这样能够将局部误差 $\sum_{(t_i, x_i) \in P_j} \parallel f(t_i - x_i) \parallel^2$ 最小化。其中 $\beta_{ij} = W_{ij}^2 x_i / \sum_{k=0}^{3} B_k(t_i - \lfloor t_i \rfloor)$，$W_{ij} = B_{j+1-\lfloor t_i \rfloor}(t_i - \lfloor t_i \rfloor)$ 表示均匀三次 B 样条函数。

考虑时域上的层次式控制顶点 S_0, S_1, $\cdots$, S_h。假定 S_0 中控制顶点的间距是事先给定的，然后依次往下，从 S_1 到 S_h 控制顶点的个数依次减少一半。因此，假如 S_k 有 $m+3$ 个控制顶点，则下一层 S_{k+1} 中控制顶点的个数为 $2m+3$。

多层次 B 样条拟合方法首先求解最初始的控制顶点集 S_0，得到拟合函数 f_0，此时由于控制顶点个数少，因此对于散乱数据点集 P 中的点 (t_i, x_i) 会存在的误差 $\Delta^1 x_i = x_i - f_0(t_i)$。下一步是使用更多的控制

顶点对每个点存在误差值进行拟合,得到函数 f_1。这样 $f_0 + f_1$ 得到了比 f_0 更高的拟合精度 $\Delta^2 x_i = x_i - f_0(t_i) - f_1(t_i)$。 在第 k 层,我们的目标是寻找控制点集 S_k,使逼近函数 f_k 逼近于误差项 $P_k = \{(x_i, \Delta^k_{x_i})\}$。 其中 $\Delta^i_{x_0} = x_i$, $\Delta^k_{x_i} = xi - \sum_{n=0}^{k-1} f_n(t_i) = \Delta^{k-1}_{x_i} - f_{k-1}(x_i)$。 最终得到所需要的拟合函数 f,它是前面 $k + 1$ 个函数的和,即 $f = \sum_{k=0}^{h} f_k$。

3) 运动变形和在线编辑

人体的运动通常表示为根节点的平移,各关节点相对于父关节点的偏移量和各关节点的转角。一个运动可以表达为 $m(t) = f(R(t), \theta(t))$,其中 $R(t) \in R^3$ 表示根节点的平移量,$\theta(t) \in R^{3 \times m}$ 表示各关节的旋转分量,m 是关节的个数。同时一个运动也可以参数化为一系列的运动曲线。为了获得新的运动序列,可以对每条运动曲线单独进行变形,目标是寻找函数 $b_i(t)$ 使之满足 $\theta'_i(t) = a_i(t)\theta_i(t) + b_i(t)$ 和约束对 (t_i, θ_i)。 这里的 $a_i(t)$ 是运动缩放因子,$b_i(t)$ 是运动偏移因子。我们没有考虑运动的缩放,仅考虑了运动的偏移,所以 $a_i(t) = 0$。 可以使用上述多层次运动曲线拟合算法计算出 $b_i(t)$。

整个在线编辑过程为:首先用户指定运动的关键帧和约束对 (t_j, c_j),之后使用反向运动学求解器对每个关键帧进行求解,在得到每个关键帧中每个关节的运动偏移量 (t_j, x_j) 后,使用多层次 B 样条曲线对这些偏移量进行拟合,最后将对相邻帧的转角加上计算出的分量 $b_i(t)$ 就可以得到需要的光滑运动序列。

4) 试验结果

在图 5 - 4 中,我们将一个"走路并在中间回头"的运动编辑为一个"走路并在中间回头并挥手告别"的运动。在图 5 - 5 中我们编辑了一个后踢腿动作,使腿踢的高度增加,并保证中间序列的光滑过渡性。

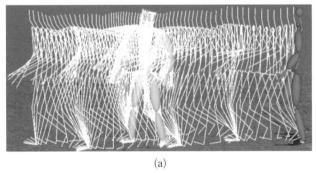 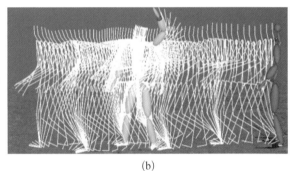

(a) (b)

图 5 - 4

(a) 初始运动序列是一个"走路并在中间回头"的运动序列 (b) 编辑后的运动序列,此时的运动在中间有一个挥手的动作,而且相邻的帧也相应地改变了,运动的过渡是光滑的

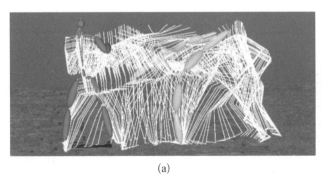 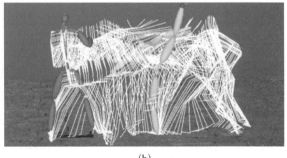

(a) (b)

图 5 - 5

(a) 初始运动序列是一个"跳起来踢"的运动序列 (b) 编辑后的运动序列,此时腿踢的高度变大,而且相邻的帧也相应地改变了,运动是光滑过渡的

5.3.2　基于运动分割和朝向变换相结合的运动轨迹编辑方法

运动轨迹编辑算法的流程包含三个步骤：落地约束检测和运动分割、运动路径提取与编辑、约束施加。

路径编辑问题的描述如下：给定目标路径 P，使虚拟人能够沿着目标路径 P 行走。P 可以是任意路径，可以用样条拟合进行曲线优化。由于在路径改变后，运动会发生滑步的现象，因此必须预先检测出脚的落地约束，以便清除滑步现象。

1) 约束检测和运动分割

为保证编辑后运动的视觉真实性，编辑前后运动必须满足相同的几何约束。其中代表性的几何约束是落地约束，它的特征是角色上的某点(足部)处于某个特定位置。落地约束最显著的特征就是脚的相对速度较低，为了尽量克服噪声的影响，我们去除持续时间较短的候选帧。也就是说，只有当脚停留在某位置超过一定时间段后，我们才认为这样的帧是落地约束帧。这样，采用速度与边界盒准则作为我们的检测标准，具体过程是：用户通过图形界面，交互设定速度阈值和持续时间阈值，系统自动计算出结果并显示出来，用户可对所得结果进行进一步微调。约束检测界面如图 5-6 所示。

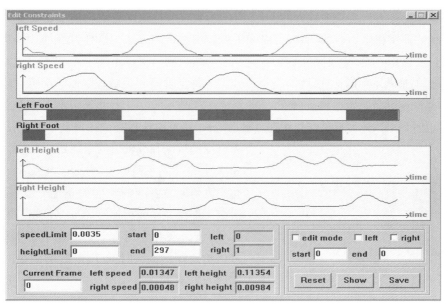

图 5-6　落地约束的检测界面

经过多次试验，我们发现：选择速度阈值为 0.045 米/秒，时间阈值选取 10 帧(采样率为 120 帧/秒)时，对绝大部分运动可以得到较为满意的结果。对于余下的少数运动，我们采用手工后处理来进一步调整检测结果，增加检测精度。根据双脚落地约束的状况，系统自动把运动划分为腾空阶段和足触地阶段。

2) 运动路径提取与编辑

运动路径 path 是一种特殊的运动轨迹。它是把人物角色压缩、抽象成一个特征点时，所经过的轨迹，经过滤波后，并投影到水平面上而得到的一条光滑曲线。运动路径不包括高频的细节，而是对路线轨迹进行滤波处理，抽出其中的主要部分。

由于垂直方向受重力影响，我们编辑和改变运动路径时，一般只是改变它的 x 和 z 坐标，而不改变它的 y 坐标。本文采用 3 次 NURBS 曲线来拟合根节点轨迹曲线。3 次 NURBS 曲线 $C(u)$ 可以表示为

$$C(u) = \sum_{i=1}^{3} R_{i,n} P_i, \quad R_{i,n} = \frac{N_{i,n} w_i}{\sum_{j=1}^{3} N_{j,n} w_j} \tag{5-5}$$

式中，P_i 是第 i 个控制顶点，w_i 是相应的权重，参数 u 的取值范围是 $0 \leqslant u \leqslant 1$，$N_{i,n}$ 是基函数。

在任意时刻，路径都有一个对应的位置，和一个对应的路径方向，因此可以在路径上建立一个随时间变换的坐标系。其中 y 轴垂直向上，x 指向路径的切线方向，z 轴为二者的乘积，现在轨迹曲线可以相对于该坐标系来描述。假设在时刻 t 原始路径的位置为 $P_0(t)$，方向为 $R_0(t)$，而角色跟关节的位置为 $P_C(t)$，角色身体的朝向为 $R_C(t)$，则相对于路径上的坐标系来说其位置和朝向分别为 $P_0^{-1}(t)P_C(t)$ 和 $R_0^{-1}(t)R_C(t)$。

现在我们可以对路径进行编辑，结果使路径在时刻 t 的位置变为 $P(t)$，方向变为 $R(t)$。为了保持运动细节不变，编辑后的运动需保持人体朝向和路径之间原有的关系不变。为了适应路径的变化，角色的绝对位置和身体朝向应该变为

$$\begin{cases} P_{\text{result}} = P(t)P_0^{-1}(t)P_C(t) \\ R_{\text{result}} = R(t)R_0^{-1}(t)R_C(t) \end{cases} \tag{5-6}$$

上述算法是对路径曲线进行时间参数化，简单易行，适合于编辑前后运动路径曲线变化不大的情形。但是如果目标路径的长度发生较大的变化，时间参数化会造成角色运动速度改变的现象。因此，为了使得目标运动的速度和原始运动一致，可以采用弧长参数化的方法。这样，可以使得编辑前后控制节点对应的曲线长度保持不变，从而保证动态性能在运动编辑前后保持不变。

然而，根据原始捕获运动的特性，运动路径可分割为腾空阶段和足触地阶段。在腾空阶段，由于不受外力作用，如果运动速度与原始运动差别较大，将会导致物理失真。因此，我们在弧长参数化之前，先将整条路径按照不同阶段划分，速度调整仅作用在足触地阶段，腾空阶段保持原始速度不变。我们按照落地状态将原始运动和编辑后的运动划分为一系列关键时间片断 $T \in [T_1, T_N]$ 和 $t \in [T'_1, T'_N]$（二者都是用弧长参数化来度量），二者间的映射关系是分段直线。在飞行阶段由于保持编辑前后速度不变，分段直线的斜率近似为 1。图 5-7 给出了具有 5 个关键时间片断的映射例子。

给定任一输入时间 T，对应的输出时间 $t(T)$ 可由式 (5-7) 计算。

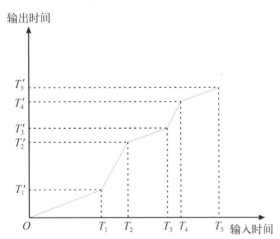

图 5-7 输入和输出运动的分段线性映射关系

$$t(T) = \begin{cases} T'_m + \dfrac{arc'_m}{arc_m} \times (T - T_m), & \text{腾空阶段} \\ T'_m + T - T_m, & \text{落地阶段} \end{cases} \tag{5-7}$$

式中，m 为满足 $T > T_m$ 的最大时间分段编号，arc_i 代表原始运动的第 i 段弧长，arc'_i 代表编辑后运动的第 i 段弧长。

下面是编辑过程的具体步骤：

（1）利用 NURBS 曲线拟合捕获运动的根轨迹曲线。

（2）计算原始路径的位置 $P_0(t)$ 和方向 $R_0(t)$ 以及角色的平移矩阵 $P_C(t)$ 和朝向矩阵 $R_C(t)$。

（3）调节初始路径样条曲线的控制点，设定新的路径 $P(t)$ 和 $R(t)$。

（4）按照弧长对 t 重新参数化，参数化时注意保留腾空阶段的绝对速度不变，将弧长改变量平均分配到脚触地阶段。

根据式(5-6)进行路径变换,求出结果运动的根轨迹。

3）约束重建

人体运动经过路径编辑以后,常常会出现违背约束的情形,最明显的是违背落地约束而出现滑行现象。这是因为对于原有运动的约束帧,人物脚部的末端效应器在这些帧内保持位置不变。

由于路径变换矩阵是随时间而变化,因此编辑后末端效应器的位置会出现变化,即产生滑动现象。为此我们必须要进行约束重建。约束重建方法很简单,我们选择 Kovar 等的滑步清除算法[103]来统一进行处理。具体过程包括如下五个步骤:

（1）确定每个落地约束的位置。

（2）对每一约束帧,计算踝的全局位置和朝向,要求使脚满足约束条件。

（3）计算根的位置。

（4）对腿进行调节,使踝满足位置和朝向的要求。

（5）平滑后处理。

关于滑步清除算法的进一步介绍详见[103]。

4）试验结果

图 5-8 和图 5-9 给出了我们的运动轨迹编辑方法的部分试验结果。

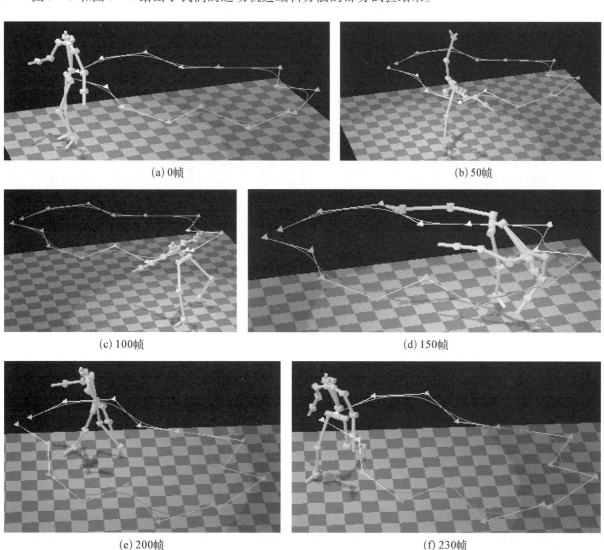

(a) 0帧　　　　　　　　　　　　　　　　(b) 50帧

(c) 100帧　　　　　　　　　　　　　　　(d) 150帧

(e) 200帧　　　　　　　　　　　　　　　(f) 230帧

图 5-8　原始输入舞蹈运动序列

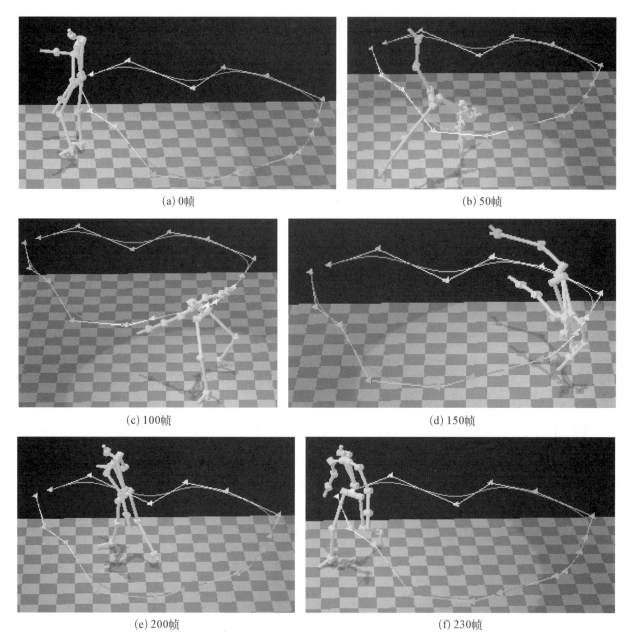

(a) 0帧   (b) 50帧
(c) 100帧   (d) 150帧
(e) 200帧   (f) 230帧

图 5-9　路径编辑后的舞蹈运动序列

5.3.3　基于时空配准的运动插值方法

我们研究基于时空配准的运动插值算法,解决人体运动的参数插值问题,包括时间配准、空间配准、帧插值(根结点位置插值和关节角度插值)和约束重建四个步骤。

下面以两个运动 M_1、M_2 为例,介绍基于时空配准的运动插值算法。

1) 时间配准

我们利用距离函数 $D(F_1, F_2)$ 来衡量两帧 F_1 和 F_2 的运动姿态的相似程度,其中 $D(F_1, F_2)$ 的计算方法参见[67]。我们可以用一个二维图像的结构来形象地表示两运动相似性计算结果,用横坐标代表第一个运动,横坐标 i 对应第一个运动的第 i 帧,用纵坐标代表第二个运动,纵坐标 j 对应第二个运动第 j 帧,每个像素点都对应一个值,坐标 (i, j) 对应的像素点的值就是第一个运动的第 i 帧与第二个运动的

第 j 帧之间的距离值。两个运动距离值对应的图像如图 5-10 所示。

给定图上的两个点，Kovar 和 Gleicher[64] 采用动态规划算法寻找这两个点之间的全局最优路径，且同时满足连接性、单调性和倾斜限制约束。

因为动态规划本身的算法复杂度较高而且相似度计算比较耗时，所以确定配准曲线需要大量计算时间，从而也就延长了运动图的构建时间。假设 M_1 有 r_1 帧，M_2 有 r_2 帧，即使所有不可达的点不需要计算代价值，但动态时间配准的时间复杂度也有 $O(r_1 r_2)$。考虑到这一点，我们可以用一种贪心算法代替动态规划，得到近似最优的配准曲线，减少构建时间。

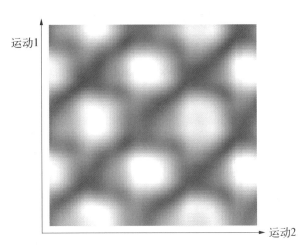

图 5-10　距离图

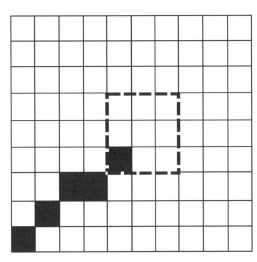

图 5-11　连续使用 3×3 窗口寻找路径

这种贪心算法的思想是从起始点 c 开始，在小规模的子图内寻找最优路径确定子图内的终止点 c'，在以 c' 为起始点在对应的子图内寻找终止点 c''，继续迭代直到在右边缘或下边缘寻找到终止点作为整个曲线的终止点 $\tilde{c}$。我们以窗口长度 $k=3$ 的情况为例说明这种方法，以起始点 c 作为左下角点，在规模 3×3 的子图内寻找最优路径，确定子图内的终点 c'，再以这个 c' 为起始点在下一个子图内寻找最优路径，继续迭代直到在右边缘或下边缘找到终止点 $\tilde{c}$，寻找路径的示意图如图 5-11 所示。

在子图内寻找最优路径时也要考虑到连接性、单调性和倾斜限制，子图内的可选路径是有限的，以倾斜限制 $W=3$ 为例，3×3 子图内的可选路径只有五种情况（见图 5-12）。在判断是否是可选路径时需要注重的一点是，要保证在这个子图上确定的路径结合下一个子图的路径的结果也不会违反倾斜限制。

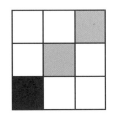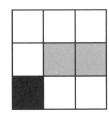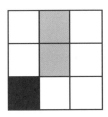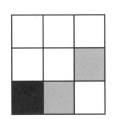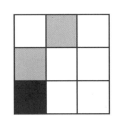

图 5-12　窗口长度为 3 时的可选路径

贪心算法的时间复杂度只有 $O\left(k\sqrt{r_1^2 + r_2^2}\right)$，因为只需要计算 $O\left(\dfrac{\sqrt{r_1^2 + r_2^2}}{k-1}\right)$ 个子图，每个子图的时间复杂度是 $O(k^2)$。经过大量实验验证，窗口长度 $k=3$ 一般可以得到很好的配准曲线，插值结果也很自然。图 5-13 显示了采用贪心算法得到的配置曲线的效果图。

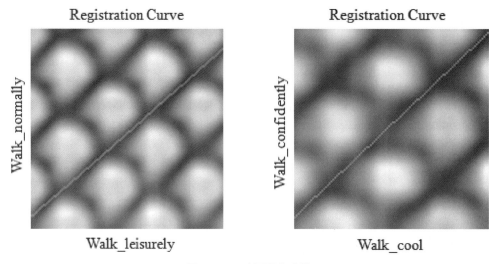

图 5 - 13　时间配准曲线

2）空间配准

时间配准曲线 $S(u)$ 一旦确定下来，方位配准曲线 $A(u)$ 也可以随之很快生成，方位配准曲线 $A(u)$ 的生成方法是找到 $S(u)$ 上每个点对应的两个帧对齐时需要的刚性变换。

严格来说，方位配准曲线与时间配准曲线完全不同，并非一条坐标系下的曲线，而是基于时间配准曲线的一系列数值。它的目的是将地面上的两个不同方向和姿态的运动通过坐标变换移到相同的位置，而它的值就是这个坐标变换。对于两个运动 M_1 和 M_2，时间配准曲线上第 i 个点对应的两个帧表示为 $\{M_1(t_{1i})，M_2(t_{2i})\}$，那么方位配准曲线上第 i 个点对应的值就是求出把 $M_2(t_{2i})$ 对齐 $M_1(t_{1i})$ 时的刚性变换参数 $\{\theta_i，x_{0_i}，z_{0_i}\}$。为了保证角度变化的连续性，需要对旋转角度参数做调整，使其满足 $|\theta_i - \theta_{i-1}| \leqslant \pi$，再进一步用空间二次 B 样条曲线拟合的方位曲线修正结果。

3）帧插值

根据配准曲线来插值生成单独的一帧运动 $B(t_i)$ 的方法如下：先找到时间配置曲线上对应点 $S(u_i)$，根据方位配准曲线对应的点 $A(u_i)$ 的值来对齐 $S(u_i)$ 点对应的两帧，之后按权重 $w(t_i)$ 来计算加权平均值，最后加入各种约束。

我们假定对于插值帧 $B(t_0)$、u_0 的值是已经知道的。这个帧首先创建，然后按照时间顺序产生其他的帧：假设 $B(t_0)$ 不是第一个插值帧，而是我们需要插值的帧序列中的某一中间帧，那么我们需要首先创建前向帧（$B(t_1)$，$B(t_2)$，…），然后创建后向帧（$B(t_{-1})$，$B(t_{-2})$，…）。我们需要 $u(t)$ 严格递增，这样在插值时间 t 不断向前的情况下，全局时间 t 也会持续向前。

下面给出前向顺序下产生插值帧的过程，相反方向产生帧的情况类似处理。

（1）沿配准曲线前进。对于 k 个输入待混合运动，我们利用

$$\Delta u = \left(\sum_{j=1}^{k} w_j(t_{i-1}) \left(\frac{dS_j}{du} \bigg|_{u=u_{i-1}} \right)^{-1} \right) \Delta t \tag{5-8}$$

来计算全局时间参数 u 向前流动的速度，它是根据输入运动时间配准曲线变化率的插值权重组合而得。

（2）帧的定位和朝向。一旦 u_i 定下来后，可以从输入的运动中提取出帧序列 $M_j(S_j(u_i))$，且每个帧的原始配置是用 $A_j(u_i)$ 进行转换的。这样就产生了一组相互匹配的帧，使得可以通过一个变换 $T(t_i)$ 在地面上进行移位和旋转。这种情况下，整个变换应用到 $M_j(S_j(u_i))$ 上，则我们的变换矩阵是

$T(t_i)A_j(u_i)$。对于插值的第一帧，$T(t_0)$ 可以任意选择。对于其他帧，$T(t_i)$ 的选择必须使得 $B(t_i)$ 的位置和朝向与前一帧 $B(t_{i-1})$ 一致。具体来说，临时假定 $w_j(t)$ 是 1 且对于 $t > t_{i-1}$ 的所有的插值权重都是 0。则剩下的插值应该是简单地用 $T(t_{i-1})A_j(u_{i-1})$ 对 M_j 的一部分进行直接拷贝和变换，所以它和 $B(t_{i-1})$ 可以光滑的衔接在一起。如果 $\Delta T_j(t_i)$ 定义为

$$\Delta T_j(t_i) = T(t_{i-1})A_j(u_{i-1})A_j^{-1}(u_i)，\tag{5-9}$$

然后设置 $T(t_i) = \Delta T_j(t_i)$ 就得到这个结果。

更一般的，每个运动 M_j 会对 $T(t_i)$ 进行表决，即衡量他们相对局部坐标系统不变（也就是，$\Delta T_j(t_i)$）的程度，然后这个表决结果根据插值权重进行平均。为了进行平均，必须选择恰当的参数来表示 $\Delta T_j(t_i)$。我们的算法是首先在需要变换的帧序列的中心附近计算一个起始点。特别的，每个 $M_j(S_j(u_i))$ 都用 $\Delta T_j(t_i)A_j(u_{i-1})$ 进行转换过，这样新的根节点的位置就被投影到地面且被统一了。然后 $\Delta T_j(t_i)$ 采用参数集合 $\{\phi_j, x_j, z_j\}$ 来表示，代表的意义是对应于这个起始点旋转 ϕ 后平移 (x_j, z_j)。最终，$T(t_i)$ 是：

$$T(t_i) = \left\{ \sum_j w_j\phi_j, \ \sum_j w_j x_j, \ \sum_j w_j z_j \right\}\tag{5-10}$$

（3）创建插值帧。经过上两步操作，我们已经能够从输入运动中提取出帧序列并且把他们放置在恰当的位置和旋转角度，可以通过当前的插值权重来计算输出节点参数的加权平均，进而形成插值后的骨架造型。为了计算平均旋转角度，需要首先计算一个参考旋转角度 q_{ref}，来最小化输入旋转角度 q_i 的距离。每个 q_i 随后变换到 q_{ref} 的局部坐标帧中，并且转化成一种对数映射的表示方式，然后对这些对数映射后的值进行平均化。最后，再次通过指数映射并变换回全局坐标来找到平均转角 $\bar{q}$：

$$\bar{q} = q_{ref}\exp\left(\sum_i w_i\log(q_{ref}^{-1}q_i) \right)\tag{5-11}$$

4）约束重建

最后的任务是决定新的插值帧的约束条件。对于每个约束匹配 M，可以基于当前的插值权重为对应的约束决定一个区间 I_M。具体来说，如果 M 的第 j 个约束在区间 $[u_j^s, u_j^e]$ 上时活跃的，则

$$I_M = \left[\sum_j w_j(t_i)u_j^s, \ \sum_j w_j(t_i)u_j^e \right]\tag{5-12}$$

如果 u_i 在这个区间内，那么新的插入帧就会被附加上相应的约束。

5）试验结果

我们对基于时空配准的运动插值算法进行了测试，部分试验结果如图 5-14 所示。

5.3.4　基于运动图的运动过渡方法

运动合成算法研究如何根据已有的运动片段，来生成满足一定需求的新的运动序列。其中，运动图技术作为一种有效的人体运动合成算法在该领域被广泛地应用。

运动图技术的核心思想是以图的方式将不同的运动连接起来，将生成新的运动序列的问题转化成根据运动图寻找路径的问题。一般方法构建的运动图只包含一些正常的走、跑等基本运动，很少将一些不同的运动风格包含其中。如果一个运动图中包含多种不同风格的运动，而且这些运动之间可以自然的过渡，那么就可以根据角色人物的心情变化或者故事的需要在不同时间选择不同风格的运动，来使刻画的人物更形象生动。

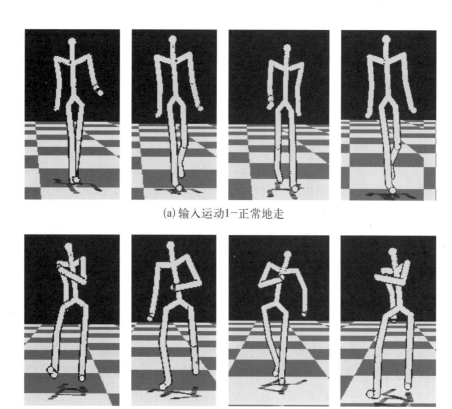

(a)输入运动1-正常地走

(b)输入运动2-欢快地走

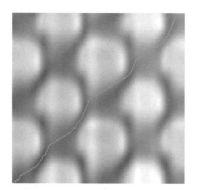

(c)相应的时间配准曲线

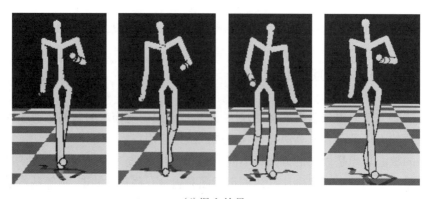

(d)混合结果

图5-14　运动混合结果(输入运动为正常地走和欢快地走,混合结果融合了二者的特点)

1）运动分割

运动分割是对运动捕获得到的原始数据进行预处理的过程，截取运动中小的片段作为后面系统的输入。因为考虑到某些行为具有周期性，例如正常的走路或者跑步都属于周期运动，对于这类行为的运动，我们完全可以用一个完整周期来表示就可以了，长时间的运动可以通过这个片段上循环若干次得到。

首先，我们以走路为例简要介绍下运动的周期，左脚迈一步，接着右脚迈一步，就是一个周期单元，右脚迈出一步，接着左脚迈一步也是一个周期单元，起始姿态完全可以从任意帧的姿态开始，历时若干帧回到相同姿态，即为一个周期。

我们采用的分割的原则如下：

（1）选取若干个完整周期。

（2）相同行为的运动（如不同风格的走），从相同姿势开始截取。

我们截取一个片段去代表整个运动作为后面系统的输入，可以减少很多冗余帧的数据，从而免掉了这些数据的计算时间。因为采用运动图的运动合成方法会在数据集的任意两个相关运动之间做大量计算，所以用周期片段作为输入，对于大数据集情况，减少的计算时间是非常可观的。虽然说选取一个周期的片段足以表示一个运动，但是考虑到后面我们会在不同运动片段之间寻找过渡点，这时运动片段越长，意味着我们可能找到的过渡点也就越多，可以达到更灵活的跳转。综合考虑，我们从原始运动上截取两个完整周期的片段。

从相同姿态开始截取运动，是因为在后面部分有时我们需要在相关运动之间计算配准曲线去生成中间运动。如果两个片段从相同姿态开始，可以计算得到更长的配准曲线，那么根据这条曲线生成的中间运动也就一般包含两个周期，否则生成的运动可能只包含一个周期甚至更短。显然长的运动片段会和其他运动有更多的过渡点，这就是从相同姿态开始截取的原因。

对于分割后得到的运动片段，我们采用一定的命名规则，以行为和风格来命名，例如，一段偷偷摸摸走路的运动片段命名为 Walk_creepingly。如果一个运动表示的是两种行为之间的过渡运动，那么还要在文件名中体现出是一个过渡运动，例如，一个运动是从正常的走路过渡到慢跑的运动，那么这个运动相应地被命名为 Transition Walk_normal Run_slowly。采用这种命名方式可以方便运动数据库的管理。

2）结构表

结构表是我们所提出的一个新的概念。所谓运动图的结构就是指在运动图内部不同类型的运动之间的组织关系，按运动表现的不同行为来具体分类，一个类别代表一种行为，同一类别下面又包含多种不同风格的同一行为的运动。例如，总体上可以分为走、跑、跳、舞蹈、武术等几个大类，每个类又包含很多不同风格的运动，走的行为里面可以包括慢走、快走、得意地走、悲伤地走、偷偷摸摸地走等多种风格的走。

我们设计一个结构来描述这些不同行为类之间的关系，每种行为表示成一个节点，不同行为类之间的过渡运动也可以表示成一个节点，行为之间关系如图 5 - 15（a）所示。但是这样仅仅描述了行为类之间的关系，在每个节点内部多样风格的运动以及它们之间的过渡运动并没有区分开，所以每个节点内部还可以用相同结构来描述不同风格运动之间的关系，节点内部运动之间关系如图 5 - 15（b）所示。

根据前面的分析，要给运动数据合理的分类至少需要分两层结构来管理，我们设计一种两层的表结构，称为结构表，结构表是在构建运动图时同时构建的，会把每一个运动的信息存储在结构表中相应的类别下面。这就像管理一堆文件，这些文件都有自己的编号，所有文件都按编号先后顺序存放，我们手中有一个文件的分类表，需要做的工作就是把每个文件的编号填写到相应的类别下面，在需要查找某个特定内容文件的时候，根据所属类别在表中找到文件编号，就可以快速定位这个文件了。结构表是两层结构，第一层表结构的每个单元都可以展开成另一个表结构，也就是第二层表结构，第二层表结构中的单元是最基本单元，存储的是运动在运动图中的位置和长度信息。

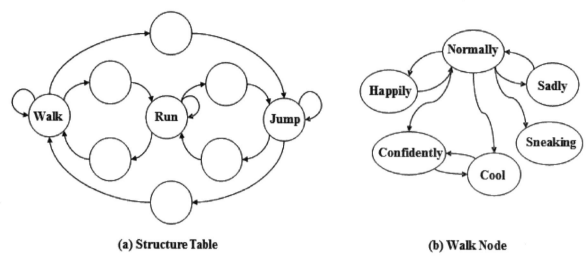

(a) Structure Table　　　　　　　　　　　　**(b) Walk Node**

图 5 - 15　结构表示意图

3）过渡运动

构建运动图的核心思想就是在不同运动之间寻找过渡点,在相似帧之间构造过渡运动,把初始的运动集组织成一个图结构。带结构表的运动图的构建仍然保留这个核心思想,但我们把过渡运动分为两类,一类是不同行为之间的过渡,另一类是属于同一行为不同风格运动之间的过渡。下面分别加以介绍。

（1）不同行为之间过渡。每种行为的运动有各自非常明显的特征,不同行为的运动姿势差别非常大,人为生成的不同行为间的过渡看起来会显得很生硬,不够自然流畅,所以我们使用原始的过渡运动片段去连接它们,从而也避免了很多不合理过渡的出现,例如,在一段跳芭蕾的运动和一段跑步的运动上找到了相似帧,可以生成一个人为的过渡,但常理上,跑步和跳芭蕾之间的突然过渡是很不合理的。

在我们的方法中,当加入一个原始过渡运动到运动图时,假设这个运动是开心的跑到快跑,被命名为Walk_happily_to_Run_fast,我们直接在结构表中查找到 Walk_happily 和 Run_fast 的位置信息,只和这两个运动寻找相似帧,而在无结构的运动图中插入这一个运动就需要和所有其他运动都去计算相似度,耗费了很多不必要的计算时间,而且还可能产生不合理的过渡。图 5 - 16 描述的是过渡运动生成方法的对比。

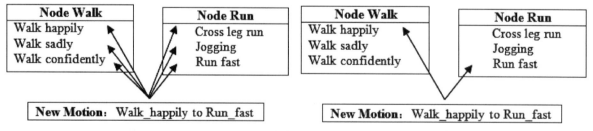

图 5 - 16　不同类型运动之间的过渡

（2）不同风格运动之间的过渡。前面已经介绍了不同行为间的过渡,这里要介绍的是属于同种行为的不同风格的运动间的过渡,例如,开心的走和正常的走两个运动之间如何过渡。

这样的过渡运动在数据库中很难找到,需要人为生成。虽然我们考虑的不同风格的运动都属于同一行为,它们应该有着相似的运动姿态,但很多时候发现它们并不足够相似到使得计算出的相似度能够达到我们的阈值要求,所以在构建出的运动图上,它们之间很可能没有任何连接。如果运动图中包含的不同风格的运动多半是孤立的或者彼此之间过渡非常的少,那么包含再多的风格的运动也没有多大意义。

为了解决这个问题,我们使用类似于 Zhao 和 Safonova 提出的生成插值空间的改善图连通性的方法[72]去生成不同风格运动间的过渡,不但可以改善运动图的连通性又可以保证光滑的过渡。其主要思想是在原始运动片段之间人为生成一系列的中间运动,构成一个插值空间,把所有这些原始运动和人为生成的中间运动都作为输入构造运动图,从总体上改善运动图的连通性。我们可以使用这种方法在两个不同风格运动片段之间生成一系列中间运动,以中间运动作为桥梁构建原始运动间的高质量的过渡。

直接用插值的方法生成的中间运动的结果是无法保证质量的,我们需要使用到配置曲线方法生成中间运动,首先在不同风格运动间寻找配置曲线,根据配置曲线做插值生成中间运动。配置曲线方法具体见 5.3.3 节。

根据得到的配准曲线,再分别设定不同的权重,进行多次插值,可以得到多个中间运动,这些中间运动组成一个插值空间。Safonova 等提出的方法是把原有的运动片段和人为生成的所有中间运动都作为输入构建运动图,这样相当于增加了若干个新的运动,所以在每两个运动之间都要寻找相似帧[72]。结合图 5-17 说明,如果权重分别设为 0.2、0.4、0.6、0.8,相应会生成 4 个中间运动,用 M_1、M_2、M_3、M_4 表示,原有运动用 S_1、S_2 表示,按相似性排序应该是 S_1、M_1、M_2、M_3、M_4、S_2,相邻运动间的相似性比较大,相隔比较远的运动间相似性比较小,多半不存在相似帧,即使存在相似帧,例如 M_1 和 M_4 存在相似帧,我们可以寻找到一条经过 S_1、M_1、M_4、S_2 的路径,但是这样的过渡往往非常短,看到的结果就是两个运动间的过渡非常快,显得很生硬。所以我们的方法是只在相邻运动之间寻找相似帧,分别在 S_1 和 M_1、M_1 和 M_2、M_2 和 M_3、M_3 和 M_4、M_4 和 S_2 之间寻找过渡点,这样不但保证一定过渡时间,而且还可以减小大量不必要的比较,减少计算量提高效率。

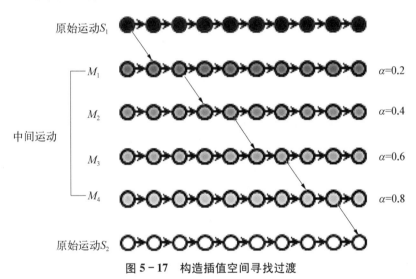

图 5-17 构造插值空间寻找过渡

4)运动图优化

运动图的优化和运动图的构建过程是同时进行的,针对插入到运动图中的不同类型的运动,采用不同的局部优化方法。我们的优化方法有两个特点,第一个特点是采用局部优化的方法,速度快;第二个特点是,根据运动类型的不同,采用不同的优化策略,更有效地去掉了不合理的分支,避免了无效的过渡。

在无结构的运动图中的剪枝方法是在整个运动图构建结束之后,在运动图上寻找最大连通子图,而寻找最大连通子图的方法一般都有很高的复杂度。对于带结构表的运动图,优化问题可以用另外一种更简单有效的方法解决,就是在构建运动图的时候就开始局部的剪枝,运动图构建结束时图中就不包含任何死路,这种方法不但快速,而且在构建时剪枝,可以优化后面构建的结果。

输入的原始运动分为两类:基本运动和过渡运动,基本运动描述的是一个行为的运动;过渡运动则是不同行为之间的过渡。针对不同类型的运动,有不同的优化方法。

(1)修剪不连通分枝。对于每个基本运动在加入运动图的时候首先在自身寻找过渡点,这种过渡点我们在后面统一称为自循环点,通过自循环点可以回到前面的某一帧。后面提到的过渡点,如果不加特殊说明的话,默认是过渡到其他运动片段的过渡点。我们的优化思路是:我们把运动片段上最后一个自循环点到片段末尾的部分作为一个不通分支直接剪掉,那么即使在运动片段没有找到过渡运动也可以通过最后一个自循环点向前跳转到某一帧之后继续寻找过渡点。

简单的去掉最后一个自循环点到结尾部分的不通分支会产生连接错误,以一个非常短的运动片段为例,如图 5-18 所示,运动片段 C 只有 9 帧数据,用 c_1,c_2,$\cdots$,c_9 表示,c_7 是最后一个自循环点可以跳转到 c_3 帧,在我们算法中 c_8、c_9 属于死路应该被删除掉,但 c_2 帧存有到 c_8 帧的连接,c_7 帧也存有到 c_8 帧的连接,这些相关的连接都应该被删除掉,否则会在加入下一个运动片段之后,莫名其妙地成为一个过渡点。在删除这些帧的数据之后,再在结构表里记录运动片段的起始帧和长度信息。这样操作之后,就保证了在基本运动上不会遇到死路,即使没有找到跳转到目标运动的过渡点,也可以通过最后一个自循环跳转到前面某一帧选择继续寻找或者跳转到其他运动,再由其他运动跳转到目标运动。

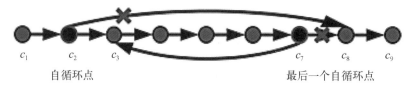

c_1 c_2 c_3 c_7 c_8 c_9

自循环点   最后一个自循环点

图 5-18　剪掉不通的分支

剪掉不通分支还会导致的另一问题是搜索过渡点时可能进入死循环,当寻找的运动片段上不存在过渡到目标运动的过渡点就会在自身运动片段上不断循环。解决方法很简单,就是控制循环次数,从寻找过渡点开始遇到最后一个自循环点时我们做个标记,如果第二次遇到最后一个自循环点,那么意味着已经完成了一次循环搜索了所有可能区域而且没有找到过渡点,继续循环已经没有必要,因此搜索停止。

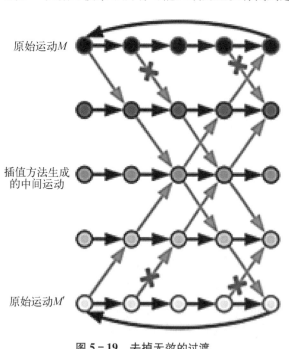

原始运动M

插值方法生成
的中间运动

原始运动M'

图 5-19　去掉无效的过渡

（2）去掉无效过渡。不同风格运动之间的过渡是人为生成的,生成插值空间寻找过渡的方法也可能产生无效的过渡,以图 5-19 为例。

这里寻找的过渡运动是指从原始运动片段上的某一过渡点开始经过多个中间运动最后跳转到目标运动的路径对应的运动。过渡运动可能在某个中间运动上进入死路,无法跳转到目标运动,这时我们可以通过删除某些连接来避免进入无效过渡。在插值空间里寻找的过渡是双向的,一个方向上的死路可能包含另一方向过渡需要的帧,所以不能选择直接删除无效的过渡。避免进入断路的方法可以是去掉路径的第一个连接,如图 5-19 所示,完全不会影响到在中间运动上寻找其他的过渡运动。原始运动片段上面一般存在多个通往中间运动的过渡点,需要测试每一个过渡点,判断是否是有效的过渡,如果是无效过渡就取消掉第一个连接,如果是有效过渡,就把过渡运动的信息填入到结构表。反方向的过渡运动的寻找方法是一样的。

5）运动图搜索

运动图构建完成后,运动图的优化工作也随之完成,此时就可以在图上搜索一条满足用户需求的路径,这条路径对应的运动就是新合成的运动。我们提供界面让用户输入对运动序列的要求,选择行为、风格,并输入需要的帧数。

通过前面的工作,我们已经构建好了一个连通性很好的运动图,相关运动之间会有很多过渡点,基本运动本身也有很多自循环点,这些使得跳转变得非常灵活。但是用户对每种运动规定了需要的具体帧数,所以搜索的时候具体选择哪个自循环点和哪个过渡点需要一定的策略,才可以更好符合用户要求。

为了方便理解,我们先介绍运动序列里只包含两个运动的情况。假设运动图中包含一个长度 90 帧的运动片段 A 和一个长度 130 帧的运动片段 B,用户希望合成一个包含 500 帧 A 运动,之后转变为 B 运动并持续 300 帧的新运动。我们需要制定个好的策略确定在什么时候选择哪个自循环点或者过渡点。

为了解决这个问题,我们提出一个迭代算法,自动在运动片段 A 和 B 上选择合适的自循环点和过渡点,如表 5 - 1 所示。

表 5 - 1　迭代查找算法

Recursive Search Algorithm

Data：StartPos: the frame to start our algorithm, initialized as 0. FrameLeft: the count of current left frames.
Function Judge(Frame C, Motion A, Motion B): check if frame C is close enough to transition points of A toward B.

Input：motion A, motion B and customer required frame limit.

Output：A self-loop sequence and the transition point.

```
1  TransitionSeq(Motion A, Motion B, StartPos, FrameLeft)
2  {
3   If FrameLeft <=0 and Judge(StartPos, A, B)
4      Print the path;
5   Else if FrameLeft <=0 and ! Judge(StartPos, A, B)
6      Return;
7   Else
8      Update FrameLeft;
9      TransitionSeq(A, B, StartPos->next_frame, FrameLeft);
10     Update FrameLeft;
11     TransitionSeq(A, B, StartPos->next_self_loop, FrameLeft);
12 }
```

如果用户需求的是包含多个运动的序列,上述算法仍然适用,只需要多次调用即可,最后搜索出的路径对应的运动就是满足用户需求的路径。

6) 试验结果

我们通过实验数据在构建时间、运动图连通性、搜索时间、生成运动的质量等几个方面对带结构表的运动图和无结构运动图做个对比分析。

(1) 构建时间。表格 5 - 2 列出了第一组实验的输入数据,包含走、跑、跳三个行为,每个行为包含很多不同的风格,总共有 19 个运动,2 236 帧数据。选择这个数据集的目的是为了考察我们的方法在处理多个包含不同行为和不同风格的运动情况下,构建运动图的效率。

表 5 - 2　实验数据集 1

Behavior	Styles	Frames	Total
Walk	Happily, Sadly, Confidently, Cool, Creeping, Jauntily, Normally, Leisurely, Sneaking, Strong man	142, 132, 111, 117, 155, 59, 91, 112, 179, 154	
Run	Cross leg run, Jogging, Run fast, Wide leg run	149, 81, 65, 145	2 236
Jump	Forward jump, Jump up and down, Jump small forward, Jump distance, Jump sideways	88, 98, 105, 123, 130	

我们以第一组实验数据作为输入,分别构建标准运动图、带结构表的运动图,对比构建时间。实验结果表明,标准运动图的构建需要 140 分钟,而带结构表的运动图构建时间只需要 57 分钟。我们在做这次对比实验的时候,并没有使用增强连通性的任何方法,所以构建的两个图的连通性是相当的。

(2)连通性。我们进行第二组实验,分析不同运动图的连通性。表 5-3 列出了实验数据,总共有 6 个运动,772 帧。我们用第二组实验数据分别构建标准运动图、wcMG 运动图[72]、带结构表的运动图,通过计算过渡点的总数来衡量图的连通性的强弱。加入 wcMG 运动图作为比较,是因为 wcMG 运动图同样使用了构建插值空间寻找过渡运动来增加运动图的连通性。

表 5-3 实验数据集 2

Behavior	Styles	Frames	Total
Walk	Happily, Sadly, Confidently, Cool, Normally, Sneaking	142, 132, 111, 117, 91, 179	772

表 5-4 显示了第二组的实验结果,wcMG 运动图和带结构表的运动图增加了增强连通性的方法,所以需要生成很多中间运动,也就相应增加了部分计算量,构建时间要比标准运动图构建时间长,但是从过渡点个数来看 wcMG 运动图和带结构表的运动图的连通性显然比标准运动图好很多。实验结果中 wcMG 的过渡点个数要比带结构表的运动图多,并不意味着连通性更好,是因为 wcMG 只是完成了构建,没有进行优化,图中可能包括很多不通的分支,或者无效的过渡。我们的方法在构建同时进行优化,不但减少了人为生成的中间运动的数量,而且去掉了不通的分支或者无效的连接。实验结果也证明,带结构表的运动图可以在更短时间内构建一个连通性很好的图。

表 5-4 实验结果

Motion graph	Construction Time	Transition point number
Standard Motion Graph	16 minutes	37
wcMG	145 minutes	336
Motion Graph with Structure Table	33 minutes	290

(3)搜索时间。带结构表的运动图的搜索类似于有结构的运动图的搜索,而且还可以包含很多种类风格的运动,根据用户提供的需求直接查结构表或者进行局部搜索就可以,搜索可以瞬间完成,效率非常高。另外一个明显的特点就是搜索时间完全不会受运动图规模的影响,不像无结构的运动图,搜索时间会因运动图规模增加而增加。

(4)过渡的光滑性。图 5-20 显示了两组实验结果。上边的图是第一组实验,用户搜索的是从轻松地走到开心地走;下边的图是第二组实验结果,用户搜索的从站立姿态到偷偷摸摸地走。从运动播放的结果看,过渡比较自然。

5.4 群体动画

5.4.1 系统流程

本项目总的技术路线为结合 C++的人工智能算法和 Maya C++ API 来实现,系统以 Maya 插件形式

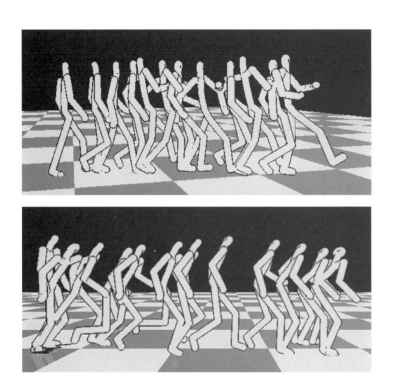

图 5 - 20　运动合成效果

提供,为用户提供友好的用户界面以及脚本编辑功能,并实现数据和三维动画软件包 Maya 间的无缝数据交换。系统具有如下优势:

(1) 可跨平台运行。支持 Windows 和 Linux。

(2) 高效稳定。优化的 C++底层算法、与 Maya 动力学模块无缝结合。

(3) 高度自定义。支持通过动力学表达式来定制群体行为。

系统流程如图 5 - 21 所示。

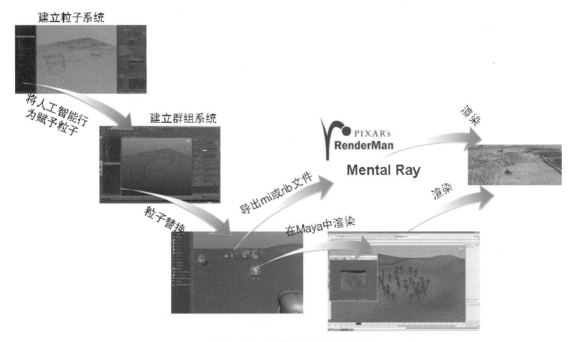

图 5 - 21　群体动画系统流程图

5.4.2　行为建模

在群体动画中,虚拟角色的行为划分成三个主要层次:选择层、控制层和移动层。其中,选择层决定虚拟角色的任务目标即行为规则,控制层结合行为规则以及对外部虚拟环境的感知作出具体的行为指令,移动层则将行为指令转化为具体的身体动作实现出来。

我们基于 Maya Particle 的 Instancer 群组动画脚本工具对选择层进行建模,采用 Maya 的 Pariticle 动力学表达式编辑器作为脚本设计器,以满足用户对角色的群组动画行为的自定义控制,界面如图 5-22 所示。

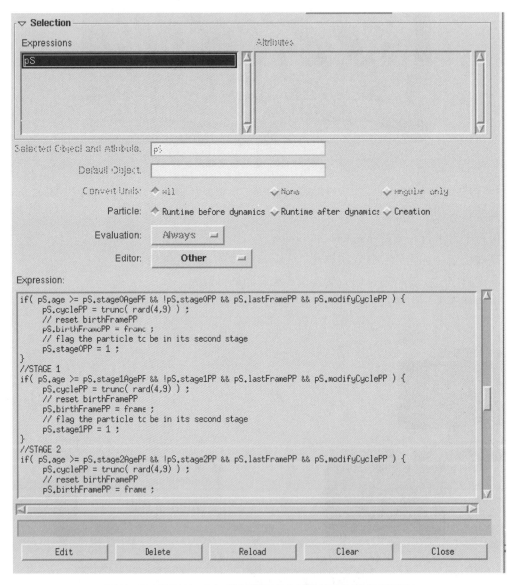

图 5-22　基于 Particle 群组控制脚本编辑器的行为控制界面

1) 基于物理的动力控制模型

控制层完成虚拟角色的行为驱动,包括碰撞检测、漫游、目标跟随、逃跑、对齐等行为的实现。我们将虚拟角色个体当作是一个基于物理力学的动力控制模型,把它受到的来自内部与外部的影响表示为力向量,在多个力向量的共同作用下控制虚拟行人完成指定任务。

这种动力模型是基于点式群体的,将受动力模型驱使的虚拟行人表示为一定半径值的圆环,具有质量(mass)、位置(position)以及速度(velocity)等属性。除此之外还定义了两个限制参数:最大受力(max-force)、最大速度(max-speed),前者是因为基于物理的模型本身的动力范围有一定上限,后者则是由于动力与阻力的共同限制使得速度不可能无止境的增加下去。这些特性与现实生活中的动力模型相符合。

这个动力模型物理特性的更新基于欧拉积分公式,在仿真中的每一个时间采样点计算出赋予虚拟行人的控制受力,将其除以虚拟角色的质量便可得到加速度信息,加速度与之前的速度一起形成新的速度(最大不超过 max-speed 上限)。最后,速度被施加到原有的位置信息之上,完成状态更新。

2)角色行为控制模型

在对虚拟角色的动力控制模型建模基础上,我们通过对受力向量的数学计算来得出合成受力,从而驱使虚拟行人的各种行为。

(1)位置点追寻与逃离行为(见图5-23)。位置点追寻行为(seek)用于调整角色的速度向量指向目标位置,使得虚拟角色朝着指定的位置运动。目标速度的方向由角色指向目标,大小为最大速度或者是角色的当前速度,而角色的受力速度方向则是目标速度与当前速度的差值。

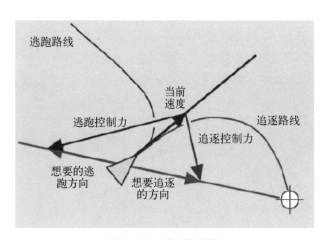

图5-23　追寻与逃离

逃离行为(flee)具体策略和追寻是一样的,只是目标速度相反。

(2)到达行为。到达(arrival)行为在角色距离目标比较远的时候,和追逐是一模一样的。但是,它并不会控制角色全速通过目标。当角色离目标比较近的时候,它会使角色减速,最终缓慢到达指定的位置。如图5-24所示,角色在距离目标一定距离的时候就会开始减速,该距离可作为该行为控制中的参数。

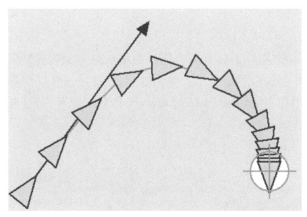

图5-24　到达

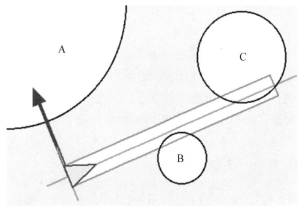

图5-25　避开障碍

(3)避开障碍。避开障碍行为赋予了一个角色躲开环境中障碍能力,这一点在虚拟场景中至关重要。我们将虚拟角色和各种障碍都抽象为球体,这样做可以实现更有效率的碰撞检测。

如图5-25所示,避开障碍行为的过程如下:在角色的前进路线方向上绘制一个虚拟的圆柱体(见

图5-25中灰色的圆柱体),圆柱体的地面半径等于角色的保卫球半径(确保将角色包含进去),圆柱体的高由色的速度和灵活性等参数决定。算法对每个障碍物进行遍历,判断圆柱体是否与它相碰,只需采用简单的几何计算即可实现相交性检测。对落在圆柱体影响范围外的障碍无需处理,否则选择距离圆柱体最近的障碍物作为最有可能发生碰撞的候选障碍物。避开障碍行为通过对角色施加与圆心到障碍物中心相反的推力来使它远离障碍物。

(4)路径跟随。路径跟随行为会使一个角色沿着一条既定的路线前进。我们将路径描述为一根中心线和一条半径。中心线代表了这条路径的方向,而以这个中心线和半径生成的"圆柱体"就是这条路径。路径跟随行为使角色沿着这个特定的路径管道前进,如果最初角色没有在这个路径之内,它就必须首先选择就近位置进入这条路径才能实现跟随行为。路径跟随行为示意图如图5-26所示。

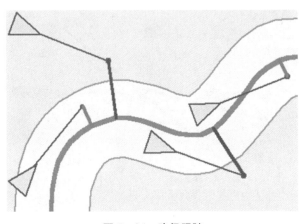

图5-26　路径跟随

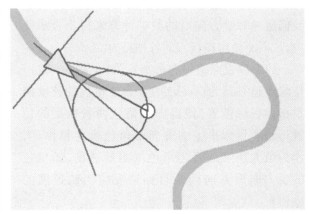

图5-27　漫游

(5)漫游。漫游是随机行为控制的一种。在每一帧对角色施加一个随机的外力,会造成角色的不规则运动,无法保证真实感。我们保持外力施加的方向,并在每一帧位置加上一个随机的位移,使角色随机地从一个地点走到另一个地点。具体做法是:将控制力固定在角色前方一个球体上(见图5-27中的大圆),每一帧将一个随机的位移添加在上一帧的控制力上,并将得到的结果强制约束到这个球体的表面。其中球体的半径决定了漫游中最大的"力",随机位移的大小由图中的小圆半径决定。漫游行为示意图如图5-27所示。

3)角色行为实现

个体行为的实现是依赖于对个体建模完成后实现的,实际上所有的个体行为都是由单个的骨骼模型的独立运动实现的。从数据库中取出运动捕获或者动画师手工制作的动画数据,然后将这些动画数据转化为个体的实际模型序列。这些模型序列将被用作Maya Particle的Instancer代替的源对象,这些对象实际控制个体的动作和形状,以达到逼真的效果。

5.4.3　试验结果

我们将群体动画做成了Maya插件形式,界面如图5-28所示。

我们的插件支持地形匹配、自身碰撞检测、障碍物碰撞检测、漫游、目标跟随、逃跑、对齐、分散等功能。部分功能结果如图5-29和图5-30所示。

我们已经成功地将该系统运用在了意大利高清立体电影《Rome》等项目中。图5-31为《Rome》中采用该技术的群组动画效果。

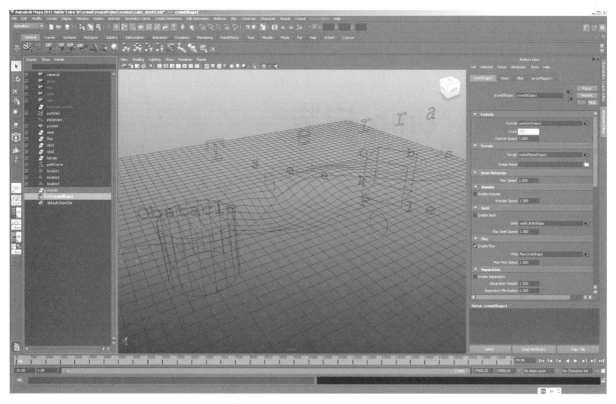

图 5 - 28 群体动画插件界面

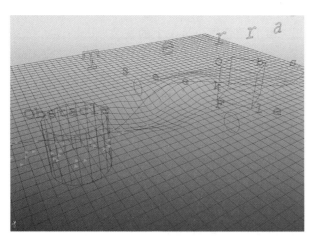

图 5 - 29 漫游结果

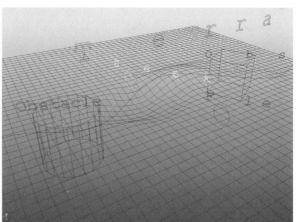

图 5 - 30 位置点追寻结果

图 5 - 31 《Rome》中采用我们的群组动画效果

第6章 Unity 安装

操作系统：64 位的 Windows 7 SP1+, 8, 10；Mac OS X 10.9+。显卡：DX11(feature level 9.3)或以上的显卡。如果显卡的要求你看不懂没关系，几乎所有还能在工作学习中正常使用的电脑都没问题。特别需要注意的是操作系统的要求，Unity 2018 只支持 64 位的操作系统，且不支持 Windows XP。

6.1　Unity 2018 的安装

Unity 在 Windows 和 Mac 下的安装是相同的，这里主要介绍在 Windows 上的安装。Unity 的个人版是免费的。安装 Unity 有几种方式，下面依次介绍一下，选择最适合你的方式来下载安装。建议 Unity 版本：Unity 2018.2.17(符合全书比较新的 Unity 版本，且 2018.2.10+开始基本专注于修复 bug)。

1）方式 1：最常见的下载方式

(1) 通过搜索或网址进入 Unity 官网。

(2) 在网页右上角单击获取 Unity https：// unity3d. com/cn/get-unity。

(3) 如图 6-1 所示，单击试用个人版。

(4) 同意服务条款后，单击下方下载按钮下载(见图 6-2)。

(5) 打开下载好的文件 UnityDownloadAssistant. exe(见图 6-3)。

(6) 按需要选择安装的组件，首次安装至少要安装 Unity 2018.2(见图 6-4)。

• *Unity 2018.2* Unity 编辑器的主程序；

• *Documentation* 离线文档：安装此组件后，可以离线查阅文档；

• *Standard Assets* 内置标准资源：安装此组件后，可以使用 Unity 官方自带的资源如地形资源、角色控制器等；

• *Example Project* 示例工程：每个 Unity 版本都会带一个示例工程以供学习；

• *Microsoft Visual Studio Community 2017* 微软出品的 C#集成开发环境；Visual Studio：写脚本要用到的编辑器；

• *XX Build Support*：发布 XX 平台所需安装的组件。例如：要发布到 Android 平台，就需要安装 Android Build Support。

后续需要新增加组件，可以重新打开此程序，选择增加的组件进行下载安装。比如一开始没有安装 Documentation，后续想安装的时候可以重新打开 UnityDownloadAssistant. exe，只选中 Documentation，再下

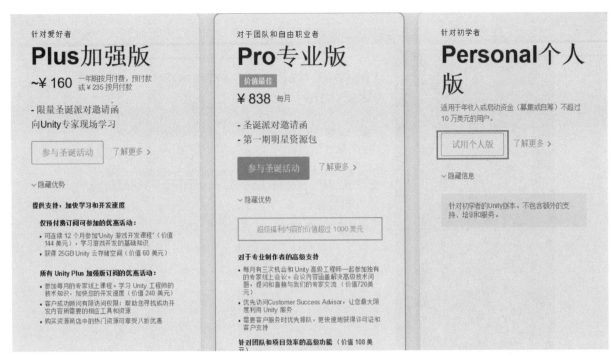

图 6-1　选择试用个人版

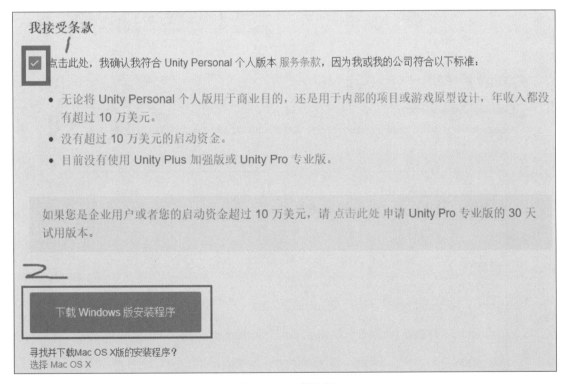

图 6-2　下载流程

一步中选中相同的安装目录即可。

（7）如图 6-5 所示。

● 选择安装包下载的位置，可以选择 Download files to temporary location（下载到临时位置，安装完成后会自动删除），也可以选择下载到指定路径（安装完成后不会自动删除，以后再安装可以直接使用此路径下的安装包离线安装）；

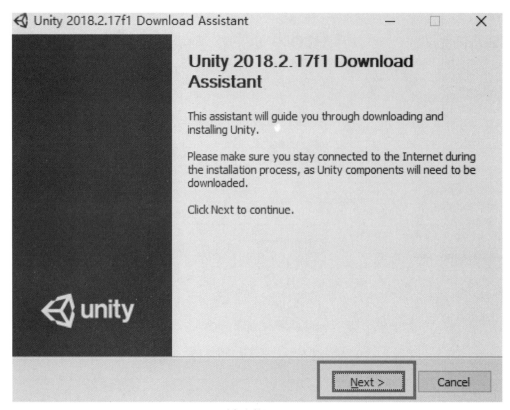

(a) 直接Next

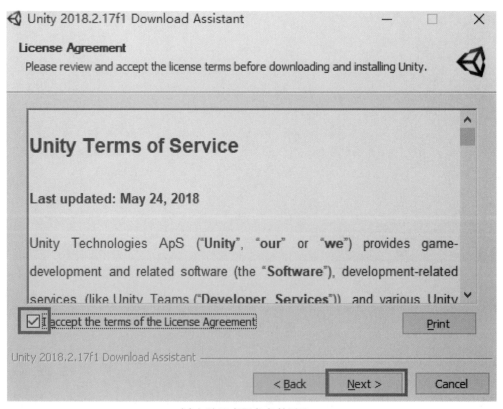

(b) 勾选同意服务条款后Next

图6-3　安装流程

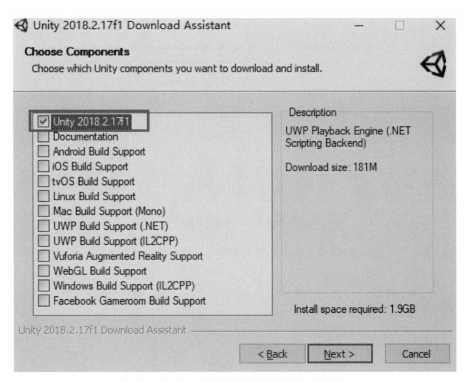

图 6 - 4　第一次安装至少选中 Unity2018. 1

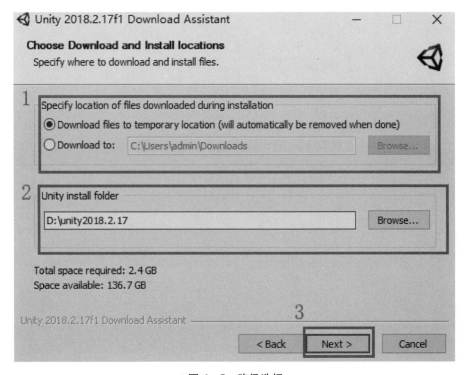

图 6 - 5　路径选择

- 选择安装到的位置。

（8）单击 Next 就开始下载安装了。

2）方式 2：下载后安装

有时使用官方的 Download Assisant 下载速度较慢，这时候也可以选择下载后离线安装。

（1）访问 http：// unity3d. com/unity/download/archive，单击 Torrent 下载（见图 6 -6）。

图 6-6　Unity 下载

（2）选择操作系统及对应的组件下载（见图 6-7）。

图 6-7　Unity 安装组件下载

- *UnitySetup64* ＊ Unity 编辑器的主程序；
- *UnityDocumentationSetup* 离线文档：安装此组件后，可以离线查阅文档；
- *UnityStandardAssetsSetup* 内置标准资源：安装此组件后，可以使用 Unity 官方自带的资源如地形资源、角色控制器等；
- *UnityExampleProjectSetup* 示例工程：每个 Unity 版本都会带一个示例工程以供学习；

● *UnitySetup-XX-Support-for-Editor* 发布 XX 平台所需安装的组件。如要发布到 Android 平台,就需要 UnitySetup-Android-Support-for-Editor。

（3）下载完成后,先安装 UnitySetup64. exe,假设路径为 C:\Program Files\Unity,其他安装包无顺序要求,只需要也安装到和 UnitySetup64. exe 同一路径如 C:\Program Files\Unity 即可。

3）方式 3 最简单:通过 Unity Hub 下载

Unity Hub 是一个新的桌面应用程序,旨在简化工作流程(见图 6-8)。在这一个程序里,你就可以在其中完成管理 Unity 项目并简化 Unity 安装程序的查找、下载和管理。另外,它的其他功能还能提高你的效率,如新的"模板"功能。

下载地址:https:// public-cdn. cloud. unity3d. com/hub/prod/UnityHubSetup. exe 关于 UnityHub 的详细介绍可以查看:https:// mp. weixin. qq. com/s/ iDPcaBHFGgSi WZxE izRw7A。

图 6-8　Unity Hub

（1）Unity 的授权。Unity 个人免费版首次登录需要进行注册授权。

（2）注册登录。建议进行注册,后续很多 Unity 的服务都需要使用 Unity ID(见图 6-9)。

图 6-9　Unity 注册

（3）授权激活（见图 6-10）。选择个人版后，会弹出一个 License agreement 的弹出框，个人学习开发选择第三项即可（见图 6-11）。

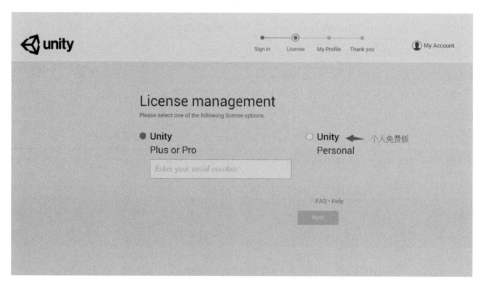

图 6-10 授权

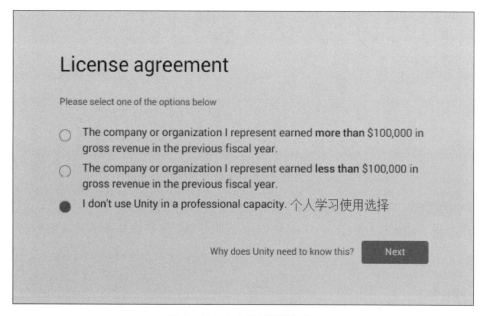

图 6-11 个人学习开发选择

单击 Next 后，会要求你填写一些个人信息，填写完就可以激活成功。

（4）安装 Visual Studio（可选）。以下情况你可以选择不安装 Visual Studio：

① 你是美术或策划，只是用 Unity 来处理美术资源或查看效果；

② 你以后不写或修改一行脚本。

后面写脚本需要用到时再安装 Visual Studio 也可以。VisualStudio 现在 MacOS 和 Windows 推荐和支持的 C#编辑器。之前版本中 Unity 中自带了 Monodevelop 可以作为脚本的编辑和调试工具，不过 Unity2018 已经不支持 Monodevelop 了。Visual Studio 2017 只能在线安装，请确保网络良好。

安装流程：

① 下载地址：https：// www.visualstudio.com/zh-hans/downloads/；

Community 版本是免费的,而且对于开发 Unity 足够了。选择 Community 版本进行下载(见图 6 - 12)。

图 6 - 12　Visual Studio 版本比较

② 打开下载的安装文件,开始可能有一个安装包更新安装的过程(见图 6 - 13);

图 6 - 13　Visual Studio 安装

③ 选中使用 Unity 的游戏开发,右侧可选的内容不要选(见图 6 - 14);

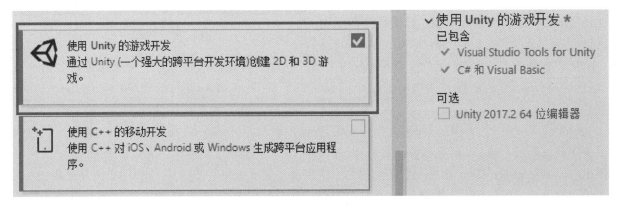

图 6 - 14　选中使用 Unity 的游戏开发

④ 可选项：

（a）通用 Windows 平台开发。如果要开发 Windows10 应用或者 Hololens 需要安装。

（b）Net 桌面开发。如果需要开发 .Net 命令行程序或者桌面程序需要安装［很多同学在学习一些 C#课程时，会出现无法创建 Console（命令行）应用，就是因为这个组件没安装］。

⑤ 后续按照界面提示安装。如果少安装了组件也无须担心，下次再次打开 vs_community. exe 安装文件，可以添加安装新的内容。

6.2　多个 Unity 版本的管理

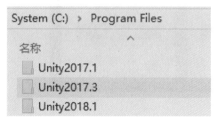

图 6-15　安装多个 Unity 版本

1）方法 1：手动管理

一台电脑可以安装多个 Unity 版本，只需要在安装的时候手动设置到不同的目录即可（见图 6-15）。

2）推荐方法 2：使用 Unity Hub

Unity Hub 是一个新的桌面应用程序，旨在简化工作流程。在这一个程序里，你可以在其中完成管理 Unity 项目并简化 Unity 安装程序的查找、下载和管理。另外，它的其他功能还能提高你的效率，如新的"模板"功能。下载地址：https：// public-cdn. cloud. unity3d. com/hub/prod/ UnityHubSetup. exe。

（1）Unity3d 简化工作流程神器-Untiy Hub（Beta）。Unity Hub 是一个新的桌面应用程序，旨在简化工作流程，现已发布 Beta 版（图 6-16）。在这一个程序里，你可以在其中完成管理 Unity 项目并简化 Unity 安装程序的查找、下载和管理。另外，它还可以让你更快，如新的"模板"功能。下载链接（Windows）https：// public-cdn. cloud. unity3d. com/ hub/prod/UnityHubSetup. exe. 下载链接（Mac）https：// public-cdn. cloud. unity3d. com/hub/prod/ UnityHubSetup. dmg。

Unity Hub 桌面应用程序的目标是简化 Unity 启动的流程（见图 6-17）。

乍一看，它可能很熟悉，但实际上有很多新的功能。首先，这是一个与编辑器分开的独立应用程序。这是简化工作流程的重要一步。如果你经常使用 Unity，你可能安装了这么多 Unity 版本（见图 6-18）。

图 6-16　Unity Hub

安装各种版本的 Unity 以及管理各种版本 Unity 开发的项目，体验很不好。由于这是许多用户每次打开 Unity 的体验，所以首先要解决这个问题。以下是 Unity Hub 目前的功能：整合 Unity Editor 管理。

Unity Hub 有一个专用区域用于查找和下载 Unity 编辑器的不同版本（见图 6-19）。你可以轻松找到并下载最新版本的 Unity（包括测试版）。此外，你可以手动添加已安装在你的机器上的 Unity 编辑器版本。安装新版本，只需单击"下载"。如果你一次需要下载不止一个，他们将按顺序排队并下载。

一旦下载，你可以设置你的首选版本的 Unity，也可以轻松地从项目视图启动其他版本（见图 6-20）。

图 6-17　Unity 启动

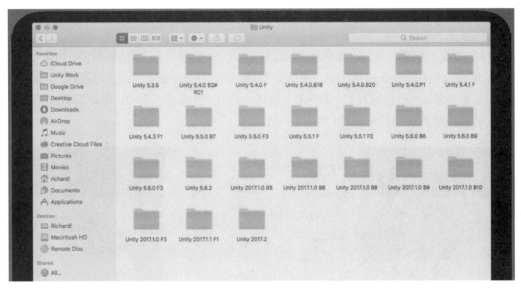

图 6-18　Unity 版本

图 6-19　Unity 编辑器下载

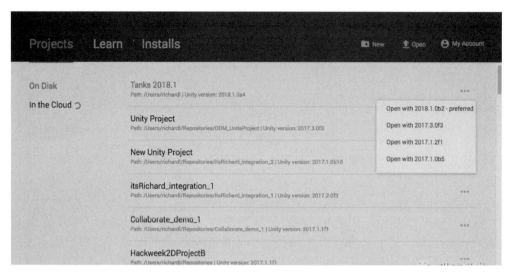

图 6-20　Unity 启动版本选择

从技术上讲,你可以同时启动和运行两个版本的 Unity。但是为了防止本地冲突和其他奇怪的情况,项目只能由一个 Unity Editor 实例打开。

（2）组件获取及安装后。过去,安装附加组件的最佳时机是在初始安装期间,如特定平台支持、Visual Studio、离线文档和 Standard Assets。安装完 Unity 以后再去下载安装它们很痛苦。你必须重新运行下载助手(基本上重新安装)或找到/安装单个组件。现在,当你通过 Unity Hub 下载编辑器的一个版本时,你可以轻松找到并添加其他组件(见图 6-21)。

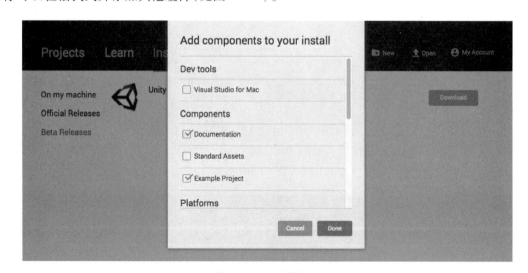

图 6-21　组件添加

（3）模板。随着 Unity Hub 的推出,全新功能模板诞生了。模板是预设的项目,旨在加快常见项目类型的创建过程。Unity 中有许多默认设置需要在启动新项目时进行更改。另外,这些设置如何变化取决于你所设计的项目"原型"。模板允许我们进行目标游戏类型或视觉效果的预设(见图 6-22)。

模板附带优化 Unity 项目设置,一些预制体和资源。模板的另一个优点是它们将很多功能和设置暴露给用户,否则很难找到。一定要尝试模板,因为你可能只是发现一些有用的和新的东西,原来一直在那里。

这个初始版本有五种模板类型：标准 2D;标准 3D;(预览)轻量级游戏(移动,低规格机器);(预览)高清(高视觉质量,高规格设备);(预览)轻量级 VR。

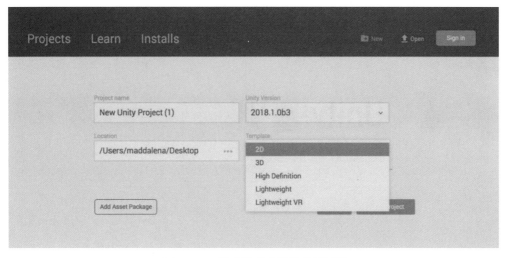

图 6 - 22　游戏类型或视觉效果预设

总结发现：

（1）安装 Unity 有三种方法，如果网络不好可以通过下载工具下载后安装。

（2）写脚本建议安装使用 Visual Studio。

（3）安装多个版本 Unity 使用 Unity Hub 较为方便。

第 **7** 章　Unity 基础

　　本部分是 Unity 的关键。这里将解释 Unity 的界面、菜单项、使用资源、创建场景和发布。当你完全阅读了该部分后,你将能够理解 Unity 是如何工作的,以及如何使其更加有效的工作,及如何将简单的游戏放置在一起。

7.1　界面学习

　　双击位于 Application→Unity 文件夹中的 Unity 图标可以打开 Unity,当它第一次运行时看到的场景如下:

图 7 - 1　Unity 运行场景

上图是 Unity 运行时的缺省场景,如果你打开过任何实例,你的屏幕会与上图不同。因此,有很多需要学习的东西,首先来观察理解上述界面。

概要主窗口的每一个部分都被称为视图(View)。在 Unity 中有多种类型的视图,但是,你不需要同时看见所有的视图。不同的布局模式(Layout modes)包含的视图是不同的。通过单击布局下拉控件来选择不同的布局,该控件位于窗口的右上角。

(1)布局模式选择下拉列表,如图 7 - 2 所示。

现在,单击布局选择,并单击 Layout,切换到 2 by 3 布局。

通过视图左上角的名称你可以迅速的分辨这些视图。

这些视图是:

场景视图(Scene View)-用于放置物体游戏视图(Game

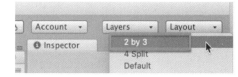

图 7 - 2　布局模式选择下拉列表

View)-表示游戏在运行时的外观层次视图(Hierarchy)-当前场景中的游戏物体的列表工程视图(Project)-显示当前打开工程中所有可用的物体和资源检视视图(Inspector)-显示当前选中物体的细节和属性时间线(Timeline)-用于为当前选中物体创建基本的时间线动画。

(2)场景视图(Scene View)

场景视图(Scene View)是一个可交互的沙盘,如图 7 - 3 所示。你将使用它来选择并在场景中定位所有的游戏物体(GameObjects),包括玩家,摄像机,敌人等。在场景视图中操纵并修改物体是 Unity 非常重要的功能。这是最好的通过设计者而不是玩家的角度来查看场景的方法。在场景视图中你可以随意移动并操纵物体,但是你应该知道一些基本的命令以便有效的使用场景视图。

图 7 - 3　场景视图

第一个你应该知道命令是 Frame Selected 命令。这个命令将居中显示你当前选中的物体。你可以在层次视图(Hierarchy)单击任何物体,然后移动你的鼠标到场景视图上并按 F 键。场景视图将移动以居中显示当前选择的物体。这个命令是非常有用的,你将在场景编辑的时候经常使用它。

在场景视图中操作在场景视图的上方有一个包含布局模式选择的工具栏,如图 7 - 4 所示:

图 7 - 4　包含布局模式选择的工具栏

尽管现在的工具栏没有附着在场景视图窗口上,但是位于左侧的四个按钮可用来在场景视图中导航并操纵物体,中间的两个用来控制选中的物体轴心如何显示。左边的第一个 View Tool 将在以后说明。后面的工具为操纵工具(Manipulation Tools),中间的两个为手柄位置工具(Handle Position Tool)

选中任何操纵工具可允许你交互时的移动,旋转或缩放物体。当你已经选择了一个工具时你可以在场景视图中单击任何一个物体选中它,现在按下 F 键使得该物体居中显示。

图7-5、图7-6及图7-7显示的是-不同的操纵工具。

图 7-5　平移工具热键 W　　　　　图 7-6　旋转工具热键 E

图 7-7　缩放工具热键 R

当选中一个物体时你将看到 Gizmo 坐标,每个工具有不同的 Gizmo 坐标形式。

图7-8、图7-9和图7-10分别显示的是平移、旋转和缩放的效果。

图 7-8　平移

点击并拖动当前 Gizmo 坐标的任何一个坐标轴以便平移,旋转或缩放当前选中物体的变换(Transform)组件。你也可以通过单击并拖动 Gizmo 坐标的中心来在多个轴上操纵物体。如果你有一个三键的鼠标,你可以通过单击中键来调整最后调整的轴而不用直接点击它。

参考变换组件(Transform Component)部分获取更多内容。

图7-11表示的是手柄位置工具(HandlePositionTool),用来控制物体或一组选中的物体的轴心如何和在哪里显示。

选择中心(Center)意味着使用当前所选所有物体的共同轴心,选择轴心(Pivot)意味着将使用各个物体的实际轴心。

图 7 - 9　旋转

图 7 - 10　缩放

图 7 - 11　手柄位置工具

手柄位置设置为中心,使用物体的共同轴心,如图7-12所示:

图7-12　手柄位置设置为中心,使用物体的共同轴心

手柄位置设置为轴心,使用实际的物体轴心,如图7-13所示:

图7-13　手柄位置设置为轴心,使用实际的物体轴心

在场景视图中导航根据使用的鼠标的不同,有很多不同的方式可以在场景视图中导航。

使用三键鼠标按住Option按钮并拖动鼠标左键可以使用旋转模式(Orbit mode)按住Option按钮并拖动鼠标中键可以使用拖动模式(Drag mode)按住Option按钮并拖动鼠标右键可以使用缩放模式

（Zoom mode）。也可以使用滚轮来缩放（略）视图工具模式。

视图工具的拖动模式快捷键 Q，如图 7－14 所示：

图 7－14　视图工具的拖动模式快捷键 Q

在拖动模式（Drag Mode）下，在场景视图中单击并拖动鼠标来上下左右移动视图。旋转（Orbit）和缩放（Zoom Modes）模式也是最常用的视图工具。保持视图工具选中并按住 Option 键即可进入旋转模式。单击并拖动鼠标，可以看到视图是如何旋转的。同时注意视图工具按钮从手型变成了眼睛。

视图工具的旋转模式 Option 键，如图 7－15 所示：

图 7－15　视图工具的旋转模式 Option 键

之后，你可以通过按下 Control 按钮进入缩放模式。在这种模式下，单击并拖动鼠标将前后缩放你的视图。注意缩放模式的图标是一个放大镜。

视图工具的缩放模式 Control 键，如图 7－16 所示：

图 7－16　视图工具的缩放模式 Control 键

使用视图工具模式并拖动鼠标是基本的场景视图导航方法。

Scene View 场景视图左上角有个下拉菜单是绘制模式（Draw Mode），默认为 Shaded，即正常着色模式。你可以选择场景视图使用正常着色模式、线框模式或者着色线框混合模式等各种展示模式。这个对你发布游戏是没有任何影响的。

绘制模式下拉框，如图 7－17 所示：

控制栏中的下一项是一组四键。视图控制栏中的四键，如图 7－18 所示：

图 7－17　绘制模式下拉框

图 7－18　视图控制栏中的四键

左起第一个按钮是 2D/3D 切换按钮，直接用于 2D 与 3D 显示的转换。

第二个按钮控制普通光照。当该按钮被禁用时，你将看到整个场景中简单光照。当它被启用时，你将看到你放在场景中的光照物体的影响。启用该按钮将允许你在发布游戏时看到游戏中的光照。

第三个按钮是声音开关快捷按钮，用于启用或禁用场景中所有的音频音效。

第四个按钮控制各种不同效果的开关，例如场景视图网格（Scene View Grid），天空盒（Skyboxes）和

GUI 元素(GUI Elements),启用该按钮将允许你在发布看到这些效果。

游戏视图:游戏视图-你的游戏的可见部分,如图 7-19 所示。

图 7-19　游戏视图-你的游戏的可见部分

游戏视图(Game View)将使用游戏中设置的相机信息来渲染。这个视图显示的是游戏运行过程中你将看到的场景。如果你平移或者旋转场景的主相机,你将看到游戏视图的变化。

你需要使用一个或多个相机(Cameras)来控制玩家在游戏中实际看到的场景。参考相机组件部分。

播放按钮和状态栏这个按钮用来在游戏视图中播放,暂停和步进你的游戏。在你构建场景的任何时候,你都可以进入播放模式(Play Mode)并看看你的游戏是如何工作的。

图 7-20　播放按钮和状态栏

播放按钮和状态栏,如图 7-20 所示:

按下播放按钮(Play Button)进入播放模式。当你的场景在播放模式下时,你还可以移动,旋转和删除物体。你也可以改变变量的设置。在播放模式下所做的任何改变都是暂时的,并在你退出播放模式时重置。你可以再次单击播放按钮退出。在播放模式下,你可以停止或步进你的游戏。暂停并检视你的场景是最好的发现问题的方法。

工程视图(Project View):工程视图-存储所有资源,如图 7-21 所示。

当你创建一个工程时,将生成一组文件夹。其中之一被称为资源(Assets)文件夹。在工程视图(Project View)中可以查看资源文件夹。如果你打开过资源文件夹,你将发现所有的项都将出现在工程视图中。不同的是在工程视图中,你将创建并将物体连接在一起。这些关系将存储在工程文件夹的其他位置。从工程视图中移动资源将维持并更新文件之间的联系。从 Finder 中移除资源将断开联系。因此,你应该只使用 Finder 来将文件添加到资源文件夹。任何其他对资源的操作都应该在工程视图中进行。

导入物体一旦你创建了资源(模型,图像,声音或者脚本),你可以使用 Finder 将其正确地放置到资源文件夹下。当你做这些的时候 Unity 可以处于打开状态。一旦你切换到 Unity,新的资源将被检测到并自动导入。资源就可以在工程视图中出现。

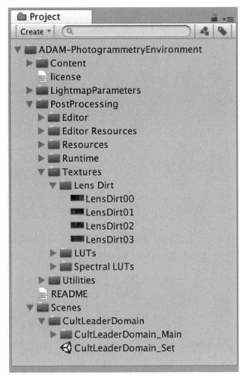

图 7 - 21　工程视图

图 7 - 22　创建下拉列表

参考资源工作流部分。

创建资源在控制栏中使用创建下拉列表(Create Drop-down)来创建你需要的物体。此外你还可以使用 Control+单击或右键在工程视图中单击打开相同的下拉列表。

创建下拉列表,如图 7 - 22 所示:

组织工程视图

使用创建下拉列表在工程视图中创建文件夹。然后你可以重命名并使用该文件夹就像在 Finder 中一样,并可以在工程视图中将任何资源拖动到文件夹中。例如你可以创建名为 Scripts 的文件夹并将所有的脚本文件放置其中。

在你选中的文件上创建文件夹将创建嵌入式的文件夹。使用嵌入式的文件夹可以保持你的工程视图整洁。

注意:如果展开或折叠一个目录时按下了 Alt 键,所有的子目录都将展开或折叠。

导入设置在控制栏上有一个导入资源按钮(Import New Assets ...),位于创建下拉列表的旁边。根据所选资源的不同当该按钮被单击时将在导入设置弹出窗口中显示不同的选项。

层次(Hierarchy):层次-当前场景中的所有物体,如图 7 - 23 所示。

层次视图(Hierarchy)将显示当前打开的. unity 场景文件(Scene File)中的所有物体。它用于选择并成组物体。当从场景中添加或删除一个物体时,它将在层次中显示或消失。如果你不能在场景视图中同时看到所有物体,你可以使用层次来选择并检视它们。

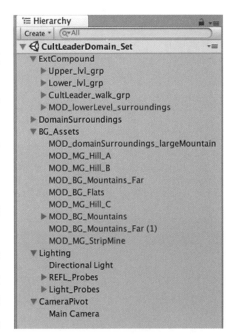

图 7 - 23　层次

物体层次：Unity 使用一个称为父化（Parenting）的概念。任何物体都可以成为另一个物体的父或子。一个子物体可以从它的父物体继承移动和旋转。Parenting 对于组织场景，角色，接口元素或者保持场景整洁有很大的用处。单击一个物体并将其拖动到另一个物体上可以建立父子关系。你将会看到一个三角显示在新的父物体的左边，现在你可以展开或折叠父以便在层次中查看他的子物体，而不会影响你的游戏。

显示预设按钮（Show Prefab Button）当位于控制栏（Control Bar）上的该按钮被启用时，任何一个在层次中选中的预设（Prefab）实例将在工程视图中显示它的一个可视化的参考，如果你在场景中改变预置实例的名称，这是非常有用的。

检视：检视-选中物体的细节，如图 7-24 所示。

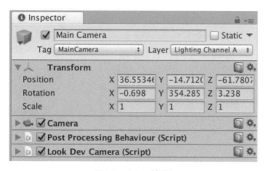

图 7-24　检视

检视面板（Inspector）显示当前选中物体的基本信息，也显示它所包含的组件（Component）和组件的属性。它是用来设置场景中物体属性的地方。当创建一个好玩的游戏时，你将在检视面板上做大量的排错。检视面板显示当前选中物体的基本信息和它的设置，如图 7-25 所示：

每一个物体都包含许多不同的组件。当你在检视面板中查看物体时，每一个组件都有它自己的最小标题栏。例如，每一个物体都包含变换组件（Transform Component）。每个组件的参数和设置都可以在检视面板中修改。

物体结构在物体内部的组件将定义物体是什么以及做什么。将一个新的物体想成一个空的画布，并且每一个组件都是一个不同画笔。当你组合并设置不同的组件时，你就像在绘制你物体的行为。特定的组件，就像画笔不同的颜色，可以在一起工作的很好。然而其他的一些组件就不能一起工作。

可以通过使用组件（Component）菜单来向物体添加组件，如图 7-26 所示。

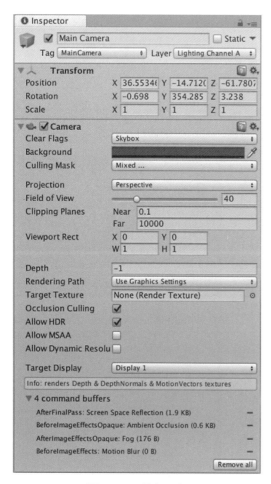

图 7-25　检视面板

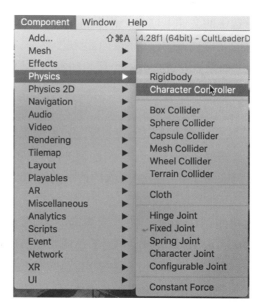

图 7-26　组件菜单

对于组件的详细信息可以参考组件部分此外，在检视面板中所有的组件都会在它们的名称旁边显示一个问号，单击这个问号可以打开该组件的参考文档。

调整视图布局现在你已经知道了所有不同的视图，你可以重新布局它们。布局下拉列表可选择或保存不同视图布局，如图 7－27 所示：

尝试选择不同的布局。为了自定义布局，你需要分割（Split）和组合（Combine）视图。Control－单击或右键在两个视图的分割线上单击，或者在任何视图的控制栏上。当鼠标变成一个分割线时，便可以单击并拖动鼠标来改变视图的大小。一个完全的自定义布局，如图 7－28 所示：

图 7－27　布局下拉列表

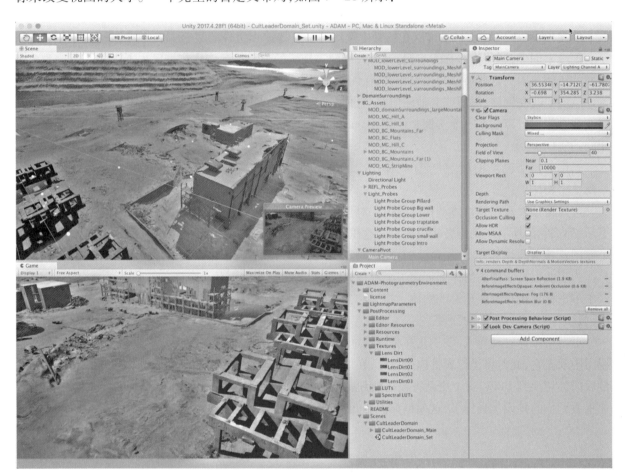

图 7－28　完全自定义的布局

你还可以将任何视图切换为全屏模式。将你的鼠标移到视图上并按下空格键（Spacebar），这将临时最大化当前视图并隐藏所有其他视图。这将允许你在更大的屏幕尺寸上查看更多的细节。再次按下空格键可以切换到普通视图模式下。

7.2　资源流程（Asset Workflow）

这里我们将解释在 Unity 中如何使用一个简单的资源。这些步骤是通用的而且可以看作是一个基本操作的演示。在该例子中我们将使用3D网格。

创建原始资源使用任何3D建模软件创建你的资源。在我们的例子中我们将使用Maya。导入当保存了你的资源后,你应该将其保存到你的工程文件夹的资源(Assets)文件夹中。当你打开Unity工程,这些资源将被检测到并导入到工程中。当你查看工程视图(Project View)时,你将发现你保存的资源。导入设置如果你选择了一个资源并单击导入设置(Import Setting)按钮,将出现一个对话框,该对话框的选项随着导入资源的不同而不同。向场景中添加资源从工程视图中单击并拖动网格到层次(Hierarchy)或场景视图(Scene View)中即可将其添加到场景中。当你拖动一个网格到场景中时,你将创建一个拥有网格渲染组件(Mesh Render Component)的物体。如果你导入的是纹理或声音文件,你需要将其添加到场景中已有的一个物体上。将不同的资源放置在一起下面是一些常用资源之间的关系纹理应用到材质(Material)材质应用到物体(带有渲染网格组件)动画(Animation)应用到物体(带有动画组件)声音应用到物体(带有声音源(Audio Source)组件)

创建预设(Prefab)预设是可以在场景中重用的一组物体和组件的集合。几个相同的物体和通过同一个预设来创建,这些物体称为实例。例如,创建一棵树的预设将允许你在场景中不同的地方放置多个相同的实例。因为这些树都与预设相关,任何对预设的改变都将自动应用到所有树的实例上。因此如果你改变要改变网格,材质或其他任何东西,你只需要在预设中改变一次,那么所有的继承的实例树都将改变。你也可以改变一个实例并使用GameObject→Apply Changes to Prefab将这种改变应用到所有相同的实例上。

当你有一个包含多个组件或子物体层次的物体时,你可以制作一个顶层(或根)物体的预设,并可重用整个物体集。

可以将预设看作是物体结构的蓝图。对于该蓝图来说所有的拷贝都是相同的。因此,如果蓝图被更新,那么它的所有实例也会相应更新。这里有几种不同的方式可以使你通过改变一个实例来改变整个蓝图。参考预设部分。

为了从你场景中的物体上创建一个预设,首先在工程视图中创建一个新的预设。并命名,然后在场景中单击你想用于创建预设的物体。拖动它到新的预设中,你将看到物体的名称变成了蓝色。这样你就创建了一个可以重用的预设。

更新资源你已经导入,实例化并将资源连接到了预设。现在当你需要编辑你的资源时,只要在工程视图中双击它,此时将运行属性应用程序,在这里你可以做任何你需要的改变。当你更新它时,保存它。然后但你切换到Unity,这个更新将被检测到,并且资源将被重新导入。而资源到预设的连接还将存在。你将看到你的预设被更新了,这就是你需要知道的更新资源部分。仅仅需要打开和保存。

7.3 创建场景(Creating Scenes)

场景包含所有的游戏物体。它们可以用来创建主菜单,不同的关卡,和任何其他东西。将不同的场景文件作为一个不同的关卡。在每个场景中,你将放置你的环境,障碍物和装饰,实际上就是一点一点地搭建你的游戏。

实例化预设使用上面章节中描述的创建预设(Prefab)的方法。你可以在此处得到更多的关于预设的信息。一旦你创建了预设,你就可以简单快速地得到一个预设的拷贝,称为实例(Instance)。为了创建任何预设的一个实例,从工程视图(Project View)中拖动一个预设到层次或场景视图中。现在你就得到了一个预设拷贝的实例,你可以将其放置在任何你想要的位置上。

添加组件和脚本当你选中任何预设或物体时,你可以通过使用组件(Components)来向其中添加一些额外的功能。参考组件获取更多的信息。脚本（Scripts）也是组件的一种类型。选择物体并从组件（Component）菜单中选择一个组件。你将看到组件显示在物体的检视（Inspector）视图中。缺省情况下脚本也包含在组件（Component）菜单中。

如果添加组件断开了物体到预设的联系，你可以选择 GameObject→Apply Changes to Prefab 来重新建立联系。

放置物体一旦你的物体体出现在场景中，你就可以使用视图工具（View Tools）来定位它。此外你还可以使用位于检视窗口中的变换（Transform）值来调整物体的位置和旋转，参考变换组件部分。

相机相机就是你游戏的眼睛。每一个玩家都是通过一个或多个相机在场景中看东西的。你可以象普通物体一样定位旋转并父化相机。相机就是一个拥有相机组件的物体。因此它可以做任何普通物体能做的事情，还可以做一些相机特有的功能。当你创建一个新的工程时，标准的资源集中安装了一些有帮助的相机脚本。你可以通过 Components→Camera‑Control 来找到它。当然相机还有一些其他的功能，参考相机组件部分。

光照除了一些特殊的情况以外，你需要在大多的场景中添加光照（Lights）。有三种不同类型的光照，它们的功能有一些不同。重要的是它们添加氛围和气氛到你的游戏中。不同的光照可以完全改变你的游戏的氛围，有效地使用光照是一个非常重要的主题。参考光照组件部分。

7.4 发布（Publishing Builds）

在你创建你的游戏的时候，你可能会想知道当你发布并在编辑器之外运行的时候会是一个什么样子。该部分就是解释如果访问发布设置（Build Setting）并解释如何创建不同的游戏。

通过 File→Build Settings … 菜单可以访问发布设置。当你发布你的游戏的时候它将弹出一个可编辑的屏幕列表。发布设置对话框，如图 7‑29 所示：

当你第一次打开该窗口时，它将显示空白，如果在列表为空时发布游戏，只有当前打开的场景会被发布。如果你想快速发布一个测试场景文件，那就用一个空的场景列表来发布。

同时发布多个场景也是非常容易的。有两种方法添加场景。第一种方式是单击添加打开场景（Add Open Scene）按钮，你将看到当前的场景出现在列表中。第二种方法就是从工程视图（Project View）中将场景文件拖动到列表中。

注意，每一个场景都有一个不同索引号。Scene 0 是第一个加载的场景。如果你想加载一个新的场景，在你的脚本中使用 Application.LoadLevel( )

如果你已经添加了多个场景文件，并需要重组它们，只需要在列表中单击并拖动它们即可对它们进行排序。

如果你想从列表中移出一个场景，选择该场景并按 Command‑Delete。这个场景将从列表中消失并将不会包含在发布中。

当你设置好以后，选择发布目标（Build target）并按下 Build 按钮。你可以从出现的标准保存对话框中选择一个名称和位置。当你单击保存时，Unity 将快速的发布你的游戏。非常简单。

选中压缩纹理（Compress Texture）复选框，将会压缩工程中所有的纹理。你只需要压缩一次，但是第一次压缩将花费一些时间。如果你在压缩后更新了资源，你将不得不重新压缩。你也可以在导入的时候启用纹理压缩着可以在 Unity→Preferences 菜单中设置。

选中脚本调试（Strip Debug Symbols）复选框将移出在发布中出现的调试信息。这将减小发布文件的大小并可以实现优化的目的。Alpha 或 betas 版应该禁用这个选项已达到调试的目的。在最后发布

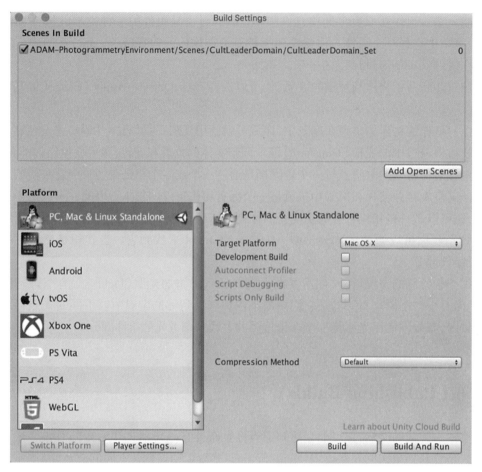

图 7 - 29　发布设置对话框

release 版的时候你应该选中该复选框。

流式网页播放流式网页播放器是 Unity2.0 的新特性。这将允许你的网页播放器在 Scene0 完全加载后开始播放。如果你的游戏有十关,强制玩家等待所有的关卡都下载完成再开始游戏是没有意义的。当你发布一个流式网页播放器时,场景需要的资源需要根据 Secne 文件的顺序来下载。当所有包含在Secne0 中的资源完全下载后,就开始播放了。

简单的来说,流式网页播放器将使你的游戏尽可能快地播放。

你需要确定的唯一一件事就是确认在你开始播放前下一等级已经加载完成了。

通常情况下,对于一个非流式播放器,你可以使用如下的代码来加载关卡:

```
Application.LoadLevel("levelName");
```

对于一个流式的网页播放器,你必须首先检查该关卡是否已为已完成。这个可以通过CanStreamedLevelBeLoaded( )函数来来做。下面为代码:

```
var levelToLoad = 1;
function LoadNewLevel () {
if (Application.CanStreamedLevelBeLoaded (levelToLoad)) {
  Application.LoadLevel (levelToLoad);
}
}
```

如果你想在播放器中显示下载进度,你可以通过 GetStreamProgressForLevel( )函数来读取进度。

发布过程发布过程将首先放置一个空的游戏应用的副本到你指定的位置。然后它将使用发布设置中的场景列表,每次在编辑器中打开一个,优化它们,并将它们整合到应用程序包中,同时它将考虑所有包含在场景中的资源并将这些数据存储在应用程序包的不同文件中。场景中任何被标记为"EditorOnly"的物体将不会被发布。这对于调试那些不需要包含在最终游戏中的脚本是非常有用的。

当一个新的关卡被加载,所有前一个关卡的物体都将被销毁。为了避免这种操作,你可以使用 DontDestroyOnLoad( )函数在任何你不想销毁的物体上。可以使用它来保持音乐的一直播放,或者用于游戏脚本控制器以便保持游戏状态和进度。

当新的关卡下载完成后,一个 OnLevelWasLoaded( )消息将发送到所有被激活的物体上。

对于如何创建拥有多个场景的游戏,例如,一个主菜单,一个积分屏,和一个真实的游戏关卡,参看脚本教程部分。

预加载发布将自动预加载所有场景中的资源。唯一一例外的是 Scene0。只是因为第一个场景通常是一个闪屏,通常需要尽可能快地显示它。

为了确保你的所有内容都是预加载的,你可以创建一个空的场景调用 Application. LoadLevel(1)。在发布设置中确定这个空场景的索引为 0,所有的后续关卡将被预加载。

7.5　场景搭建(Building Scenes)

该部分将解释用于创建游戏场景的核心元素。

游戏物体(GameObject)

在 Unity 中最重要的就是游戏物体。理解什么是游戏物体如何使用它是非常重要的。该部分就将解释这个概念。

什么是游戏物体? 在你的游戏中的任何东西都是游戏物体。然而,游戏物体自身并不能做所有的事情。在它们成为角色,环境或者特定的效果之前它们需要特定的属性。但是物体中的每一个都会做许多不同的事情。如果每一个物体都是一个游戏物体,我们怎么从一个静态房间中区分一个具有强大交互能力的物体? 是什么使得游戏物体相互不同呢?

答案就是游戏物体是一个容器。他们是一个空的可以容纳不同块的盒子,而这些块组成了一个带有光照贴图的岛或是一个物理驱动的汽车。为了真正理解游戏物体,你需要理解这些块;这些块被称为组件(Components)。根据你要创建的物体的不同,你可以添加不同组件到一个游戏物体中。将游戏物体想象为一个空的烹调罐,组件为不同的组成游戏的配料。

游戏物体与组件的关系现在我们知道游戏物体包含组件。我们将通过使用最常用的组件——变换组件(Transform)来讨论这两者之间的关系。打开任意一个场景,创建一个新的游戏物体(使用 Shift - Command - N),选择他并查看检视面板(Instpector)。空物体的检视面板,如图 7 - 30 所示:

Transform 变换部分显示变换组件的信息。当你创建一个新的物体时,将会自动包含一个变换组件。所有的物体都会有一个变换组件。在 Unity 中你不可能创建一个没有变换组件的物体,变换组件为所有物体提供了独特的功能。

变换组件变换组件是最重要的组件之一。它定义了游戏物体在场景视图中的位置,旋转,和缩放。如果游戏物体没有旋转组件,那么它将不会存在世界中。参考变换组件部分。变换组件也可以使用一个被称为父子化(Parenting)的功能,这个功能被编辑器(Unity Editor)利用并且是使用游戏物体最关键

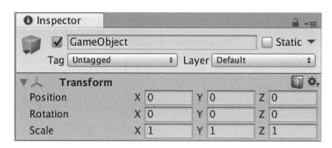

图 7 - 30　空物体的检视面板

的部分。

　　父子化父子化的意思是你可以使一个游戏物体的变换值完全依赖于另一个不同游戏物体。简单来说,就是一个物体随着另一个物体移动。当一物体是另外一些物体的父(Parent)物体时,这个物体的旋转将影响所有的子(Child)物体。你可以在层次视图(Hierarchy View)中通过拖动任何物体到另一个物体上来创建一个父。这将在两个物体之间创建父子关系。这种功能非常类似于文件夹树的功能,一个游戏物体包含在另一个游戏物体中。

　　需要指出的是所有子物体的变换值都是相对于父物体的,这个被称为局部坐标(Local Coordinates)。通过脚本你可以访问全局坐标(Global Coordinates)和局部坐标。

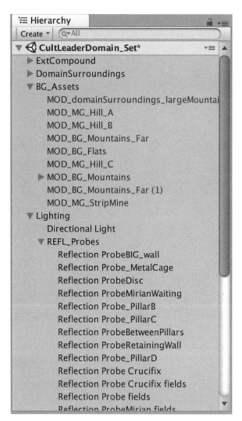

图 7 - 31　在层次视图中分辨父物体

　　一个游戏物体可以有任意多个子物体,但是只能有一个父物体。子物体也可以是其它物体的父物体。你可以很容易的在层次视图中分辨一个物体是不是一个父物体,如图 7 - 31 所示。如果在它名称的左边有一个箭头,那么它就是一个父物体。

　　一个真实的父子层次树,所有带有箭头的物体都是父物体

　　记住所有的父子化的功能都是通过游戏物体的变换组件执行的,而不是游戏物体自身。

　　游戏物体-脚本关系当你创建一个脚本(script)并将其附加到一个游戏物体上时,这个脚本将在检视面板中作为一个组件显示。这是因为当它们被保存时脚本就变成一个组件。从技术角度来说,脚本是作为组件的一种来编译的,就像其它组件一样。

　　任何在脚本中申明的公有变量都将在游戏物体的检视面板中显示为可编辑或可连接。编写脚本的时候,你能够直接访问任何游戏物体类的成员。你可以在这里看到一个游戏物体类的成员列表。如果任何一个类作为一个组件附加在一个游戏物体上,你就可以在脚本中使用成员名来直接访问这个组件。例如键入 transform 等同于 gameObject. transform。前面的 gameObject 是编译器自动加入的,除非你要指定一个不同的物体。

　　使用 this 可以访问当前的脚本组件。使用 this. gameObject 可以访问该脚本所依附的游戏物体,当然你可以简单的使用 gameObject 来访问此游戏物体。逻辑上来说,键入 this. transform 与 tansform 是相同的,如果你想访问一个组件而该组件并没有作为一个游戏物体成员包含在其中,你需要使用 gameObject. GetComponent( )

7.6 使用组件(Using Components)

组件是游戏中一个物体的行为和核心。它们是游戏物体的功能性模块。如果你还不理解游戏物体和组件之间的关系,请参考游戏物体部分。

一个游戏物体包含许多不同的组件。缺省情况下,所有的游戏物体都包含一个变换(Transform)组件。这是因为变换表示物体的位置,旋转和缩放。没有变换组件,游戏物体将不会有位置。尝试创建一个空的游戏物体。单击 GameObject→Create Empty 菜单项。选择新游戏物体,并查看检视面板。每一个空的游戏物体都有一个变换组件,如图 7-32 所示:

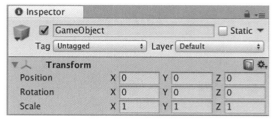

图 7-32　空的游戏物体都有一个变换组件

可以使用检视面板来查看都有什么组件附加在游戏物体上。但一个组件被加入或删除的时候,检视面板将显示当前附加的组件。可以使用检视面板来改变任何组件的属性(包括脚本)。

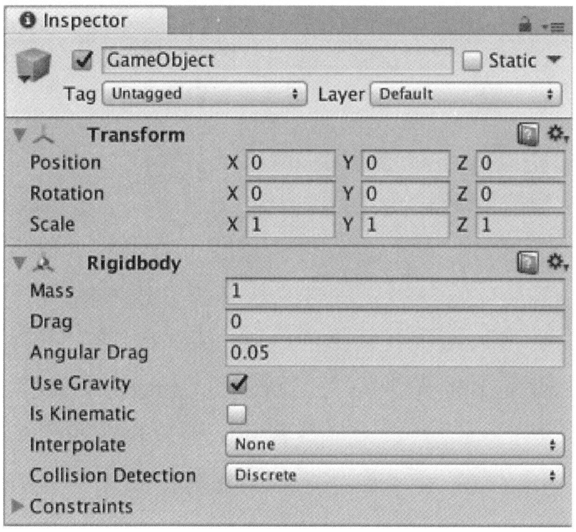

添加组件可以通过组件菜单为当前的游戏物体添加一个组件。尝试添加一个刚体(Rigidbody)到刚创建的物体上。选择该物体并从菜单中选择 Component→physics→Rigidbody。现在你将会发现刚体属性显示在检视面板中,如果在该物体被选中的情况下按下播放键(Play)你将会有惊喜的发现。注意刚体是如何在一个空物体上添加功能的。附加了刚体组件的空物体,如图 7-33 所示:

图 7-33　附加了刚体组件的空物体

可以附加任意数量的组件到一个游戏物体。一些组件可以与其他一些组件一起工作。例如,刚体可以和任何碰撞物一起工作。刚体通过 PhysX 物理引擎控制变换,并且碰撞器允许刚体与其它的碰撞器碰撞和交互。一个不同的组件组合例子是一个粒子系统(Particle System)。它们使用一个粒子发射器(Particle Emitter),粒子动画(Particle Animator)和粒子渲染器(Particle Renderer)来创建一组移动的粒子。

可以通过点击位于检视面板头部的问号访问组件的参考页。

编辑组件一个组件最重要的方面是其可扩展性。当你添加一个组件到一个物体上时,它有不同的可以调整的值或者属性(Properties),也可以在游戏中通过脚本来调整它。有两种不同类型的属性: 值(Values)和引用(References)。

下图中是一个具有音频源(Audio Source)组件的空游戏物体。在检视面板中所有音频源的值都是缺省的。这个组件包含一个单一的引用属性和七个值属性。音频剪辑(Audio Clip)是一个引用属性。当这个音频源开始播放时,它将尝试播放 Audio Clip 属性所引用的音频文件。如果没有添加引用属性,将会出现一个错误因为没有音品将被播放。你必须在检视面板中引用音频文件。你可以非常简单的从工程视图中将音频文件拖动到引用属性中,如图 7-34 所示。

现在一个音效文件在音频剪辑属性中被引用,如图 7-35 所示

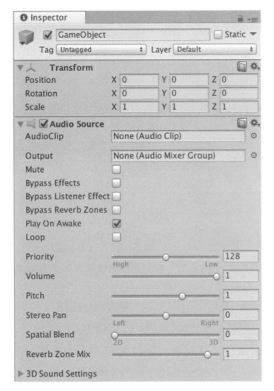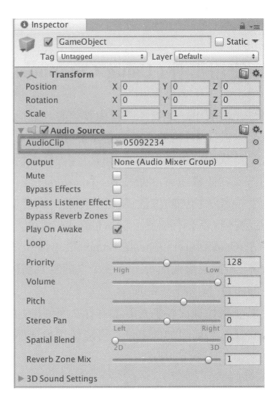

图 7-34　将音频文件拖动到引用属性　　　　图 7-35　音效文件应用到音频剪辑属性中

　　组件可包含任何其它类型组件的引用,文件或游戏物体。你只需拖动适当的引用到这个属性上。引用类型是非常有用和强大的,尤其是在使用脚本时。参考脚本教程。

　　音频剪辑中剩下的七个都是值属性。都可以通过单击并按下 Enter 键来调整它们。使用键盘输入值,并按 Enter 保存它。你也可以通过使用 option-或 right-click 或拖动数字属性来快速滚动这些值。

　　测试属性当你的游戏处在播放模式(Play Mode)中时,你可以在游戏物体的检视面板中修改它的属性。例如,你或许想试验不同的跳跃高度。如果你在一个脚本中创建了一个跳跃高度(Jump Height),你可以进入播放模式,改变这个值,并按跳跃键查看结果。然后不需要退出播放模式就可以再次改变这个值。当你退出播放模式时你的属性值将恢复到播放前的值,因此,你不会丢失任何工作。这个工作方式,提供给你难以置信的方便来试验,调整,精简你的游戏而不必要花费大量的时间。

　　移除组件如果你想移除一个组件,在检视面板的头部使用 option-或右击然后选择移除组件(Remove Component)。或者你可以单击位于组件头部问号旁边的选项图标。所有的属性值都将丢失并且是不可恢复的。因此在移除组件前请确认你要这样做。

　　组件-脚本关系尽管脚本(Scripts)看起来都与组件不同,事实是脚本是组件的一种类型。它是一种你自己创建的组件。你可以定义能够显示在检视面板中的成员,并且它将执行你写出的任何功能。

　　脚本组件有很多组件可以通过任何脚本直接访问。例如,如果你想访问变换组件的变换(Translate)功能,你只需要使用 transform. Translate() 或 gameObject. transform. Translate()。因为所有的脚本都是附加在游戏物体上的,所以当你写 transform 的时候就暗示要访问当前脚本所在的物体的变换组件。当然这两者完全等价的。

　　使用 GetComponent() 有许多组件不能成为一个游戏物体类的成员。因此你不能隐式访问它们,必须显式访问它们。通过调用 GetComponent("component name") 并存储一个引用到结果中。当你需要引用附加到该游戏物体上的其它脚本时这个方法是最常用的。

　　假设你在写脚本 B 并且你想做一个脚本 A 的引用,而这两者是附加在相同的游戏物体上的。你可以使用 GetComponent( )来引用脚本。在脚本 B 中你可以使用 scriptA＝GetComponent（"ScriptA"）；然后你就能够在脚本 B 中通过 scriptA. variableName 来访问任何脚本 A 中的变量。

7.7 预设（Prefab）

预设是一个存储在工程视图中可重用的游戏物体。预设可以被插入到任意数量的场景中，并可多次出现在同一场景中。当你添加一个预设到场景中，你就创建了一个它的实例。所有的预设实例都与原始的预设相关联并且本质上是它的一个克隆。

不论在你的工程中存在多少实例，当你对预设作了任何改变后你将看到这种改变被应用到所有的实例上。不论你的预设是单一的一个游戏物体或者是一组游戏物体，在预设的变换层次中所作的任何改变都建碑应用到它的实例上。为了创建预设，你需要一个新的空预设，如图 7－36 所示。这个空预设不包含任何物体，并且你不能创建它的一个实例。将一个新的预设想象为一个空的容器，等待使用游戏物体数据来填充。

一个新的空预设，它不能被实例化，除非你使用游戏物体来填充它

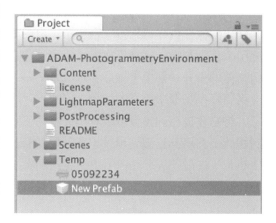

图 7－36 创建新的空预设

为了填充预设，你需要使用在场景中已经创建的游戏物体。下面是精确的步骤：

- 在工程视图中，选择一个你要放置预设的文件夹
- 从主菜单中选择 Assets→Create→Prefab，或者从工程视图的上下文菜单中选择 Create→Prefab
- 命名该预设
- 在层次视图（Hierarchy view）中，选择你要放入预设的游戏物体
- 将它们从层次使用中拖放到工程视图中

在你执行了上述步骤后，游戏物体和它的子物体都将被拷贝到预设中。现在，预设可以在多个实例中被重用。在层次中的原始物体现在已经成了该预设的一个实例。创建更多预设的实例是非常简单的。

实例化预设为了在当前场景中创建一个预设的实例，从工程视图中拖动预设到场景（Scene）或层次视图中。这将从预设中拷贝所有父物体和所有的子物体。这些游戏物体被连接到（linked）预设，在工程视图中将使用蓝色的文本来显示它们，如图 7－37。

其中三个物体是预设的实例

继承继承意味着当预设改变时，这些改变也将被应用到所有与之相连的物体上。例如，如果你添加一个脚本到一个预设，那么所有该预设的实例都将包含该脚本。然而你也可以修改单个实例的属性而不会破坏与预设的联系。一个链接物体检视面板（Inspector）中的所有公有属性都有一个复选框。这个复选框是一个重载

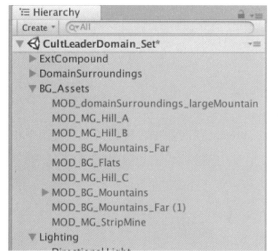

图 7－37 游戏物体被连接到（linked）预设后，工程视图中将使用蓝色的文本来显示

标记(override flag)。如果该属性的重载标记被启用,表示该属性将不会受到预设改变的影响。

简单来说,这允许你修改实例物体并使得它们不同于它们的预设,而且又不会破坏它与预设之间的联系。

当你在检视面板中修改一个属性的时候,该属性的重载标记会自动启用。任何对已有属性的改变都不会打断与预设的联系。然而有一些改动将断开它,下面是保持预设连接的基本规则:

不能添加一个新的组件到一个实例上

不能从一个实例上移除一个组件

不能使用其他游戏物体作为实例的子物体如果你这样做,你将看到一个警告消息出现并要求你确认。当一个实例与预设断开后,对预设的修改将不会影响到这个游戏物体。

如果你特意或是意外地断开了实例的连接,你可以应用你的改变到预设并重新建立该连接。这将使得预设和所有的实例都发生改变。

应用改变创建或编辑一个复杂预设的时候,你可以非常容易的在场景中实例化它们,编辑实例,并应用改变到预设。这种工作方式将允许你在场景视图中查看并修改预设。一旦你修改完成,选择该实例物体的根并从菜单中选择 GameObject→Apply changes to Prefab。所有的改变都被拷贝到预设中,并应用到每个场景中所有的实例上。

将物体连接到预设可以将预设应用于现有的没有连接的物体上。这将添加所有该物体没有的组件到物体上并将其连接到预设。在某些场合这是非常有用的。为了连接任何已有的物体到到预设,按住Option 并将预设从工程视图中拖放到层次视图的物体上。这个游戏物体将成为该预设的一个实例。这个操作不会改变预设本身,但是会在你刚连接的物体上添加或移除一些组件和子游戏物体。导入预设

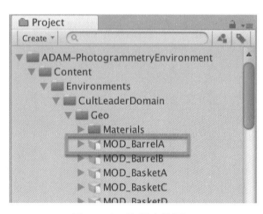

图 7-38　资源文件图示

当你放置了一个网格资源到你的资源文件夹中时,Unity 将自动导入该文件并生成一些看起来与预设相似东西。但它们并不是预设,这只是简单的资源文件,如图 7-38 所示。

注意资源文件图标与预设图标是有点不同的

这个资源在场景中作为一个游戏物体被初始化。可以在该游戏物体上添加或移除组件。然而你不能将任何改变应用到资源自身上因为这需要添加一些数据到该资源物体上! 如果要创建需要重用的物体,你应该将资源实例作为预设。

当你已经创建了一个资源实例,可以创建一个新的空预设并拖动游戏物体到该预设上。现在你拥有了一个连接到该物体的标准预设。

下面给出了一些详细的步骤:

- 从工程视图中拖动一个资源文件到场景或层次视图中。
- 修改该资源(例如,添加脚本,子物体,组件等等)
- 创建一个新的空预设。从菜单中选择 Assets→Create→Prefab,或者从工程视图的上下文菜单中选择 Create→Prefab
- 从层次视图中拖动该物体到预设上。

7.8　光照

对于每一个场景光照是非常重要的部分。网格和纹理定义了场景的形状和外观,而光照定义了场

景的颜色和氛围。你很可能需要在每个场景中设置多个光源。让他们一起工作需要一点练习但是结果是非常惊人的。

简单的两个光源,如图 7－39 所示:

图 7－39　简单的两个光源效果

可以通过从菜单中选择 GameObject→Create Light 并将其添加到你的场景中。有四种类型的光源。一旦添加了一个光源你就可以像操作其他物体一样操作它。此外你还可以通过选择 Component→Rendering→Light 为选中的物体添加一个光源组件。

在光源的检视面板中有许多不同的选项。检视面板中光源的属性,如图 7－40 所示:

通过简单地改变光源的颜色(Color),你可为场景添加完全不同的气氛。

明亮的效果,如图 7－41 所示:

暗淡的效果,如图 7－42 所示:

阴冷的效果,如图 7－43 所示:

光照将使你的游戏具有个性和情趣。使用光源来照亮场景和物体以便创建一个完美的可视氛围。光源可以用来模拟太阳,燃烧的火光,闪光,炮火或者爆炸,下面给出几个例子。光源的检视面板,如图 7－44 所示:

在 Unity 中有四种不同类型的光源:

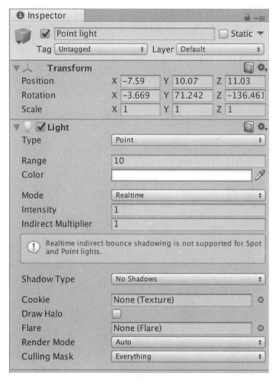

图 7－40　检视面板中光源的属性

图 7 - 41　明亮的效果

图 7 - 42　暗淡的效果

图 7 - 43 阴冷的效果

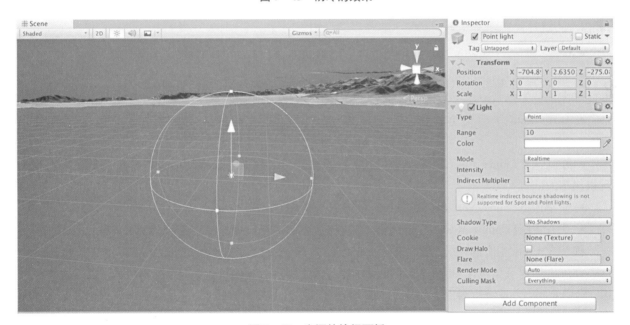

图 7 - 44 光源的检视面板

- 点光源(Point lights)从一个位置向所有方向发射相同强度的光,就像灯泡一样。
- 方向光(Directional lights)放置于无穷远处并影响场景中所有的物体,就像太阳一样。
- 探照灯(Spot lights)从一个点向一个方向发光,像一个车灯一样照亮一个锥形的范围。
- 面积光(Area lights)有一块的面板产生的光照,比如发光的广告牌。

属性

- 类型(Type):当前光照物体的类型

- 方向（Directional）：一个放置在无穷远的光源。它将影响场景中的所有物体并不会衰减。
- 点（Point）：一个从它的位置向所有方向发光的光源,将影响位于它的范围内的所有物体。
- 投射（Spot）：照亮一个锥形（Spot Angle）的范围（Range）,只有在这个区域中的物体才会受到它的影响。
- 颜色（Color）：光线的颜色。
- 衰减（Attenuate）：光照是否随着距离而减弱？ 如果禁用,物体的亮度将在进入或离开它的光照范围时突变。可以用来制作一些特殊的效果。如果是方向光这个参数将被忽略。
- 范围（Range）：光线将从光源的中心发射多远
- 投射角（Spot Angle）：如果是探照灯,这个参数将决定圆锥的角度。
- 阴影（Shadows）（Pro only）：将被该光源投射的阴影选项
- 类型（Type）：Hard 或 Soft 阴影,Soft 阴影更加的费时。
- 分辨率（Resolution）：阴影的细节
- 强度（Strength）：阴影的浓度。取值在 0 到 1 之间
- 投影（Projectio）：方向光阴影的投影类型
- 恒定偏移（Constane Bias）：世界单元的阴影偏移
- 物体大小偏移（Object Size Bias）：依赖于投影大小的偏移。缺省的值为投影者大小的 1%
- Cookie：你可以为光源附加一个纹理。该纹理的 alpha 通道将被作为蒙版,以决定光照在不同位置的亮度。如果光源是一个投射或方向光,这个必须是 2D 纹理。如果光源是点光源,就需要一个 Cubemap。
- 绘制光晕（Draw Halo）：如果选择了该选项,一个球形的光晕将被绘制光晕的半径等于范围（Range）.
- 闪光（Flare）：可选的用于在光照位置上渲染的闪光
- 渲染模式（Render Mode）：选择光源是作为顶点光,像素光还是自动的渲染方式。详细信息参考性能考虑部分。参数包括：
- 自动（Auto）：渲染方法将在运行时确定,依据附近光照的亮度和当前的品质设置（Quality Settings）来确定
- 强制像素（Force Pixel）：光照总是以每像素的品质来渲染。只将其用于非常重要的效果（例如,玩家汽车的前灯）。
- 强制顶点（Force Vertex）：光照总是以顶点光来渲染。
- 裁剪蒙版（Culling Mask）：用于将一组物体从光照的影响中排除;参考层部分。

细节在 Unity 中有四种类型的光照,每一种都可以调整以适应你的要求。

你可以创建一个包含 alhpa 通道的纹理并将它赋给光照的 Cookie 变量。这个 Cookie 将从光源处投影。Cookie 的 alhpa 蒙版乘以光照强度,在表面上创建亮的和暗的斑点。这是一种非常好的添加大量复杂效果的方法。

Unity 中所有内置的 shader 都可以与任何光照类型无缝融合。然而顶点光（VertexLit）shader 不能显示 Cookie 或阴影。

在 Unity 所有的光照都可以随意的投射阴影。通过从阴影（Shadows）属性中选择 Hard Shadows 或者 Soft Shadows 来完成它。参考阴影部分。

点光源点光源从一个点向所有方向发光。这是最普通的一种光照类型,典型的用于爆炸,灯泡,等等。它们在图形处理器上花费平均成本（尽管点光源阴影是最花费成本的）

点光源,如图 7-45 所示：

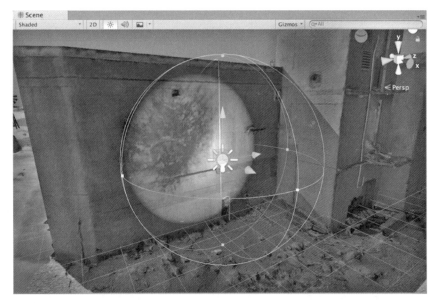

（a）点光源模型图　　　　　　　　　　　　　　（b）点光源效果图

图 7 - 45　点光源

　　点光源可以具有 cookie-带有 alpha 通道的 Cubemap 纹理。这个 Cubemap 将在所有方向上投影。并且带有 Cookie 的点光源将不会随着距离而衰减。

　　不带 Cookie 与带有 Cookie 点光源的比较,如图 7 - 46 和图 7 - 47 所示:

图 7 - 46　不带 Cookie 点光源　　　　　　　　　　图 7 - 47　带有 Cookie 点光源

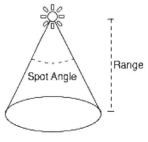

　　探照灯模型图,如图 7 - 48 所示:

　　投影光只能在一个方向上照亮一个圆锥范围内。者可以完美的模拟手电筒,车前灯或者是光柱,在大多数显卡上这是最费时的。

　　探照灯也可以有一个 cookie,一个纹理投影到光的圆锥上,如图 7 - 49 所示。这可以用来创建透过窗口的光照。非常重要的是纹理的边缘必须是黑色的,需要打开 Border Mipmaps 选项并且环绕模式(wrapping mode)被设置为 Clamp。参考纹理部分.

图 7 - 48　探照灯模型图

　　方向光模型图,如图 7 - 50 所示:

　　方向光通常用于室外场景的阳光和月光。光照将影响场景中物体的所有表面。在大多数显卡上这是最快的。

　　如果一个方向光具有一个 cookie,它将投影到光源 Z 轴的中心,如图 7 - 51 所示。Cookie 的大小由 Spot Angle 属性控制。在检视面板中设置 cookie 纹理的缠绕模式(wrapping mode)为重复(Repeat)。

图 7 - 49　探照灯效果图

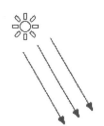

图 7 - 50　方向光模型图

图 7 - 51　方向光效果图

Cookie 是一个非常好的方法为室外场景添加一些细节。你甚至可以在场景的上方慢慢移动光源以模拟移动的云。

性能考虑光照可以使用两种方式来渲染：顶点(vertex)光和像素(pixel)光。顶点光仅仅在游戏模型的顶点上计算光照,并在模型的表面进行插值。像素光将计算屏幕中每个像素,因此非常费时。一些老的显卡只支持顶点光。

虽然像素渲染比较慢,但是它允许实现顶点光照不能实现的效果。凹凸贴图,cookie 和实时阴影只能用像素光。透射光形状和顶点光高亮最好使用像素模式。

光照对于场的渲染速度具有很大的影响,因此必须在光照质量和游戏速度之间进行折中。因为像素光比顶点光更加费时,Unity 只以像素质量来渲染最亮的光。实际的像素光数量可以在质量设置(Quality Settings)中设置。

你可以使用渲染模式(Render Mode)属性显示的控制使用顶点光照(Vertex)或是像素(pixel)光照。缺省情况下 Unity 将基于有多少个物体被光照影响来自动使用光照模式。

实际上使用像素光照是由不同场合确定的。具有高光的大物体将全部使用像素光(根据品质设置)。如果玩家距离它们很远,附近的光将使用顶点光。因此,最好将大物体从小物体中分离出来。

创建 Cookie 参考教程部分的如何创建投影光照 Cookie 部分

提示:

• 带有 cookie 的投影光在制作从窗口投射的光线是非常有用的。这种情况下,禁用衰减,并设置范围为正好到达地面。

• 低强度的顶点光可以非常好的提供景深效果。

• 为了达到最大性能,使用 VertexLit shader。这个 shader 只能用于顶点光照,并在低端的显卡上提供高吞吐量处理。

7.9　相机(Cameras)

相机是一个能够捕获并为玩家显示世界的设备。通过设置和操纵相机,你可以真实而独特的显示你的游戏。在一个场景中你可以有无限的相机。它们可以被设置为任意的渲染顺序,任意的的渲染位置,或者特定的场景部分,如图 7 - 52 所示。

Unity 中可以扩展的相机

属性

• 清除标记(Clear Flags):决定场景的哪个部分需要清除。当需要使用多个相机以显示不同的游戏元素时这是非常有用的。

• 背景颜色(Background color):在所有的元素这之后的屏幕颜色,没有天空盒

• 视口矩形(View Port Rect):在屏幕坐标系下使用四个值(归一化处理)来确定相机的哪些部分将显示在屏幕上。

• X:相机视开始绘制的开始水平坐标(默认 0,水平中心)

• Y:相机视开始绘制的开始垂直坐标(默认 0,垂直中心)

• W:相机视结束绘制的宽度比例(默认 1)

• H:相机视结束绘制的高度比例(默认 1)

• 近裁剪面(Near Clip Plane):相对于相机最近绘制点

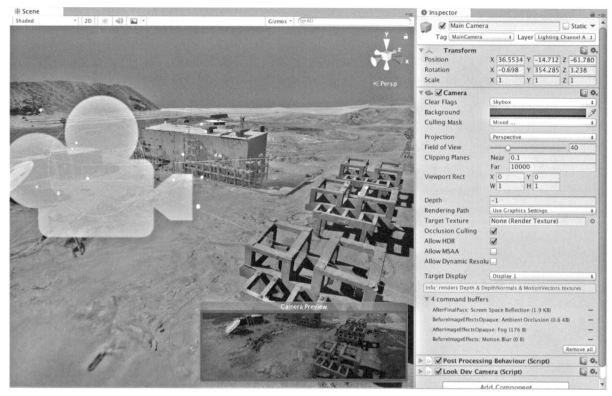

图7-52 相机设置

- 远裁剪面(Far Clip Plane)：相对于相机最远的绘制点
- 视野(Field of view)：沿着局部 Y 轴的相机视角宽度
- 深度(Depth)：相机的绘制顺序。具有较高深度的相机将绘制在较低深度相机的上面
- 渲染通道(Rendering Path)：包含根据图形设置、前向、延时等渲染通道方式
- 渲染目标(Render Target)：指示一个渲染纹理,相机视将输出到该纹理上。使用这个参数将使得相机不会渲染到屏幕上。

　　游戏相机是将你的游戏显示给玩家的必不可少的方法。它们可以被定制,脚本化或父子化以取得任何可以想象的效果。对于解谜游戏,你可以保持一个显示全部视的静态相机。对于一个 FPS 游戏,你应该将相机作为玩家角色的子物体,并将其放置在角色的视平面上。对于竞赛游戏,你需要使得相机能够跟随玩家的交通工具。

　　你可以创建多个相机并赋予它们不同的深度(Depth)。相机将从低深度想高深度绘制。换句话说,一个具有深度 2 的相机将绘制在具有深度 1 的相机之上。你可以调整视口矩阵(View Port Rect)属性以调整相机视在屏幕上的大小和位置。这可以创建多个小视图,例如导弹控制器,地图视图和后视镜等等。

　　清除标志每个相机在渲染时都存储了颜色和深度信息。屏幕上没有绘制的部分将为空,并在缺省情况下显示天空盒。当你使用多个相机的时候,每一个都将缓存它的颜色和深度信息,并积累每一个相机的渲染数据。当一个相机在你的屏幕上渲染它的视时,你可以设置 Clear Flags 来清除不同的缓存数据集。这个可以通过选择如下的四个选项之一来完成:

　　天空盒(Skybox)这是一个缺省的设置。屏幕上任何空的部分都将显示当前相机的天空盒。如果当前相机没有设置天空盒,它将缺省使用在渲染设置(Rendering Settings)中的天空盒。然后将使用背景颜色。

固定颜色(Solid Color)任何空的部分都将显示当前相机的背景色(Background Color)。

仅深度(Depth only)如果你想绘制一个玩家的枪并且在处于环境内部时不需要裁剪它,你可以设置一个深度为 0 的相机来绘制场景,另一个深度为 1 的相机来单独绘制武器。武器相机的 Clear Flags 应该被设置为仅深度。这将保持场景显示在屏幕上,但是会丢弃所有不存在 3D 空间的所有信息。当武器被绘制时,不透明部分将完全覆盖所有已显示部分,而不论武器与墙有多么接近。

不清除(Don't Clear)这种模式将不会清除颜色或深度缓存。结果就是每一帧都将绘制在另一帧之上,就像涂抹效果一样。这个在游戏中并不常用,并最好与自定义 shader 一起使用。

裁剪面(Clip Planes)近裁剪面(Near)和远裁剪面(Far Clip Pline)属性决定相机视渲染的开始和结束位置。这两个平面与相机的方向垂直并相对于相机的位置来确定。近裁剪面是最近的开始渲染的位置,而远裁剪面是最远的位置。

裁剪面同时确定了深度缓存的精度。通常情况下,为了得到更好的精度你应该将近裁剪面移动到尽可能远。

为了使 UI 显示在所有其他相机视的顶部,你还需要设置 Clear Flags 和 Depth only 并确定相机的深度比其他相机的高。

正交视图使用正交相机将移除所有的景深效果,这在卷轴游戏和 2D 游戏中是很常用的。图 7 - 53 显示的是景深相机的效果图。

图 7 - 53　景深相机

正交相机。物体并不会随着距离而变小。图 7 - 54 显示的是正交相机的效果。

渲染纹理将一个相机视图输出到一个纹理上,然后可以将该纹理应用到其他物体上。这使可以使得监视器的创建非常容易,还有倒影效果,等等。

提示

• 相机可以像其他物体一样可以被实例化,父子化和脚本化。

• 为了在竞技游戏中增加速度感,可以使用一个高视野(Field of View)。

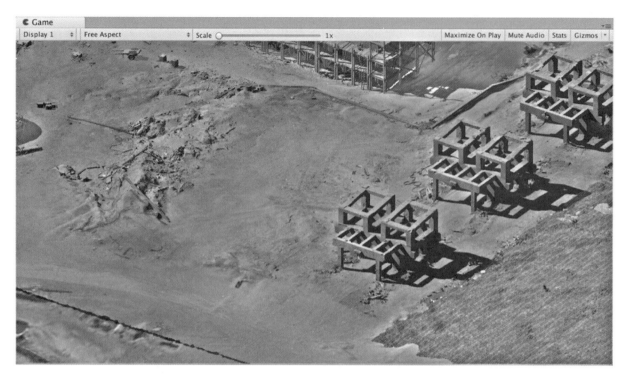

图 7-54 正交相机

- 如果添加一个刚体(Rigidbody)组件,相机可以被用于物理模拟。
- 在你的场景中你可以使用的相机数量没有限制。
- 正交相机可以非常好的用于 3D 用户接口。
- Unity 有预装的相机脚本,可以在 Component→Camera Control 中找到。试验它们的不同效果。
- 如果你发现了深度问题(靠近其他面的一个面在闪烁),试着设置近裁剪面(Near Plane)尽可能大。

7.10　Unity 操作快捷键

Unity 成为一款可以轻松创建游戏和三维互动的开发工具,是一个专业跨平台游戏引擎。其中包含很多常用的快捷键,不同的操作系统有所不同。

(1) Windows 系统 Unity3D 中的快捷键如表 7-1 所示。

表 7-1　Windows 系统 Unity3D 中的快捷键

组　合　键		键	功　　能
File 文件			
Ctrl		N	New Scene 新建场景
Ctrl		O	Open Scene 打开场景
Ctrl		S	Save Scene 保存
Ctrl	Shift	S	Save Scene as 保存场景为
Ctrl	Shift	B	Build Settings ... 编译设置...

（续表）

组 合 键		键	功 能
Ctrl		B	Build and run 编译并运行
Edit 编辑			
Ctrl		Z	Undo 撤销
Ctrl		Y	Redo 重做
Ctrl		X	Cut 剪切
Ctrl		C	Copy 拷贝
Ctrl		V	Paste 粘贴
Ctrl		D	Duplicate 复制
Shift		Del	Delete 删除
		F	Frame selected 选择的帧
Ctrl		F	Find 查找
Ctrl		A	Select All 全选
Ctrl		P	Play 播放
Ctrl	Shift	P	Pause 暂停
Ctrl	Alt	P	Step 停止
Assets 资源			
Ctrl		R	Refresh 刷新
Game Object 游戏对象			
Ctrl	Shift	N	New Empty 新建空游戏对象
Ctrl	Alt	F	Move to view 移动到视图
Ctrl	Shift	F	Align with view 视图对齐
Window			
Ctrl		1	Scene 场景
Ctrl		2	Game 游戏
Ctrl		3	Inspector 检视面板
Ctrl		4	Hierarchy 层次
Ctrl		5	Project 项目
Ctrl		6	Animation 动画
Ctrl		7	Profiler 分析器
Ctrl		8	Particle Effect 粒子效果
Ctrl		9	Asset store 资源商店
Ctrl		0	Asset server 资源服务器

（续表）

组 合 键		键	功 能
Ctrl	Shift	C	Console 控制台
Ctrl		TAB	Next Window 下一个窗口
Ctrl	Shift	TAB	Previous Window 上一个窗口
Ctrl	Alt	F4	Quit 退出
Tools 工具			
		Q	Pan 平移
		W	Move 移动
		E	Rotate 旋转
		R	Scale 缩放
		Z	Pivot Mode toggle 轴点模式切换
		X	Pivot Rotation Toggle 轴点旋转切换
Ctrl		LMB	Snap 捕捉（Ctrl+鼠标左键）
		V	Vertex Snap 顶点捕捉
Selection			
Ctrl	Shift	1	Load Selection 1 载入选择集
Ctrl	Shift	2	Load Selection 2
Ctrl	Shift	3	Load Selection 3
Ctrl	Shift	4	Load Selection 4
Ctrl	Shift	5	Load Selection 5
Ctrl	Shift	6	Load Selection 6
Ctrl	Shift	7	Load Selection 7
Ctrl	Shift	8	Load Selection 8
Ctrl	Shift	9	Load Selection 9
Ctrl	Alt	1	Save Selection 1 保存选择集
Ctrl	Alt	2	Save Selection 2
Ctrl	Alt	3	Save Selection 3
Ctrl	Alt	4	Save Selection 4
Ctrl	Alt	5	Save Selection 5
Ctrl	Alt	6	Save Selection 6
Ctrl	Alt	7	Save Selection 7
Ctrl	Alt	8	Save Selection 8
Ctrl	Alt	9	Save Selection 9

（2）Mac 系统 Unity3D 中的快捷键如表 7－2 所示。

表 7－2　Mac 系统 Unity3D 中的快捷键

组　合　键		键	功　　能
File 文件			
	CMD	N	New Scene 新建场景
	CMD	O	Open Scene 打开场景
	CMD	S	Save Scene 保存
Shift	CMD	S	Save Scene as 保存场景为
Shift	CMD	B	Build Settings . . . 编译设置. . .
	CMD	B	Build and run 编译并运行
Edit 编辑			
	CMD	Z	Undo 撤销
Shift	CMD	Z	Redo 重做
	CMD	X	Cut 剪切
	CMD	C	Copy 拷贝
	CMD	V	Paste 粘贴
	CMD	D	Duplicate 复制
	Shift	Del	Delete 删除
	CMD	F	Frame selected 选择的帧
	CMD	F	Find 查找
	CMD	A	Select All 全选
	CMD	P	Play 播放
Shift	CMD	P	Pause 暂停
Alt	CMD	P	Step 停止
Assets 资源			
	CMD	R	Refresh 刷新
Game Object 游戏对象			
Shift	CMD	N	New Empty 新建空游戏对象
Alt	CMD	F	Move to view 移动到视图
Shift	CMD	F	Align with view 视图对齐
Window			
	CMD	1	Scene 场景
	CMD	2	Game 游戏
	CMD	3	Inspector 检视面板
	CMD	4	Hierarchy 层次
	CMD	5	Project 项目

（续表）

组　合　键		键	功　　能
	CMD	6	Animation 动画
	CMD	7	Profiler 分析器
	CMD	8	Particle Effect 粒子效果
	CMD	9	Asset store 资源商店
	CMD	0	Asset server 资源服务器
Shift	CMD	C	Console 控制台
Tools 工具			
		Q	Pan 平移
		W	Move 移动
		E	Rotate 旋转
		R	Scale 缩放
		Z	Pivot Mode toggle 轴点模式切换
		X	Pivot Rotation Toggle 轴点旋转切换
	CMD	LMB	Snap 捕捉（Ctrl+鼠标左键）
		V	Vertex Snap 顶点捕捉
Selection			
Shift	CMD	1	Load Selection 1 载入选择集
Shift	CMD	2	Load Selection 2
Shift	CMD	3	Load Selection 3
Shift	CMD	4	Load Selection 4
Shift	CMD	5	Load Selection 5
Shift	CMD	6	Load Selection 6
Shift	CMD	7	Load Selection 7
Shift	CMD	8	Load Selection 8
Shift	CMD	9	Load Selection 9
Alt	CMD	1	Save Selection 1 保存选择集
Alt	CMD	2	Save Selection 2
Alt	CMD	3	Save Selection 3
Alt	CMD	4	Save Selection 4
Alt	CMD	5	Save Selection 5
Alt	CMD	6	Save Selection 6
Alt	CMD	7	Save Selection 7
Alt	CMD	8	Save Selection 8
Alt	CMD	9	Save Selection 9

7.11　MonoBehaviour 生命周期

　　Unity 面向组件开发,游戏物体想要实现什么样的功能,只需要添加相对应的组件就可以了,此时会在属性面板上显示出来。可以像添加组件一样把脚本添加到游戏物体上。而 MonoBehaviour 是 Unity 中所有脚本的基类,如果使用 JS 的话,脚本会自动继承 MonoBehaviour。如果使用 C#的话,需要显式继承 MonoBehaviour。

　　在使用 MonoBehaviour 的时候,需要注意有哪些可重写函数,这些可重写函数会在游戏中发生某些事件的时候被调用。在 Unity 中最常用到的几个可重写函数是这几个:

　　(1) Awake:当一个脚本实例被载入时 Awake 被调用。我们大多在这个类中完成成员变量的初始化

　　(2) OnEnable:当对象变为可用或激活状态时此函数被调用。

　　(3) Start:仅在 Update 函数第一次被调用前调用。因为它是在 Awake 之后被调用的,我们可以把一些需要依赖 Awake 的变量放在 Start 里面初始化。同时我们还大多在这个类中执行 StartCoroutine 进行一些协程的触发。要注意在用 C#写脚本时,必须使用 StartCoroutine 开始一个协程,但是如果使用的是 JavaScript,则不需要这么做。

　　(4) Update:当 MonoBehaviour 启用时,其 Update 在每一帧被调用。

　　(5) FixedUpdate:当 MonoBehaviour 启用时,其 FixedUpdate 在每一固定帧被调用。

　　(6) LateUpdat 方法:是在所有 Update 函数调用后被调用。这可用于调整脚本执行顺序。例如:当物体在 Update 里移动时,跟随物体的相机可以在 LateUpdate 里实现。

　　(7) OnGUI 方法:渲染和处理 GUI 事件时调用(注意:这里不是每帧都调用)

　　(8) OnDisable:当对象变为不可用或非激活状态时此函数被调用。

　　(9) OnDestroy:当 MonoBehaviour 将被销毁时,这个函数被调用。

　　接下来,先看一下,关于 MonoBehavior 这个类的继承关系(见图 7-55)。

　　从图 7-55 可以看出,MonoBehaviour 是间接继承自 Component,说明继承自 MonoBehaviour 的脚本充当的角色是组件的角色,当我们需要将一个自定义脚本以组件的形式添加到对应的 GameObject 时,该脚本是必须要继承 MonoBehaviour。所以综上 MonoBehaviour 的作用就是开发者可以自定义自己的组件类。

　　当我们拥有自己的组件类时,我们会对类的生命周期,和一些重要的接口感兴趣,以便在使用过程中,不那么疑惑。图 7-56 就是 MonoBehaviour 的生命周期流程。

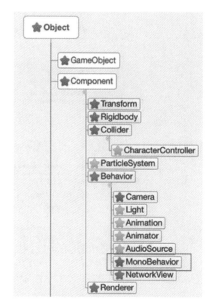

图 7-55　关于 MonoBehavior 这个类的继承关系

　　首先我们可以将这张图分成两种状态:

　　(1) 编辑器下的状态:可以单击设置,Reset 函数,将脚本恢复默认状态。

　　(2) 运行状态(真正的生命周期):除 Reset 函数外,其余函数都在运行状态执行(加特殊字段,该脚本也可在编辑器运行)。

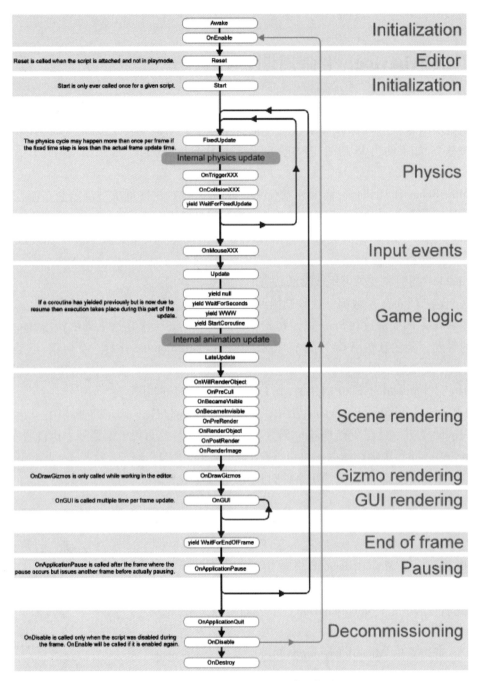

图 7 - 56　MonoBehaviour 的生命周期流程

我们主要关心的是在运行状态,因为此时脚本的生命周期真正开始,如图 7 - 57 所示。

图 7 - 57　运行模式状态

当单击 Unity3D 的 Play 按钮时,脚本会从编辑器模式进入运行模式,会先走 Initialization 步骤,从名字可以看出,该步骤做的是初始化操作,且确定了三个函数的调用时序。那么三个函数有什么区别呢:

（1）Awake。调用条件：gameObj is Active（场景开始时当前 obj 的 Active 是 true）或者在 Instantiate 一个 Prefab 之后。

注意：总是在所有脚本调用 Start 之前调用，如 7 - 58 所示。

Awake 函数只调用一次。

（2）OnEnable。调用条件：当执行完 Active 时。

注意事项：将 enable = false，会在执行完 OnEnable 后，直接执行 OnDisable，在 OnDisable 设置 enable = true 就会跳到 OnEnable（切记不要出现死循环）。

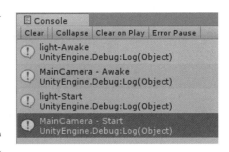

图 7 - 58　Awake 调用

（3）Start。调用条件：OnEnable 执行完。

注意事项：Start 只会执行一次，无论下次第几次调用到 OnEnable，均不会在执行（适合初始化）。

上述是生命周期的开始，这里暂时不讲生命周期运行，直接将生命周期的结束，如图 7 - 59 所示。

图 7 - 59　生命周期的结束

OnApplicationQuit：当应用程序退出时，会先调用 OnApplicationQuit（可以在此时来 save 你的数据）。

OnDisable：除在 OnApplicationQuit 调用时会调用，还会再设置 enable = false 或 active = false 调用。

OnDestory：除在 OnApplicationQuit 调用时会调用，还有在手动的 Destory gameObject 时。

讲完了生命周期的开始和结束，接下来介绍最重要的部分，如图 7 - 60 所示。

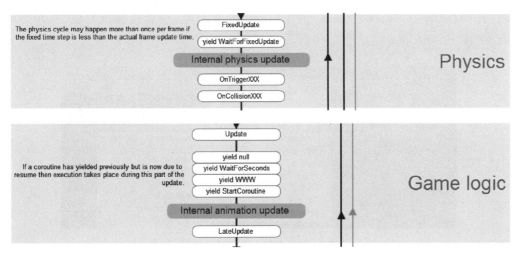

图 7 - 60　生命周期的中间部分

上述有很多 Update 和很多 yield，可以从上述看到三个 Update 调用的顺序，FixedUpdate→Update→LateUpdate，如图 7 - 61 所示。

由此可见，Unity 是调用完所有脚本的 FixedUpdate，在调用所有脚本的 Update，在调用所有脚本的 LateUpdate。

关于协程中的 yield 其实很好理解，如图 7 - 62 所示。

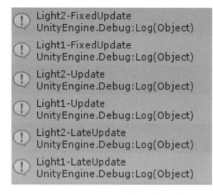

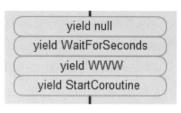

图 7-61　Update 调用的顺序　　　　图 7-62　协程中的 yield

比如 yield null,表示当函数运行到此处时,会挂起(中断),等下一帧,所有的脚本 Update 运行完后,会继续执行此函数。所以上图的意思是回去检测所有因 yield null 挂起的协程并恢复。

7.12　物理引擎

Unity 内置了 NVIDIA 的 Physx 物理引擎,Physx 是目前使用最为广泛的物理引擎,被很多游戏大作所采用,开发者可以通过物理引擎高效、逼真地模拟刚体碰撞、车辆驾驶、布料、重力等物理效果,使游戏画面更加真实而生动,下面就给大家介绍下 Unity 游戏开发中物理引擎的使用。

Rigidbody(刚体)组件可使游戏对象在物理系统的控制下来运动,刚体可接受外力与扭矩力用来保证游戏对象像在真实世界中那样进行运动。任何游戏对象只有添加了刚体组件才能受到重力的影响,通过脚本为游戏对象添加的作用力以及通过 NVIDIA 物理引擎与其他的游戏对象发生互动的运算都需要游戏对象添加了刚体组件。

依次打开 GameObject→Create Empty,创建一个空游戏对象,然后选择该对象,打开菜单栏中的Component→Physics→Rigidbody(见图 7-63)。

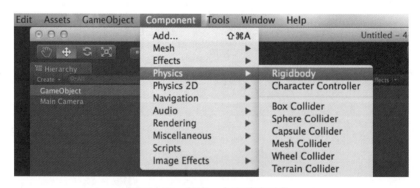

图 7-63　创建一个空游戏对象

Rigidbody 组件的属性面板,如图 7-64 所示。

Mass:质量,该项用于设置游戏对象的质量。

Drag:阻力,当对象受力运动时受到的空气阻力,0 表示没有空气阻力,阻力极大时游戏对象会立即停止运动。

Angular Drag:当对象受扭矩力旋转时受到的空气阻力,0 表示没有空气阻力,阻力极大时游戏对象会立即停止运动。

Use Gravity：使用重力，若开启此项，游戏对象会受到重力的影响。

Is Kinematic：是否开启动力学，若开启此项，游戏对象将不再受物理引擎的影响从而只能通过 Transform 属性来对其操作。

Interpolate：插值，该项用于控制运动的抖动情况，有 3 项可以选择，None：没有插值；Interpolate：内插值，基于前一帧的 Transform 来平滑此次的 Transform；Extrapolate：外插值，基于下一帧的 Transform 来平滑此次的 Transform。

图 7 - 64　Rigidbody 组件的属性面板

Collision Detection：碰撞检测，该属性用于控制避免高速运动的游戏对象穿过其他的对象而未发生碰撞，有 3 项可以选择，Discrete：离散碰撞检测，该模式与场景中其他的所有碰撞体进行碰撞检测；Continuous：连续碰撞检测；Continuous Dynamic：连续动态碰撞检测模式。

Constraints：约束，该项用于控制对于刚体运动的约束。

Collides 碰撞体，碰撞体是物理组件的一类，它要与刚体一起添加到游戏对象上才能触发碰撞。如果两个刚体相互撞在一起，除非两个对象有碰撞体时物理引擎才会计算碰撞，在物理模拟中，没有碰撞体的刚体会彼此相互穿过。

选中游戏对象，打开菜单栏中的 Component→Physics，见图 7 - 65。

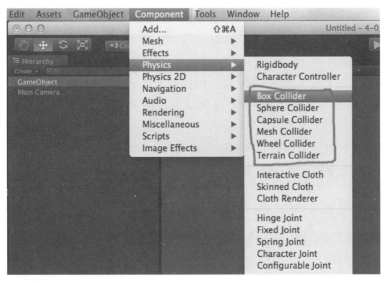

图 7 - 65　选中游戏对象，打开菜单栏中的 Component→Physics

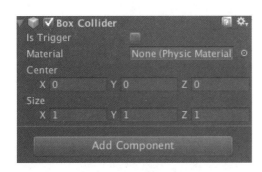

图 7 - 66　碰撞体设置

Box Collider：盒碰撞体，盒碰撞体是一个立方体外形的基本碰撞体，该碰撞体可以调整为不同大小的长方体，可用作门、墙、以及平台等，也可以用于布娃娃的角色躯干或者汽车等交通工具的外壳，当然最适合用在盒子或是箱子上，属性如图 7 - 66 所示。

Is Trigger：触发器，勾选该项，则该碰撞体可用于触发事件，并将被物理引擎所忽略。

Material：材质。

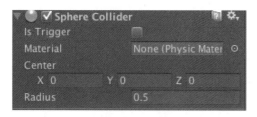

图 7-67　Sphere Collider 设置

Center：中心,碰撞体在对象局部坐标中的位置。

Size：大小,碰撞体再 X、Y、Z 方向上的大小。

Sphere Collider(设置如图 7-67 所示)：球形碰撞体,球形碰撞体是一个基于球体的基本碰撞体,球体碰撞体的三维大小可以均匀等地调节,但不能单独调节某个坐标轴方向的大小,该碰撞体适用于落石、乒乓球等游戏对象。

Radius：半径,球形碰撞体的大小。

Capsule Collider(设置如图 7-68 所示)：胶囊碰撞体,胶囊碰撞体由一个圆柱体和与其相连的两个半球体组成,是一个胶囊形状的基本碰撞体,胶囊碰撞体的半径和高度都可以单独调节,可用在角色控制器或与其他不规则形状的碰撞结合来使用。

Height：高度,该项用于控制碰撞体中圆柱的高度。

Direction：方向,在对象的局部坐标中胶囊的纵向方向所对应的坐标轴,默认是 Y 轴。

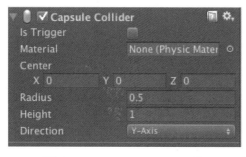

图 7-68　Capsule Collider 设置

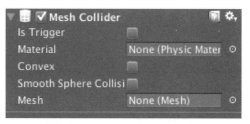

图 7-69　Mesh Collider 设置

Mesh Collider(设置如图 7-69 所示)：网格碰撞体,网格碰撞体通过获取网格对象并在其基础上构建碰撞,在与复杂网格模型上使用基本碰撞相比,网格碰撞体要更加精细,但会占用更多地系统资源。

Smooth Sphere Collisions：平滑碰撞,在勾选该项后碰撞会变得平滑。

Mesh：网格,获取游戏对象的网格并将其作为碰撞体。

Convex：凸起,勾选该项,则网格碰撞体将会与其他的网格碰撞体发生碰撞。

Wheel Collider(设置如图 7-70 所示)：车轮碰撞体,车轮碰撞体是一种针对地面车辆的特殊碰撞体,它有内置的碰撞检测、车轮物理系统以及滑胎摩擦的参考体。

Suspension Distance：悬挂距离,该项用于设置车轮碰撞体悬挂的最大伸长距离,按照局部坐标来计算,悬挂总是通过其局部坐标的 Y 轴延伸向下。

Center：中心,该项用于设置车轮碰撞体在对象局部坐标的中心。

Suspension Spring：悬挂弹簧,该项用于设置车轮碰撞体通过添加弹簧和阻尼外力使得悬挂达到目标位置。

Forward Friction：向前摩擦力,当轮胎向前滚动时的摩擦力属性。

Sideways Friction：侧向摩擦力,当轮胎侧向滚动时的摩擦

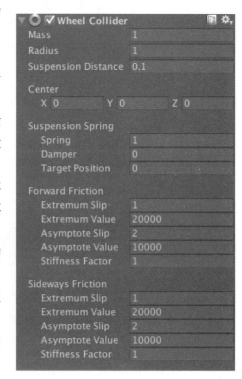

图 7-70　Wheel Collider 设置

力属性。

Character Controller，角色控制器，角色控制器主要用于对第三人称或第一人称游戏主角的控制，并不使用刚体物理效果。

Character Controller 组件属性如图 7－71 所示。

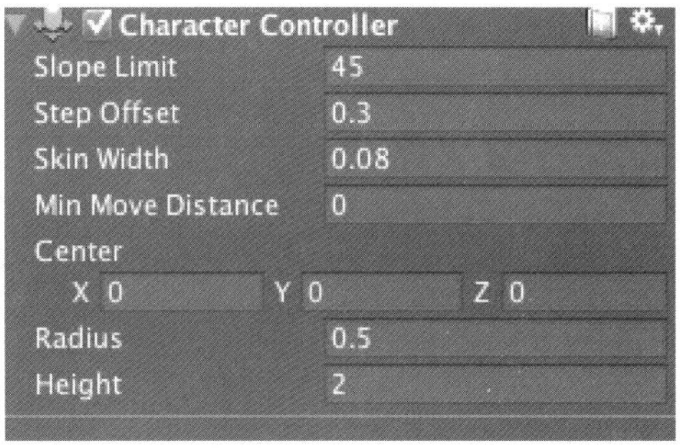

Slope Limit：坡度限制，该项用于设置所控制的角色对象只能爬上小于或等于该参数值的斜坡。

Step Offset：台阶高度，该项用于设置所控制的角色对象可以迈上的最高台阶的高度。

图 7－71　**Character Controller 组件属性**

Skin Width：皮肤厚度，该参数决定了两个碰撞体可以相互渗入的深度，较大的参数值会产生抖动的现象，较少的参数值会导致所控制的游戏对象被卡住，较为合理地设定上是：该参数值为 Radius 值的 10%。

Min Move Distance：最小移动距离，如果所控制的角色对象的移动距离小于该值，则游戏对象将不会移动。

Center：中心，该参数决定了胶囊碰撞体在世界坐标中的位置。

Radius：半径，胶囊碰撞体的长度半径。

Height：高度，该项用于设置所控制的角色对象的胶囊碰撞体的高度。

Interactive Cloth：交互布料，交互布料组件可在一个网格上模拟类似布料的行为状态。

Skinned Cloth：蒙皮布料，蒙皮布料组件与蒙皮网格渲染器一起用来模拟角色身上的衣服，如果角色动画使用了蒙皮网格渲染器，那么可以为其添加一个蒙皮布料，使其看起来更加真实、生动。

Cloth Renderer：布料渲染器（见图 7－72）。

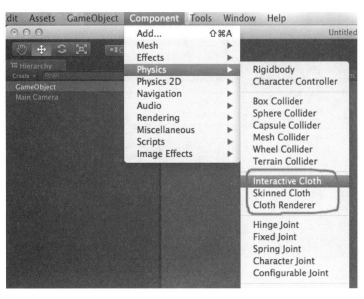

图 7－72　**选中 Cloth Renderer**

Hinge Joint：铰链关节，铰链关节由两个刚体组成，该关节会对刚体进行约束，使得它们就好像被连接再一个铰链上那样运动，它非常适用于对门的模拟，也适用于对模型及钟摆等物体的模拟。

Fixed Joint：固定关节，固定关节组件用于约束一个游戏对象对另一个游戏对象的运动。

Spring Jonit：弹簧关节，弹簧关节组件可将两个刚体连接在一起，使其像连接着弹簧那样运动。

Character Joint：角色关节主要用于表现布娃娃效果，它使扩展的球关节，可用于限制每一个轴向上的关节。

　　Configurable Joint(见图 7 – 73)：可配置关节,可配置关节组件支持用户自定义关节,它开放了 physx 引擎中所有与关节相关的属性,因此可像其他类型的关节那样来创造各种行为。

图 7 – 73　选中 Configurable Joint Constant Force

　　Constant Force(见图 7 – 74)：力场是一种为刚体快速添加恒定作用力的方法,适用于类似火箭等发射出来的对象,这些对象在起初并没有很大的速度但却是再不断加速的。

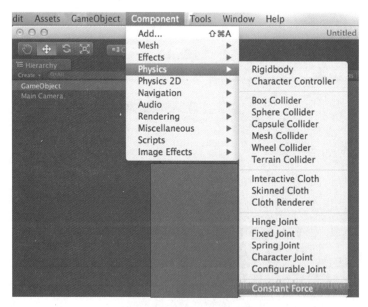

图 7 – 74　选中 Constant Force

7.13　Unity 2D

　　Unity 是一个非常流行和强大的游戏引擎,它支持众多的平台和设备。尽管 3D 游戏最近火热,大部分手机游戏、控制台和桌面游戏仍然是以 2D 方式呈现的,因此学习用 Unity 编写 2D 游戏仍然非常重要,需要学会以下几点:如何使用精灵和相机。如何使用物理 2D 组件处理碰撞和玩法。如何创建 2D 动画和状态。如何使用图层和精灵的 order。

首先从 https: // blog. csdn. net/kmyhy/article/ details/75105514 下载开始项目,解压缩,用 Unity 打开 LowGravityLander-Start 项目。在项目窗口中,打开 Scenes 文件夹下的 Lander-Start 场景。Game 视图效果如图 7 - 75 所示。

开始项目已经能够运行,但你还需要解决几个问题才能真正完成它。

注意:对于 Unity 2D 游戏,Unity 编辑器会自动处于 2D 模式。当你创建新项目时,可以选择 2D 或 3D 模式:在开始项目中已经设置好这个选项了。如图 7 - 76 所示。

图 7 - 75　Game 视图效果

图 7 - 76　2D 或 3D 模式

① 精灵通过 Unity 强大的 2D 引擎和内置编辑器,我们很容易使用精灵。

要向游戏中添加精灵,从项目文件夹中将它拖到你的场景视图即可。这真的很简单,打开场景视图,然后从 Sprites 文件夹中,将 playership 精灵图片拖到你的场景视图如图 7 - 77 所示。

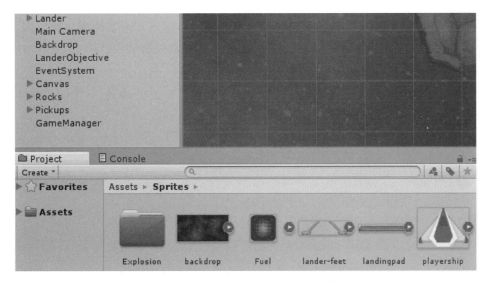

图 7 - 77　将 playership 精灵图片拖入场景视图

在结构视图中,单击 Unity 为你创建的 playership 游戏对象,在检视器中查看它的属性。注意 Unity 会自动添加一个 Sprite Renderer 组件到游戏对象中,这个组件包含了你的 playership 图片,如图 7-78 所示。

OK! Sprite Renderer 允许你将图片用作 2D/3D 场景中的精灵。

图 7-78　Sprite Renderer 组件包含了 playership 图片

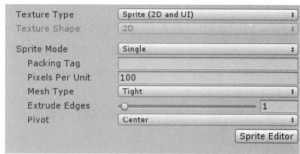

图 7-79　在 Assets/Sprites 文件夹中选中一个精灵图片

从结构视图中删除 playership 游戏对象。

② Sprite Modes,在 Assets/Sprites 文件夹中选中一个精灵图片。在检视器中,你可以有三种不同的模式来使用这个精灵,如图 7-79 所示。

Single:只有一张图片的精灵。

Multiple:使用多张图片的精灵,比如动画或精灵表单(spritesheet,同一个角色图片由多个图片组成)。

Polygon:自定义精灵的多边形形状,你可以用各种原始形状来创建,比如:三角形、方块、五边形、六边形等等。

一个精灵表单是一张包含多个更小图片的单张图片,如图 7-80 所示。

使用精灵表单的原因是游戏中用到的每一张图片都会占用一次绘制动作。当精灵图片非常多时,这会产生非常大的负担,而且你的游戏会变得复杂臃肿,导致潜在的问题。

通过精灵表单,你可以在一次绘制中绘制多个精灵图,提升游戏性能。当然,在精灵表单中如何组织这些精灵图是一个学问,那就是另一篇教程的事情了。

图 7-80　精灵表单包含的单张图片

③ 精灵编辑将多张图片放到一张图片是很有用的,这样就可以用于动画或者允许对象拥有多个动作。通过 Unity 的 2D 精灵表单编辑器,能够轻易管理这些精灵表单。

在这个游戏中你将用到两个精灵表单:一个用于登陆舱的推进器动画,一个用于爆炸效果。这两个动画都由多个播放帧组成,你可以用精灵编辑器编辑和分割它们。

explosion-spritesheet. png 是用于爆炸效果的,它已经切分好了,但 thruster-spritesheet. png 图片仍然需要处理,这是你接下来的工作。

在项目窗口的 Sprites 文件夹中单击 thruster-spritesheet. png。在检视器中,它的 Sprite Mode 已经是 Multiple 了(如果不是,请修改为 Multiple 并单击 Apply)。

然后,单击 Sprite Editor,如图 7-81 所示。

弹出一个窗口,显示了自动切分成多个帧的精灵表单(图 7-82 中的数字是方便演示而添加的,不是截图中的内容):

单击窗口左上角的 Slice,你会看到默认的切分动作是 Automatic,如图 7-83 所示。

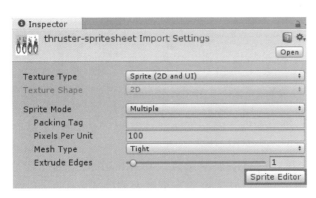

图 7 - 81　单击 Sprite Editor

图 7 - 82　自动切分成多个帧的精灵表单

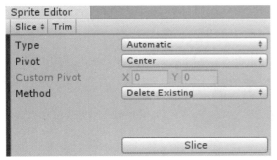

图 7 - 83　单击窗口左上角的 Slice 的视图

图 7 - 84　单击 Slice 菜单下面的 Grid by Cell Size

Automatic 表示 Unity 会自动搜索并切分你的精灵表单，以它自己的方式。但你也可以以 cell size 和 cell count 方式来切分你的精灵表单。

选择 cell size 将允许你以像素单位的方式来指定每一帧的大小。

在精灵编辑器中，单击 Slice 菜单下面的 Grid by Cell Size，如图 7 - 84 所示。

在 Pixel Size，将 X 设为 9，Y 设为 32。将 Pivot 设为 Center，其他值保持为 0，然后单击 Slice，如图 7 - 85 所示。

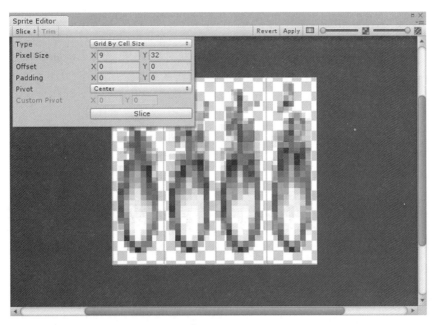

图 7 - 85　Pixel Size 设置

单击精灵编辑器窗口的 Apply,将修改应用到精灵表单,如图 7-86 所示。

图 7-86　单击精灵编辑器窗口的 Apply

这就完成了——你可以关闭精灵编辑器了。推进器的精灵表单已经就绪。

④ 将精灵赋给登陆舱

现在,还不能在游戏中看到登陆舱。因为它还没有被添加上任何 Sprite Renderer 组件。不会有任何壮观的着陆场景——或者坠毁效果!——如果登陆舱甚至不能在屏幕上看到的话。

要解决这个问题,单击结构视图中的 Lander 游戏对象。在检视器中,单击 Add Component,在搜索栏中输入 Sprite Renderer。然后,选中 Sprite Renderer 组件,在组件属性中单击 Sprite 右边的圆圈,选择 playership 精灵图片,如图 7-87 所示。

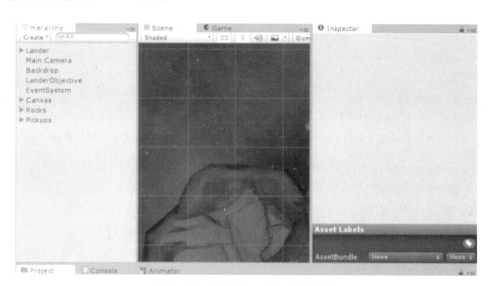

图 7-87　选择 playership 精灵图片

将 Order in Layer 设置为 1。

接下来的工作是设置起落架的精灵图。在 Lander 游戏对象下方,选择 LanderFeet 游戏对象,然后单击 Sprite Renderer 组件中 Sprite 选择器右边的小圆圈。然后从 Select Sprite 窗口中选择 lander-feet 图片,如图 7-88 所示。

图 7-88　选择 lander-feet 图片

单击 Play,即可以在游戏视图中查看你的登陆舱了。通过 WASD 或者箭头键在屏幕上移动,如图 7-89 所示。

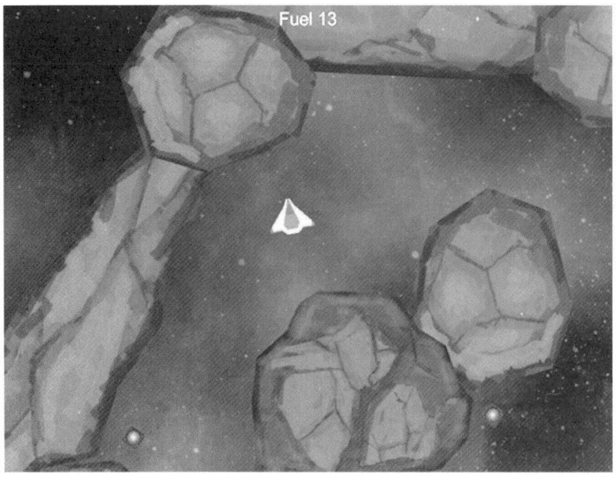

图7-89 单击 Play 后的效果

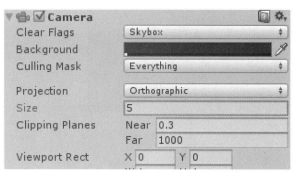

图7-90 Lander 项目中的默认的相机设置

⑤ 2D 镜头和单位像素

Unity 2D 项目默认带有一个正交视图相机。

在 2D 游戏中,通常你会用这种相机而不是透视视图相机。接下来你会了解正交视图和透视视图的区别。

图7-90 显示的是 Lander 项目中的默认的相机设置。

注意,Projection(投影)属性现在是 Orthographic(正交)。

在项目窗口中,选择 playership 精灵图,然后在检视器中查看它的 Import Settings。在 Pixels Per Unit(单位像素)属性中,当前默认为 100,如图7-91 所示。

这里的 100 是什么意思呢?

⑥ 术语:单位像素

在 Unity 中"单位"一词不一定和屏幕像素对应。相反,你的对象的大小只是相对于其它对象的,它可以是任意大小,比如:1 个单位 = 1 米。对于精灵图片,Unity 用"单位像素"来定义它们以"单位"计算的大小。

图7-91 Pixels Per Unit(单位像素)属性

假设有一张精灵图,是一张 500 像素宽度的图片。图7-92 显示了当绘制这个精灵时,在不同的缩放系数以及不同单位像素时,它的 x 轴上的宽度的变化:

Pixels to Units	X-scale	Width Calculation	Width
100	0.5	500 / 100 * 0.5	2.5 units
100	1.0	500 / 100 * 1.0	5.0 units
100	2.0	500 / 100 * 2.0	10.0 units
50	0.5	500 / 50 * 0.5	5.0 units
50	1.0	500 / 50 * 1.0	10.0 units
50	2.0	500 / 50 * 2.0	20.0 units

图7-92 x 轴上的宽度的变化

还是没看懂？下面会对这个计算过程进行说明：

假设有一个游戏,使用了静态相机来全屏显示背景,就好像电脑桌面上的墙纸。

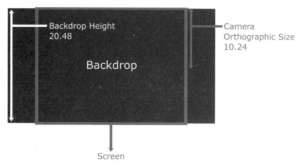

图 7-93　正交相机的 Size 属性变化

backdrop.png 的高是 2048,默认单位像素是 100。如果你稍微心算一下,就会知道在结构视图中的游戏对象 backdrop 的高度是 20.48 个单位。

当然,正交相机的 Size 属性会将屏幕高度折半,因 backdrop 游戏对象的真实高度应当也经过直角转换,即 10.24,如图 7-93 所示。

当然,你不需要修改项目中的相机,因为当前的 Size 为 5,对于这个游戏中的移动相机来说刚刚好。

⑦ 星系

在精灵的 Import 设置中有一个 MaxSize 属性,允许你指定精灵的最大尺寸,单位为像素。你可以根据目标平台来修改这个设置。

放大一下背景是淡蓝色星系的场景视图。注意它有一点模糊;当你导入一张精灵图片时,Max Size 属性默认是 2048。Unity 会将图片缩小以适应默认的纹理尺寸,这会导致图片质量下降。

要解决这个问题,在项目窗口中选中这张 backdrop 图片,勾选 Override for PC、Mac & Linux Standalone,然后将 Max Size 修改为 4096。单击 Apply,然后 Unity 会花几秒钟重新导入这张图片到场景视图中。你会发现背景突然变得清晰明锐了,如图 7-94 所示。

图 7-94　勾选 Override for PC、Mac & Linux Standalone

将 Max Size 设为 4096 将告诉 Unity 用 4096×4096 大小的纹理贴图,这样你就可以看出原图的细节显示。

但是,这确实会付出一些代价。查看下图中的检视器的预览区域;背景贴图的大小现在是 4 M,而原来是 1 M,如图 7-95 所示。

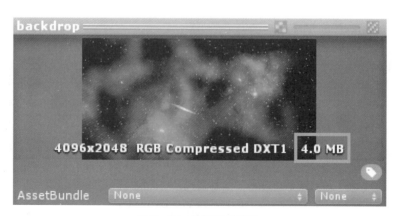

图 7-95　检视器的预览

纹理贴图的大小增加后，会使它的内存暴增 4 倍。

值得注意的是，根据 Unity 所支持的平台的不同，可能会有针对其它平台的 Override 设置。如果你准备将游戏编译到这些平台时，你可以使用这些 Override 设置，从而在不同的平台上使用不同的大小和格式。

注意：4096×4096 是十分大的图片文件了，尽可能避免使用这么大的文件，尤其是对于手机游戏来说。这个项目中只是为了演示才使用这么大的图片。

⑧ 贴图

你还可以修改贴图的格式，如图 7 – 96 所示。

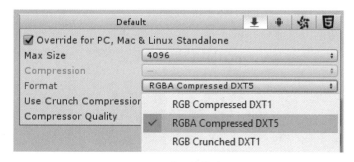

图 7 – 96　贴图的格式设置

你可能想修改某些贴图的格式，以提升图像质量，或者压缩它们的大小，但这要么会增加图片在内存中的占用，要么会降低图片的保真度。最好是理解每个参数的作用，尝试修改它们并比较贴图最终的尺寸和质量。

将 Use Crunch Compression 设置为 50% 的压缩时间会长一点，但文件尺寸会变得最小，当然你后面仍然可以调整它。

将 backdrop 的 Import 设置改回之前的内容，然后再修改 Format 和 Crunch Compression 设置，然后单击 Apply，如图 7 – 97 所示。

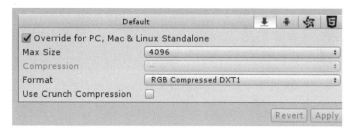

图 7 – 97　**backdrop 的 Import 设置，修改 Format 和 Crunch Compression 设置**

在开发你自己的游戏时，你可以尝试不同的压缩率以在最小大小和质量之间找到一个结合点。

⑨ 2D 碰撞和物理

Unity 中你可以像在 3D 游戏中一样修改 2D 物理引擎的重力。对于新项目 Unity 默认将重力设置为地球重力，也就是 $9.806\ 65\ \mathrm{m/s}^2$。但如果你将飞船降落在月球上，而不是地球上，则重力就应当是地球重力的 16.6%，也就是 $1.625\ 19\ \mathrm{m/s}^2$。

注意：在开始项目中，重力被设置为-1，以便你更容易起飞和测试游戏。

要修改游戏的重力，单击 Edit/Project Settings/Physics 2D 然后用 Physics2DSettings 检视器面板将重力的 Y 值从-1 修改为-1.625 19，如图 7 – 98 所示。

单击 Play，运行游戏，四处飞一下，看重力对飞船的移动有什么影响。

图 7 - 98　游戏的重力修改

⑩ 碰撞

如果你曾经试过引导登陆舱,那么你也可能碰到过一两块岩石了。这是因为 Unity 的 2D 碰撞系统生效了。

每个会受重力和其它物体影响到的对象,都需要拥有一个 2D 碰撞体组件和一个 2D 刚体组件。

如图 99 所示,在结构视图中选中 Lander 这个游戏对象,你会看到它带有一个 2D 刚体和一个 2D 多边形碰撞体组件。在一个精灵上添加一个 2D 刚体组件将让它接受 Unity 2D 物理系统的管理。

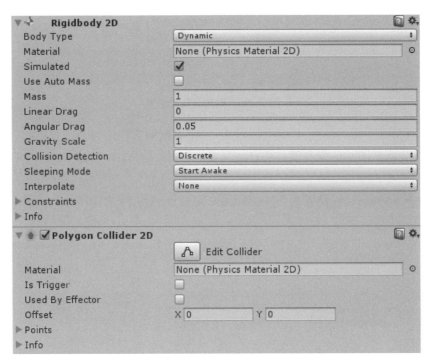

图 7 - 99　在结构视图中选中 Lander 游戏对象

⑪ 物理组件的简单介绍

一个 2D 刚体组件表示重力将对这个精灵产生作用,你可以在脚本中通过力来控制这张图片。如果你想让这个精灵受其它对象影响并和其它对象发生碰撞,你还需要添加一个 2D 碰撞体。添加碰撞体组件将使精灵能够响应和其它精灵发生的碰撞。

多边形 2D 碰撞体相对于其它简单的碰撞体,比如盒子碰撞体或圆形碰撞体来说,要耗费更多的性能,但它能和其它物体发生更精确的碰撞。尽可能地使用最简单的碰撞体能够确保你达到最佳性能。

⑫ 碰撞多边形

在你的飞船上尝试一下碰撞体,从结构视图中选择 Lander 游戏对象,在 Polygon 2D Collider 中单击 Edit Collider,如图 7 - 100 所示。

在场景视图中,将鼠标置于碰撞体的边沿;当手柄出现,你可以移动碰撞体的端点;也可以添加或删除端点,从而改变碰撞体的形状,如图 7 - 101 所示。

现在,将 Lander 的碰撞体恢复原样。

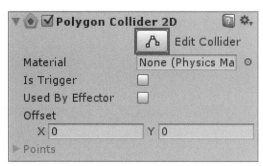

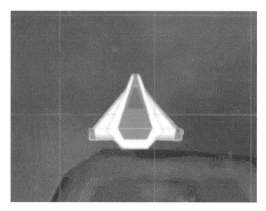

图 7－100　在 Polygon 2D Collider 中单击 Edit Collider　　　　图 7－101　设置变更后场景效果

注意：在 Lander 游戏对象附属的 Lander. cs 脚本中，我们用 OnCollisionEnter2D 去处理和其它对象的碰撞。如果碰撞力超过某个设定值，登陆舱就会坠毁。

你的降落坐垫也需要一个碰撞体；不然的话在着陆的时候你的飞船会直接落下。

在结构视图中，双击 LanderObjective 游戏对象，让降落坐垫居中显示。在检视器中，单击 Add Component，选择 Box Collider 2D 组件，如图 7－102 所示。

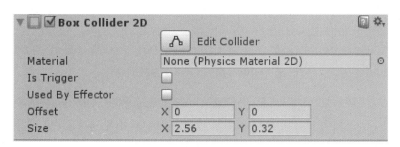

图 7－102　选择 Box Collider 2D 组件

Unity 会为 LanderObjective 游戏对象添加一个盒子 2D 碰撞体组件，并自动将碰撞体的大小设为和精灵图的大小一样，如图 7－103 所示。

对于刚体和 2D 碰撞体组件，有几点需要注意：

如果你想在移动物体时应用变形组件，而不是只有重力能够作用它，可以将刚体的 body type 设为 Kinematic。要保持让它们受 Unity 重力控制，使用 Dynamic。如果要让它们根本不可移动，设为 Static。

还可以修改刚体组件的质量，线性阻力、角阻力和其它物理属性。

图 7－103　盒子 2D 碰撞体组件

碰撞体可以用于 Trigger 模式；在这种模式下，它们不会和其它物体发生物理碰撞，而是允许你用代码在所有 MonoBehaviour 脚本中都有效的 OnTriggerEnter2D（）方法来响应事件。

要在你的脚本代码中处理碰撞事件，可以用 OnCollisionEnter2D（）方法。这个方法在所有 MonoBehaviour 脚本中都是可用的。

可以为碰撞体分配一个可选的 Physics2D 材质，以控制反弹属性或摩擦属性。

注意：当游戏中只有几个对象的时候，你可能没有注意到，如果屏幕上有数以百计的对象时都参与物理作用时，用更简单的碰撞体形状将大大提升游戏性能。

如果有大量对象发生碰撞时,你可能不得不重新审视一下使用多边形碰撞体组件的策略。

⑬ 登陆舱动画

你的登录器还不算完,因为还缺少一个看得见的推进器向上助推的效果。现在推进器已经有了,但看不出它喷火的效果。

⑭ Unity 动画 101

要为游戏对象增加动画效果,需要为这个对象添加一个包含所需动画的 Animator 组件。这个组件需要引用一个 Animation Controller,这个 Controller 定义了将要使用的动画剪辑,以及这些剪辑的控制方式,以及其它"发烧级"特效,比如混合和动画的过渡。

⑮ 推进器的动画控制器

在结构视图中,展开 Lander 游戏对象,显示出 4 个下级对象。选择 ThrusterMain 游戏对象,你会看到已经有一个 Animator 组件在上面了,但它还没有对应的动画控制器,如图 7-104 所示。

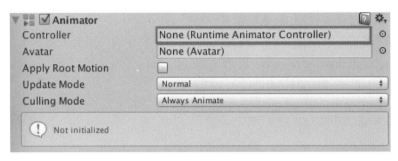

图 7-104 展开 Lander 游戏对象

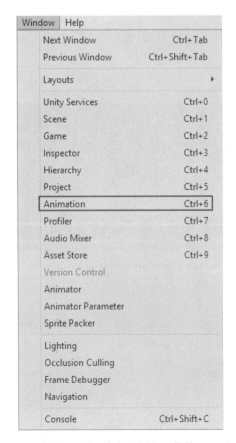

图 7-105 单击 Window 菜单,
选择 Animation

仍然在 ThrusterMain 游戏对象,单击 Animation 编辑器标签。如果在编辑器主窗口中看不见这个标签,请单击 Window 菜单,然后选择 Animation,如图 7-105 所示。

单击 Create 按钮,创建一个动画剪辑,如图 7-106 所示。

图 7-106 单击 Create 按钮,创建一个动画剪辑

名字输入 ThrusterAnim,位置选择 Assets/Animations 文件夹。

你会在项目窗口的 Animations 文件夹看到 2 个新的动画资源。ThrusterAnim 这个动画剪辑中保存了推进器的动画,ThrusterMain 则是控制这个动画的动画控制器,如图 7-107 所示。

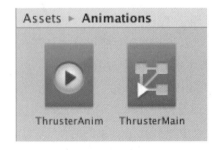

图 7-107 Animations 文件夹

在动画窗口,你会看到一个时间轴;在时间轴上,你可以对每个推进器的图片帧进行排序或添加。

单击 AddProperty,属性类型选择 Sprite Renderer/Sprite,如图 7-108 所示。

你的编辑器现在看起来的效果如图 7-109 所示。

在项目窗口,单击 Sprites 文件夹,展开 truster-spritesheet.png 图片。选中 4 个切片图,然后拖到动画编辑器的 ThrusterMain:Sprite 时间线。

动画帧在时间线中重叠在一起,你可以根据需要重新安排。首先从最右边的图片开始;单击这张图片,将它向右拖,置于 0:05 秒处,如图 7-110 所示。

图 7-108 选择 Sprite Renderer/Sprite

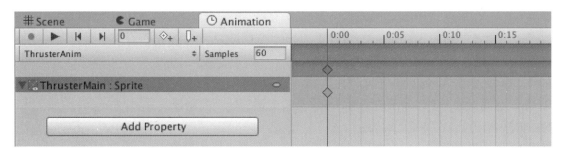

图 7-109 编辑器视图

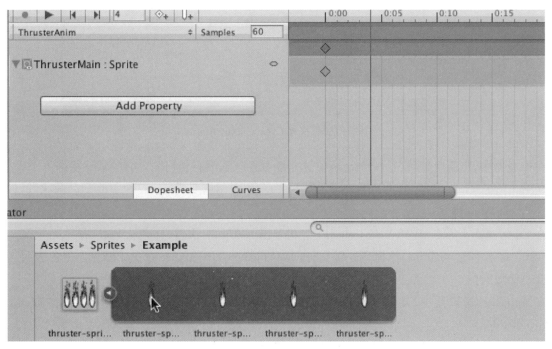

图 7-110 动画帧时间线设置

选中最后一帧,用 Delete 键删除它,如图 7-111 所示。

单击动画窗口的 Record 按钮一次,关闭这个剪辑的记录模式,防止意外修改到这个动画,如图 7-112 所示。

接下来配置动画控制器。

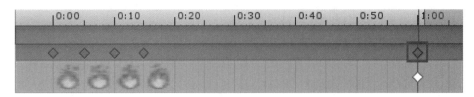

图 7-111　选中最后一帧,用 Delete 键删除

图 7-112　关闭剪辑的记录模式

Lander. cs 脚本当前的 Animation 参数设置为 true 或 false,表明玩家是否点火了推进器。动画控制器应该负责计算这些参数并允许某些状态被修改。

在项目窗口,单击 Animations 子文件夹,双击 ThrusterMain. controller。这会打开动画编辑器,当你在 ThrusterMain 游戏对象上创建动画剪辑时,Unity 会自动添加这个控制器。

现在推进器动画正在持续运行。

正确地说,推进器动画只应当在玩家当前已经点火了推进器才播放。

右击动画编辑器中的网格区域,然后选择 Create State/Empty,如图 7-113 所示。

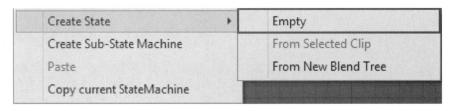

图 7-113　选择 Create State/Empty

在检视器中,将新状态命名为 NoThrust。这是动画在玩家没有任何输入时的默认状态:

从 Entry 处,Animator 会走到 NoThrust 并停下来,直到布尔值变成 true。为了改变动画状态,你必须添加一个 transition 连接。

在 Entry 状态上右击,选择 MakeTransition。再单击 NoThrust 状态,这会从 Entry 添加一个箭头指向 NoThrust。右键单击 NoThrust,选择 Set As Layer Default State。NoThrust 会变成橙色。橙色表明这个状态将会是播放时的第一个状态。

在 Animator 编辑器中,单击 Parameters 标签中的+按钮,创建一个新的 Bool 型参数,命名为 ApplyingThrust。

右击 NoThrust,单击 Make Transition,然后单击 ThrusterAnim。这会创建一个转换,允许在两个状态之间改变。执行同样步骤,创建一个从 TrhusterAnim 到 NoThrust 的转换,如图 7-114 所示。

单击从 NoThrust 到 ThrusterAnim 之间的转换线条,在检视器中单击+,添加一个条件。这个选项只对条件 ApplyingThrust 有效。

从下拉框中选择 true。也就是说只有 ApplyingThrust 为 true 时,动画才会变成 TrusterAnim 状态,如图 7-115 所示。

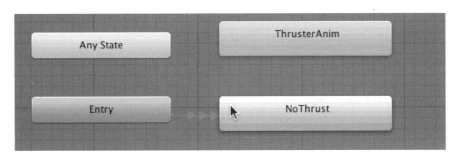

图 7 - 114　创建一个从 TrhusterAnim 到 NoThrust 的转换

图 7 - 115　选择 ApplyingThrust 为 true

现在编辑从 ThrusterAnim 到 NoThrust 之间的转换,同样适用 ApplyingThrust 条件,但这次将条件设为 false:

完成后的动画控制器状态如图 7 - 116 所示。

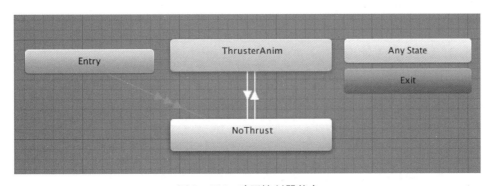

图 7 - 116　动画控制器状态

在 Animator 编辑器中,你可以调整动画回放速度为一个合适的值。单击 ThrusterAnim 状态,在检视器中,修改 Speed 属性为 1.5,如图 7 - 117 所示。

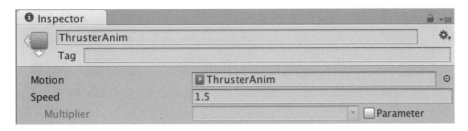

图 7 - 117　修改 Speed 属性

推进器动画应该对用户按下扳机进行即时响应。单击两条转换箭头(NoThrust 和 ThrusterAnim 之间的两条),在检视器中,将转换有关的设置修改为 0。反选 Has Exit Time 和 Fixed Duration,如图 7 - 118 所示。

最后,你需要将相同的动画和控制器应用到左右推进器。在结构视图中,选择 ThrusterLeft 和 ThrusterRight,将 ThrusterMain. controller 从项目窗口的 Animations 文件夹拖到 Animator 组件的 Controller 属性上,如图 7 - 119 所示。

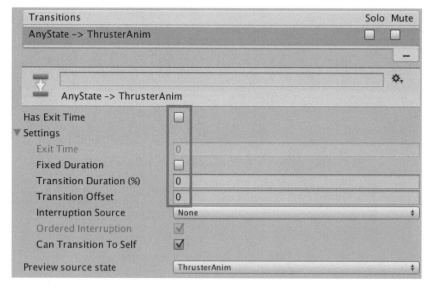

图 7-118　修改转换有关的设置

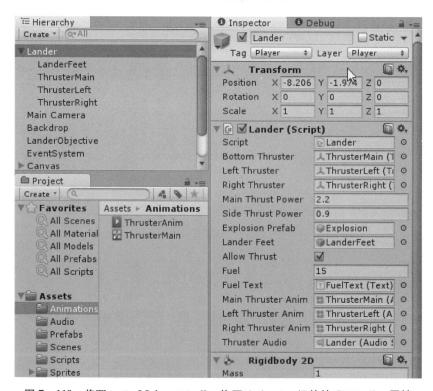

图 7-119　将 ThrusterMain. controller 拖至 Animator 组件的 Controller 属性

单击 Play,运行游戏;用 WASD 或箭头键试一下你的推进器吧!

⑯ 精灵的排序和图层

如果精灵不进行排序的话,2D 引擎的事情不能算完。Unity 允许你使用图层系统和图层顺序来进行精灵的排序。

单击 Play,再次运行游戏;拿出你吃奶的力气去碰撞旁边的大石头吧! 观察编辑器中的场景视图,当 Restart 按钮显示时,有一些石头会消失在幕布图片之后。

这是因为渲染引擎无法得知精灵的摆放顺序。所有精灵,除了飞船之外,都用的是默认的图层顺序 0。

要解决这个问题,需要使用图层和图层排序系统来分隔精灵。Unity 会按照指定的图层顺序来将精灵们绘制在图层上。对于每个图层,Unity 会按照精灵在图层中的序号依序绘制。

单击 Edit 菜单,然后单击 ProjectSettings,选择 Tags & Layers。展开 Sorting Layers 一节。

单击+,添加 3 个新的图层:

Background;Rocks;Player。

单击并拖动每个图层旁边的句柄,将他们的顺序设置为如下所示。你的图层顺序决定了 Unity 的绘制这些图层中的精灵的顺序,如图 7 - 120 所示。

从结构视图中单击 Backdrop;在 Sprite Render 组件中单击 Sorting Layer 下拉框,然后选择列表中的 Background,如图 7 - 121 所示。

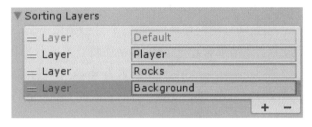

图 7 - 120　图层的顺序

图 7 - 121　选择列表中的 Background　　图 7 - 122　设置对象的 Sorting Layer 为 Rocks

展开 Rocks 游戏对象,选中所有下级的 rock 游戏对象。在检视器中,将这些对象的 Sorting Layer 统统设置为 Rocks,如图 7 - 122 所示。

由于场景中的岩石是前后交叠的,很方便用它们来演示同一图层中的精灵的 Order in Layer 属性的用法。

如果你不为 Rocks 图层中的每个岩石分配一个排序值,你会发现在游戏中,岩石会随机地从其它岩石上"弹出"。这是因为 Unity 无法以同一的顺序绘制岩石,因为它们在图层中的顺序都是 0。

找到交叠在一起的岩石,将位于较前面的岩石指定一个更大的 Order in Layer 值,如图 7 - 123 所示。

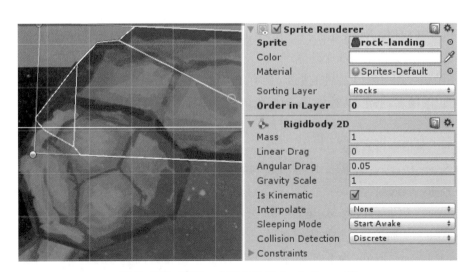

图 7 - 123　指定一个更大的 Order in Layer 值

修改 Lander 及其子对象,以及 Pickups 下面的所有 Fuel 游戏对象的 Sprite Renderer Sorting Layer 属性为 Player。这将确保它们绘制在所有东西之前。

但有一个问题。对于推进器动画该怎么办(而且,登陆舱的脚架正常情况下应当隐藏在登陆舱下面)?如果我们不指定它们的 Order in Layer 数值,我们会看到一些奇怪的现象。

将 Lander 的 Order in Layer 属性修改为 2。选中 Thruster 的所有子对象和 LanderFeet 对象,设置它们的 Order in Layer 为 1。

当登陆舱碰到登录平台时,平台会微微下沉,表示你已经着陆。登录平台和岩石精灵是彼此交叠的,为了使结果看起来正确,你必须将登录平台排在岩石的后面。

将 LanderObjective 精灵设置为 Rocks 图层,然后指定它的 Order in Layer 为 0。

设置 LanderObjective 下方的岩石的 Order in Layer 值设置为 1,如图 7-124 所示。

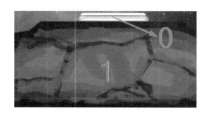

图 7-124 设置 LanderObjective 下方的岩石的 Order in Layer 值设置为 1

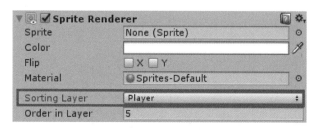

图 7-125 设置 Explosion 预制件的 Sorting Layer 为 Player

最后,选中 Prefabs 文件夹中的 Explosion 预制件,将它的 Sorting Layer 设置为 Player,如图 7-125 所示。

单击 Player,试一下你的飞行技巧,点火推进器,落到着陆平台上——注意不要在一个反向上推得过猛,以便撞到岩石上!

7.14　UGUI

(1) UGUI 的特点是灵活、快速和可视化,对于开发者而言,效率高、易于使用和扩展以及对 Unity 的兼容性高。

(2) UGUI 与 GUI 插件 NGUI 相比:① 由 NGUI 创始人参与开发;② 与 Unity 结合更加密切;③ 自适应系统更加完善;④ 更方便的深度处理;⑤ 省去 Altas,直接使用 Sprite Pa。

(3) UGUI 画布:是所有 UI 控件的根类,所有的 UI 控件补习都在画布上面。EventSystem 是事件系统,负责监听用户的输入,创建 UI 控件时,当层级试图当中没有 CANVAS 和 EventSystem,系统会帮我们自动创建。

(4) 画布的三种渲染模式:

① Screen Space-Overlay:不需要 UI 摄像机,画布会一直出现在摄像机最前面。

② Screen Space-Camera:需要一个 UICamera,支持 U 前方显示 3D 模型和粒子系统。

③ World Space:UI 控件成为 3D 场景中的一部分。

(5) LayoutGroup 组件:对子控件进行布局,上面只能有一种布局组件,布局组件有以下三种:

① Horizontal Layout Group(水平布局);

② Ver tical Layout Group(垂直布局);

③ Grid Layout Group(网格布局)。

UGUI 画布也称为 Canvas,UGUI 是所有控件的父类;所有 UGUI 控件都必须绘制在画布上面;当创建 UGUI 控件工程当中没有 Canvas 的时候会自动创建。

(6) Canvas 与 EventSystem:

① Text 控件是用来显示文本的文本控件。

② Text 的属性可以在 Inspector 当中通过 Text 组件进行设置,也可以在代码当中进行动态设置,给 Canvas 挂载脚本 UGUISetting。

③ Image 控件主要是用来显示图片,显示图片的格式是 Sprite。

④ 当我们给 Image 选择一张贴图之后会出现 ImageType 选项,如下图所示。ImageType 总共有四种选项:Simple 显示单个会拉伸;Tilled 平铺显示,图片按照原始显示;Sliced 按照九宫格显示,拉伸区域只会在九宫格中间;Filled 填充显示,可以根据不同的填充方式模拟技能冷却的。

⑤ 按钮添加监听事件:

```
Button btn;
void Star t () {
 //获取到按钮
btn = GameObject.Find("Button").GetComponent<Button> ();
 //给按钮添加监听事件
btn.onClick .AddListener (BtnClick);
}
void BtnClick(){ //按钮响应事件
Debug.Log ("btn.onClick .AddListener ()");
}
Slider 是滑动条,Slider 的属性如图所示:
Slider slider ;
void Star t () {
 //获取到 Slider 组件
slider = GameObject.Find("Slider ").GetComponent<Slider> ();
 //添加监听事件
slider.onValueChanged.AddListener(SliderValueChange);
}
//  事件响应
public voidSliderValueChange (float value){

Debug.Log ("value = "+value);
}
```

InputField 创建出来如下图所示,InputField 层级视图当中包含 Placeholder 与 Text,Placeholder 用于显示占位符,即输入框没有输入文本时显示的文本,例如,下图的"Enter text",Text 用于显示输入的内容。

RectTransform 的作用用来计算 UI 的位置和大小,RectTransform 继承于 Transform,具有 Transform 的所有特征,通过 RectTransform 能够实现基本的布局和层级控制。

如图所示,箭头所指即为锚点,锚点表示的是相对于父级矩形的子矩形区域。如图所示锚点为四边形,锚点有多种摆放方式,可以为矩形、点状或是线状。锚点移动范围仅限于父级视图当中。

按下 T 键选中某一个 UI 控件即可看到 UI 控件的中心点,中心点也称中心轴,当鼠标拖动 UI 控件进行旋转的时候会围绕中心点旋转。中心点为矩形的一部分。0 对应左下角,1 对应右上角。

（7）UGUI 回调方法。输入模块 StandaloneModule 和 TouchInputModule 两个组件会检测到用户的一些输入事件,并且以事件的方式通知目标对象。实现这些回调方法需要实现相应的接口。常用的回调事件如下所示。

（8）CanvasGroup 的作用：当一个控件覆盖到另外一个控件上的时候,下面的控件默认是检测不了的,为了可以透过当前控件检测到下面的控件,可以给该组件添加 CanvasGroup 组件,其属性 blocksRaycasts 设置为 false 时,表示可以穿透该控件检测到下面的控件,如果为 true 表示不能穿透,下方的控件检测不到。

（9）在 Unity 中,所有与应用程序相关的方法都写在 Application 类中。

主要功能：获取或设置当前应用程序的一些属性。

① 加载游戏关卡场景;② 获取资源文件路径;③ 退出当前游戏程序;④ 获取当前游戏平台;⑤ 获取数据文件夹路径。

（10）同步加载场景的方式分为两种：读取新关卡后立即切换,其参数为所读取新关卡的名称或索引。

```
SceneManager.LoadScene("Scene2");
```

加载一个新的场景,当前场景不会被销毁。

```
SceneManager.LoadScene("Scene2",LoadSceneMode.Additive);
```

异步加载新游戏场景,当新场景加载完成后进入新场景并且销毁之前的场景。

```
SceneManager.LoadSceneAsync("Scene2");
```

同样异步加载新场景,新场景加载完毕后,保留之前场景并且进入新场景。

```
SceneManager.LoadSceneAsync("Scene2",LoadSceneMode.Additive);
```

7.15　Unity 动画系统

首先了解一下 Unity 中 Animation 动画组件的简单应用。

1）Animation 组件

（1）Animatin 默认动画。

（2）Animatins/Size 播放动画数量。

（3）Rig/Animatin Type/Legacy 是指旧版动画系统。

Mecanim 是指新版动画系统。旧版本动画系统和新版本的动画系统有很大的不同。

如何播放动画？播放动画主要用到这几个方法,Play,CrossFade 和 CrossFadeQueued。三种方法的不同：

（1）Play 是瞬间切换,没有过渡效果。

（2）CrossFade 则是有过渡效果,但是只能且能切换同一层的动画,层级通过 layer 来设置。

（3）CorssFadeQueued（）函数是播放动画队列,参数是（动画名称,过渡长度,队列模式,播放模式）,其中队列模式是指结束上一个动画,开始下一个动画。那么结束播放动画如何实现呢？只需要通过 Stop（）函数即可实现。

2）动画融合

（1）AddMixingTransform（）

参数是你要播放动画的组件,例如一个人物有胳膊,腿,身体,人物走路的时候只想让它的腿动,而手不动,则此时可以用动画融合,函数参数就是两条腿就可以实现该效果。

3）动画帧事件

定义：当动画播放到某一帧,执行指定的方法,例如当敌人 AI 攻击的时候武器打中人物的时候。但是此时并没有真正的打中 只是到达一定的角度,像是刺中,而执行人物掉血的方法,就可以使用动画帧事件。

创建动画帧事件的过程：

（1）首先需要拷贝人物预置体中的动画到另一个文件夹中 原因：因为通过动画分割出的动画或者说是人物预置体中自带的动画,属性为只读属性,不可添加帧事件。

（2）然后再打开 Animation 快捷键是 Ctrl+6。

（3）再选定动画和该动画指定的某一帧添加帧事件即可,事件方法只要在该物体上挂载的脚本上定义。而这里又要涉及一个重要的方法 SendMessage（）顾名思义,这个方法是发送消息的,让目标物体执行一个方法。具体用法是 SendMessage（"方法名",参数）,方法在目标所挂载的脚本中定义,估计有人会问,这个有什么用,例如,敌人 AI 打击到了人物,人物的血条要减少,就可以通过 SendMessage 来达到这样的效果。

4）Unity 中新版动画系统 Animator 的使用

Mecanim 是 Unity 提供第一个丰富而复杂的动画系统,提供了：

• 针对人形角色的简易的工作流和动画创建能力。

• Retargeting（运动重定向）功能,即把动画从一个角色模型应用到另一个角色模型上的能力。

• 针对 Animations Clips（动画片段）的简易工作流,针对动画片段及他们之间的过度和交互预览能力。

• 一个用于管理动画间复杂交互作用的可视化窗口。

• 通过不同逻辑来控制不同身体部位的运动能力。

（1）Mecanim 工作流：

① 资源导入,这一阶段由美术师或动画师通过三维工具来完成。

② 角色的建立,主要分为以下两种方式。

• 人形角色的建立,Mecanim 通过扩展的图形操作界面和动画重定向功能,为人物模型提供了一种特殊的工作流,它包括 Avatar 的创建和对肌肉定义（Musicle Definitions）的调节。

• 一般角色的建立,一般为运动物体和四足动物而设定,动画重定向对此不适用。

③ 角色的运动,包括设定动画片段以及其相互间的交互作用,也包括建立状态机和混合树、调整动画参数以及通过代码控制动画等。

（2）获取人形网格模型：

① 人形网格模型,为了充分利用 Mecanim 的人形动画系统和动画重定向功能,需要一个具有骨骼绑定和蒙皮的人形网格模型。

• 人形网格模型一般由一组多边形或三角形网格组成,创建模型的过程称为建模（modelling）；

• 为了控制角色的运动,必须为其创建一个骨骼关节层（joint hierarchy）；

- 人形网格模型必须与关节层级关联起来,通过指定关节的动画来控制特定网格的运动,这个过程称为蒙皮(skinning);

一句话来总结,创建好人物模型后(建模 modelling),为其创建一个骨骼关节(joint hierarchy),最后异步将人物网格模型和关节关联起来(蒙皮 skinning)。[modelling→joint hierarchy→skinning]

② 获取模型,在 Mecanim 系统中,可以通过三种途径来获取人物网格模型:

- 使用一个过程试的人物建模工具,Poser、Makehum 或 Mixamo 等。其中有些三维软件可以在建模的同时进行骨骼绑定和蒙皮操作。应该尽可能地减少人形网格的面片数量,从而更好地在 Unity 中使用。

- 在 Unity Asset Store 下载。

- 通过三维建模软件来创建全新的人形模型,这类软件包括 3Dmax、Maya、Blender 等。

③ 导出和验证模型,Unity 引擎可以导入一系列的常用 3D 文件格式,推荐使用 FBX 2012,因为改格式允许:导出的网格中包含关节层级、法线、纹理以及动画信息;也可以导入不包含网格的动画信息。

(3) 动画分解:

① 预分解动画模型:最容易使用的动画模型是含有预分解动画片段模型,这种动画模型在导入项目后,可看到面板中包含多个可用的动画片段列表,还可对每个动画片段的帧数范围进行编辑调整。

② 未分解动画模型:提供单一连续动画片段的模型,这种情况可自行设定每个动画的片段所需要的帧。如该模型动画一共有 100 帧,1—10 帧为待机喘息状态,11—30 帧为行走,31—60 帧为奔跑,61—80 帧为攻击,81—100 帧为死亡动画。

③ 为模型添加动画:用户可以为任意模型的动画组建添加动画片段,该模型甚至可以没有肌肉定义(非 Mecanim 模型),进而在 Animations 属性中指定一个默认的动画片段和所有可用的动画片段。在非 Mecanim 模型上添加动画片段也必须采用非 Mecanim 的方式进行,即将 Muscle Definition 属性设置为None。

对具有肌肉定义的 Mecnim 模型处理过程如下:

- 创建一个 Animator Controller。

- 打开 Animator Controller 窗口。

- 将特定的动画片段拖到 Animator Controller 窗口。

- 将模型资源拖入到 Hierarchy 视图中。

④ 通过模型文件来导入动画片段:该方法是遵循 Unity 指定的动画文件命名方案,用户可以创建独立的模型文件并按照 modelName@ animaionName. fbx 的格式来命名。例如一个魔法师的模型(wizard. fbx),待机、行走、攻击分别命名为 wizard@ idle. fbx、wizard@ walk. fbx、wizard@ attack. fbx。只有在这种情况下,动画数据才会被使用。

(4) 使用人形角色动画:Mecanim 动画系统特别适合用于人形角色的动画制作,因为人形模型均具有相同的基本结构,所以用户可以实现将动画效果从一个人形骨架映射到另外一个人形骨架上去,从而实现动画重定向的功能。

创建一个动画的基本步骤就是创建一个从 Mecanim 系统的简化人形骨架结构到用户实际提供的骨架结构的映射,这种映射关系称为 Avatar,下面就介绍如何为一个模型创建一个 Avatar。

(5) 创建 Avatar:在导入一个模型(例如 fbx)后,在该模型面板上选中 Rig 选项卡指定它的骨骼模型,包括 Humanoid、Generic 和 Legacy 这三种。

① 人形动画（Humanoid）

对于人形骨架，选中 Animation Type 下拉菜单，选择 Humanoid，单击 Apply 按钮，Mecanim 系统就会尝试将用户提供的骨架结构与 Mecanim 系统内嵌的骨架结构进行匹配，匹配成功后在可以看到 Configure ... 复选框被选中。在匹配成功的情况下，会在模型资源中添加一个 Avatar 子资源。需要注意的是，这里匹配成功仅仅是匹配了所有必要的关节骨骼，如果想达到更好的效果，还需要对 Avatar 进行手动调整。如果在 Configure ... 旁边显示一个叉号，即不会生成相应的 Avatar 子资源，这种情况就需要手动配置 Avatar。

② 非人形动画

Unity 为非人形动画提供了两个选项，一般动画类型（generic）和旧版动画类型（legacy），一般动画仍可由 Mecanim 系统导入，但无法使用人形动画专有的功能。

配置 Avatar：

在上一步生成 Avatar 子资源后，即可配置 Avatar。Avatat 是 Mecanim 系统中极为重要的模块，因此为模型资源正确的设置 Avatar 也至关重要，不管 Avatar 自动创建过程是否成功，用户都需要进入 Configure ... Avatar 界面中确认 Avatar 的有效性，即确认用户提供的骨骼结构与 Mecanim 系统预定义的骨骼结构是否正确的关联起来，并且模型处于 T 形姿态。

单击 Configure ... 后 Scene 视图将被用于显示当前模型的骨骼、肌肉、和动画信息，同时会出现一个 Avatar 配置面板，可看到一个关键骨骼映射信息的视图，该视图还显示了哪些骨骼是必须匹配的（实线圆圈），哪些是可选匹配的（虚线圆圈）。为了方便 Mecanim 进行骨骼匹配，用户提供的骨架中应包含所有必须匹配的骨骼。此外为了提高匹配的成功率，应尽量通过骨骼代表的部位来给骨骼命名。

如果复发为模型找到合适的匹配，用户也可以通过类似 Mecanim 内部使用的方法来进行手动配置：

① 在 Avatar 面板中选择 Pose 下拉项中的 Sample Bind-pose（得到模型的原始姿态）；

② 在 Avatar 面板中选择 Mapping 下拉项中的 Automap（基于原始姿态创建一个骨骼映射）；

③ 在 Avatar 面板中选择 Pose 下拉项中的 Enforce T-pose（强制模型贴近 T 形姿态，即 Mecanim 动画的默认姿态）

如果在第二个步骤中，自动映射的过程出现失败或者局部失败，用户可通过 Scene 视图或者 Hierarchy 视图中拖出骨骼并指定骨骼，如果 Mecanim 认为骨骼匹配，将在 Avatar 面板中以绿色显示，否则以红色显示。

如果没有指定正确则会看到 Sence 视图中会出现 Character not in T-pose 提示，可通过 Enforce T-pose 强制将模型转换为 T 型姿态或者旋转至模型为 T 型姿态。

上述骨骼映射信息还可奥村一个人形模版文件（humanoid template file）. ht，这个文件可在所有使用这个映射关系的角色之间复用。

设置 Muscle 参数：

Mecanim 使用肌肉（muscle）来限制不同骨骼的运动范围，一旦 Avatar 配置完成，Mecanim 就能解析其骨骼结构，进而用户就可以在 Muscles 选项卡中调节相关参数。在此可非常容易的调节角色的运动范围，确保看起来真实自然。

用户可以在视图上方使用预先定义的变形方法对几根骨骼同时进行调整，也可在视图下方对身体上单根骨骼进行调整。

人形动画的重定向：

人形重定向是 Mecanim 系统中强大的功能之一，这意味着开发者只需要很简单的操作即可将一组动画应用到其他人形角色模型上,前提是必须正确的配置 Avatar。

导入单个动画文件:

在从三维软件导出模型前,遵循 Unity 3D 动画文件命名方案,为单个动画模型文件命名 modelName@ animationName.fbx,即 模型名称@ 动画名称.fbx。

例如对于一个名为 warlock(魔法师)的模型,分别指定 idle(待机),walk(行走),attack(攻击),death(死亡)等动画。

即命名规范:

warlock@ idle.fbx

warlock@ walk.fbx

warlock@ attack.fbx

warlock@ death.fbx

另外还需导出一个 warlock.fbx 不带动画的模型文件,在导出模型前勾选 no animation 选项即可,warlock.fbx 模型会遵循动画文件命名规范来索引其他带动画的模型文件。

旧版动画系统和新版动画系统最大的区别就是新版动画系统加入了骨骼 Avatar,骨骼顾名思义就是给物体添加骨骼架构,从旧版动画切换到新版动画会自动生成骨骼,生成结果为勾号,代表可以使用,生成结果为叉号,骨骼不可以使用,说明有错误。骨骼多数用于人形动画,如图 7 - 126 所示。

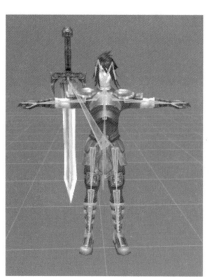

图 7 - 126　人形动画

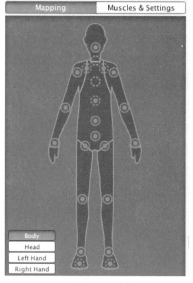

图 7 - 127　骨骼

如图所示,其中绿色部分就是骨骼,如图 7 - 127 所示。

而通过选中 Muscles 和 Settings 选项就可以编辑关节肌肉的具体位置。

(6)状态机:状态机十分强大,它是可视化的,通过状态机可以控制人物的动画播放。说到状态机,就要提到 Animtor controller 动画控制器,单击右键,选择创建 Animator Controller 再在动画控制器的视图界面上单击 Open 按钮就可以打开 Animator 界面,就可以开始编辑状态机了,如图 7 - 128 所示就是状态机的编辑界面。

其中有两个重要的属性 Layer 和 Parameters,Layer 是指层级,Parameters 中有四个重要的参数:

(1) Float 大于,小于。

(2) Int 大于,小于,等于,不等于。

(3) Bool true false。

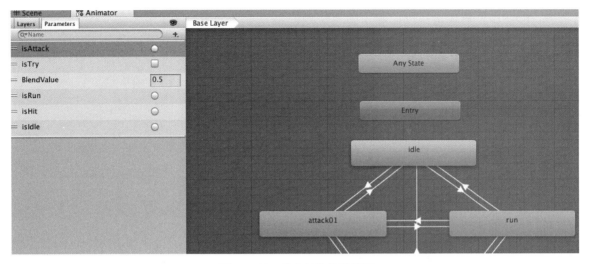

图 7 - 128　状态机的编辑界面

（4）Trigger 触发器。

这四个参数是用来控制动画切换的条件。

把需要播放的动画拖拽进入编辑器中就回变成一个像按钮一样的东西再给他添加过渡的线就可以切换动画了，而添加的条件就是放在这些选中的线中，这里还有一个重要的属性，Has Exit Time 勾选中了就是不立即切换动画，取消勾选就是立即切换动画，默认是勾选状态，如 7 - 129 所示。

切换动画的状态也涉及三个触发事件：OnStateEnter 状态进入，inStateExit 状态退出，OnStateUpdate 状态更新。如图 7 - 130 所示。

新版动画系统也可以给指定的某一帧添加帧事件，而且更方便，首先要选中要添加帧事件的动画，单击 Edit 按钮下面有个属性 Event 就可以添加帧事件了，具体如图 7 - 131 所示。

图 7 - 129　Has Exit Time 设置

```
public class TestAniInfo : StateMachineBehaviour {

    //状态机
    public override void OnStateEnter (Animator animator, AnimatorStateInfo stateInfo, int layerIndex)
    {
        Debug.Log ("状态进入");
        //animator.name游戏物体名称
        //获取当前动画片段的名称
        string _name=animator.GetCurrentAnimatorClipInfo(0)[0].clip.name;
        //获取状态信息 stateInfo.IsTag

        base.OnStateEnter (animator, stateInfo, layerIndex);

    }
    public override void OnStateExit (Animator animator, AnimatorStateInfo stateInfo, int layerIndex)
    {
        Debug.Log ("状态退出");
        base.OnStateExit (animator, stateInfo, layerIndex);
    }
    public override void OnStateUpdate (Animator animator, AnimatorStateInfo stateInfo, int layerIndex)
    {
        Debug.Log ("状态更新");
        base.OnStateUpdate (animator, stateInfo, layerIndex);
    }

}
```

图 7 - 130　切换动画的状态涉及的三个触发事件

总而言之,新版动画系统比旧版动画系统用起来是更加的方便的。

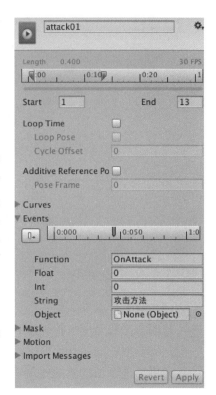

图 7-131　通过 Edit 按钮的 Event
属性添加帧事件

7.16　Unity 导航系统

导航系统在 Unity 手册中的定义：The Navigation System allows you to create characters which can navigate the game world. It gives your characters the ability to understand that they need to take stairs to reach second floor, or to jump to get over a ditch. 导航系统允许你创建一个在游戏世界中能导航的角色。它可以让你的角色有能力去理解他们需要去爬楼梯到二楼,或者跳越一条沟渠。

1) 导航网格 Nav Mesh

首先需要将地形设置为 Navigation Static,如图 7-132 所示。

如果有不想烘焙的地方,取消勾选即可。打开 Window-Navigation 导航窗口,选择 Bake 页面,如图 7-133 所示。

Agent Radius：定义网格和地形边缘的距离。

Agent Height：定义可以通行的最高度。

Max Slope：定义可以爬上楼梯的最大坡度。

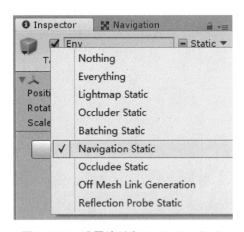

图 7-132　设置地形为 Navigation Static

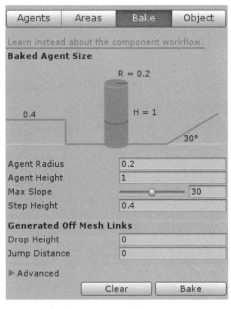

图 7-133　选择 Bake 页面

Step Height：定义可以登上台阶的最大高度。

Drop Height：允许最大下落距离。

Jump Distance：允许最大的跳跃距离。

设置好后,可以单击 Bake 进行烘焙,导航网格效果如图 7-134 所示。

2) Nav Mesh Agent

为角色添加 NavMeshAgent 组件,用来控制角色在导航网格上移动,Unity 版本不同,可能面板不太

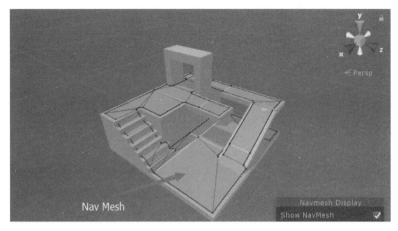

图 7－134 导航网格效果

一样,如图 7－135 所示。

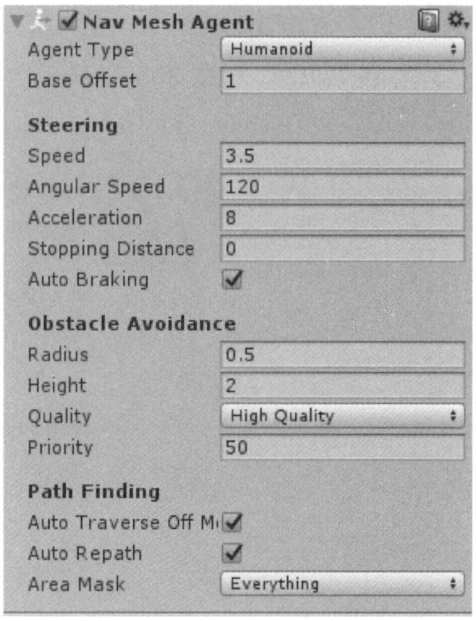

Steering(操纵)。

Speed:最大移动速度。

Angular Speed:行进时的最大角速度。

Acceleration:最大加速度,控制速度的变化快慢。

Stopping Distance:制动距离,到达目标点的距离小于这个值。

Auto Braking:勾选,到达目标点后停止运动,没有缓冲运动。

常用 API:

ActivateCurrentOffMeshLink:激活或禁止当前 off-MeshLink。

CalculatePath:计算到某个点的路径并储存。

CompleteOffMeshLink:完成当前 offMeshLink 的移动。

Move:移动到相对于当前位置的点。

ResetPath:清除当前路径。

SetDestination:设置目标点。

SetPath:设置一条路线。

Warp:瞬移到某点。

RemainingDistance:到目标点的距离。

DesiredVelocity:期望速度,方向指向的是到达目标点的最短路径的方向。

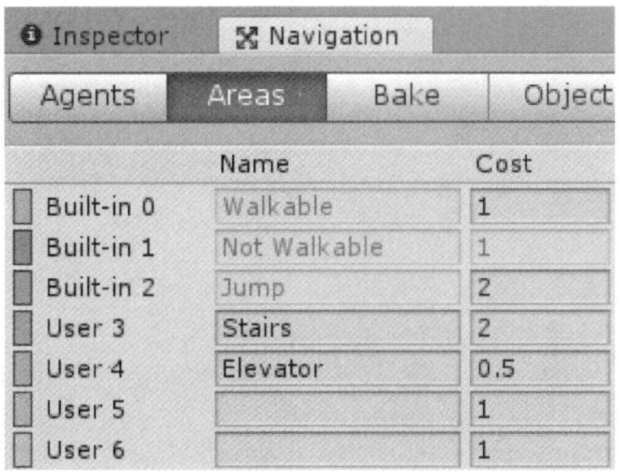

图 7－135 NavMeshAgent

3) Nav Mesh Area(如图 7－136 所示)

用来设置路径估值(Cost),比如走楼梯,消耗体能 20,而坐电梯,消耗体能 5,自然会选择后者方式。

设置完消耗代价后,在 Object 面板中设置类型,如图 7－137 所示。

Unity 内置了三种 area,Walkable 设置可行走区域,NotWalkable 设置不可行走区域,如果不想让角色行走的区域,可以设置成这个。需要注意,做了修改,一定要重新烘焙网格,设置才会有效!

图 7－136 Nav Mesh Area

155

图 7 - 137　在 Object 面板中设置类型

图 7 - 138　创建 off mesh links

4）Off Mesh Links

地形之间可能有间隙，形成沟壑，或者是高台不能跳下，导航网格处于非连接的状态，角色无法直接跳跃，要绕一大圈才能到达目的地。Off Mesh Links 用于解决这种问题。

可以自动或者手动创建 Off Mesh Links，需要先设置 Bake 选项卡中的 Drop Height 或者 Jump Distance 属性，前者控制跳跃高台最大高度，后者控制跳跃沟壑的最大距离，如图 7 - 138 所示。

选中需要创建 Links 的对象，在 Object 选项卡内勾选 Generate Off Mesh Links，再重新烘焙即可。需要注意，这里平台 1 设置了 Links，而平台 2 没有设置。此时，角色只能从平台 1 跳到平台 2，如图 7 - 139 箭头所示。

手动添加 Links，需要为地形对象添加 Off Mesh Link 组件，可以创建两个空对象，分别用来控制跳跃的开始和结束点，如图 7 - 140 所示。

图 7 - 139　角色从平台 1 跳到平台 2

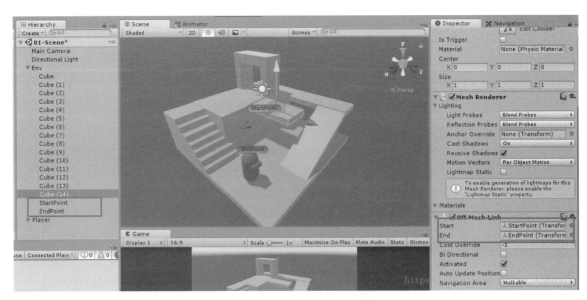

图 7 - 140　创建两个空对象，分别用来控制跳跃的开始和结束点

Cost Override：路径估值，和之前的 Area 一样。

Bi Directional：控制跳跃是单向的还是双向的。

Activated：控制 Link 是否激活。

Auto Update Position：自动更新位置，当移动开始结束点的时候，自动更新。

5）Nav Mesh Obstacle（见图 7 - 141）

Shape：选择障碍的几何形状。

Carve：如果勾选，会重新渲染网格，效果如图 7 - 142 所示。

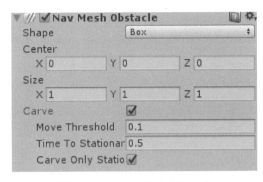

图 7 - 141　Nav Mesh Obstacle

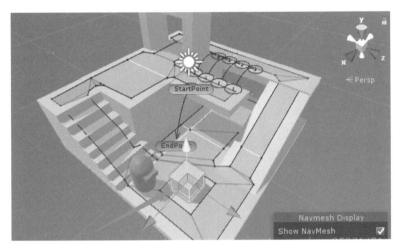

图 7 - 142　重新渲染网格的效果

导航使用案例：

实现单击目标，自动寻路功能，效果如图 7 - 143 所示。

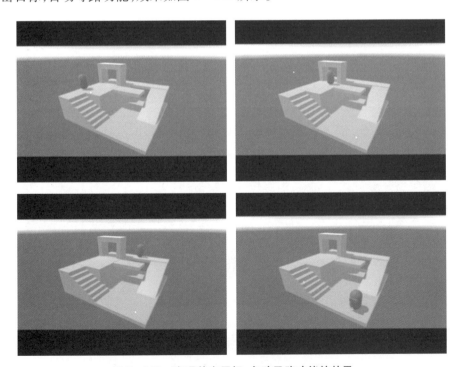

图 7 - 143　实现单击目标，自动寻路功能的效果

前期准备：渲染好导航网格，在玩家身上挂载 Nav Mesh Agent 组件。

添加如下脚本：

```
public class Player : MonoBehaviour
{
    private NavMeshAgent navMeshAgent;

    private void Start()
    {
        navMeshAgent = gameObject.GetComponent<NavMeshAgent>();
    }

    private void Update()
    {
        if (Input.GetMouseButtonDown(0))
        {
            Ray ray = Camera.main.ScreenPointToRay(Input.mousePosition);
            RaycastHit hit;
            if (Physics.Raycast(ray,out hit))
            {
                Transform parent = hit.collider.transform.parent;
                if (parent != null && parent.name.Equals("Env"))
                {
                    navMeshAgent.SetDestination(hit.point);
                }
            }
        }
    }
}
```

下面实现代码控制角色移动，navMeshAgent. updatePosition = false；navMeshAgent. updateRotation = false；可以禁止 Agent 更新位置和旋转。但会造成 Agent 的绿框和角色分离，如图 7 - 144 所示，设置绿框的位置和角色位置相同即可解决问题，navMeshAgent. nextPosition = transform. position。

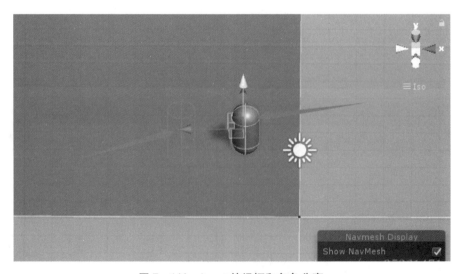

图 7 - 144　Agent 的绿框和角色分离

```
public class Player : MonoBehaviour
{
    private NavMeshAgent navMeshAgent;
    private void Start()
    {
        navMeshAgent = gameObject.GetComponent<NavMeshAgent>();
        //禁用 NavMeshAgent 更新角色位置
        navMeshAgent.updatePosition = false;
        navMeshAgent.updateRotation = false;
    }
    private void Update()
    {
        if (Input.GetMouseButtonDown(0))
        {
            Ray ray = Camera.main.ScreenPointToRay(Input.mousePosition);
            RaycastHit hit;
            if (Physics.Raycast(ray, out hit))
            {
                if (hit.collider.name.Equals("Floor"))
                {
                    navMeshAgent.nextPosition = transform.position;
                    navMeshAgent.SetDestination(hit.point);
                }
            }
        }
        Move();
    }
    private void Move()
    {
        if (navMeshAgent.remainingDistance < 0.5f) return;
        navMeshAgent.nextPosition = transform.position;
        if (navMeshAgent.desiredVelocity == Vector3.zero) return;
        Quaternion targetQuaternion = Quaternion.LookRotation(navMeshAgent.desiredVelocity,
Vector3.up);
        transform.rotation = Quaternion.Lerp(transform.rotation, targetQuaternion, Time.
deltaTime * 3);
        transform.Translate(Vector3.forward * Time.deltaTime * 3);
    }
}
```

7.17　Unity 特效渲染

粒子特效：Unity 中一个典型的粒子系统是一个对象，它包含了一个粒子发射器、一个粒子动画和一个粒子渲染器。粒子发射器产生粒子，粒子动画器则随时间移动粒子，粒子渲染器则将它们渲染到屏幕中。

粒子系统相关参数：

（1）拖尾渲染：TrailRenderer。拖尾渲染组件属于特效当中的一种，给一个物体添加拖尾渲染组件

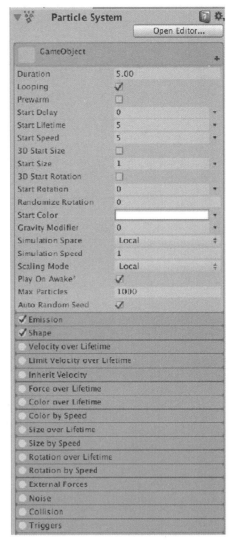

图 7-145　粒子系统的属性面板

的方式。

（2）线性渲染：LineRenderer 常用方法。

1）粒子系统

（1）粒子系统概述。粒子系统是 Unity3.5 版本新推出的粒子系统,它采用模块化管理,个性化的粒子模块配合粒子曲线编辑器使用户更容易创造出各种缤纷复杂的粒子效果。

粒子在 Unity 中是用来制造烟雾,蒸汽,火及其它气体的效果。粒子在三维空间中渲染的二维图像,粒子系统通过多次使用一或两个纹理并多次绘制它们,以创造一个混沌的效果。

Unity 中一个典型的粒子系统是一个对象,它包含了一个粒子发射器、一个粒子动画和一个粒子渲染器。粒子发射器产生粒子,粒子动画器则随时间移动粒子,粒子渲染器则将它们渲染到屏幕中。

（2）创建粒子系统。首先在层级视图当中创建空白对象,然后给其添加组件【Component】→【Effects】→【Particle System】,粒子系统的属性面板如图 7-145 所示。

（3）初始化模块。此模块为固有模块,不可删除或者禁用。该模块定义了粒子初始化时的持续时间、循环方式、发射速度、大小等一系列基本的参数,如图 7-146 所示。

Duration（粒子持续时间）：粒子系统的周期。

Looping（粒子循环）：粒子发射是否循环,一个周期接着一个周期。

Prewarm（粒子预热）：粒子是否预热,开始播放的时候为一个周期之后的状态。

Start Delay（粒子开始延迟）：游戏开始运行起来多久后才发射粒子。在开启粒子预热时无法使用此项。

Start LifeTime（生命周期）：粒子的存活时间。

Start Speed（初始速度）：粒子发射时的速度。

Start Size（粒子初始大小）：粒子发射时的初始大小。

Start Rotation（初始旋转）：粒子发射时的旋转角度。

Start Color（初始颜色）：粒子发射时的初始颜色。

Gravity Multiplier（重力倍增系数）：修改重力值会影响到粒子发射时所受到的重力影响。

Inherit Velocity（粒子速度继承）：对于运动中的粒子系统,将其移动速度应用到新生产的粒子上。

Simulation Space（模拟坐标系）：粒子系统的坐标是世界坐标还是本身坐标。

Play On Awake（唤醒时播放）：开始此项系统在游戏运行时会自动播放粒子。

Max Particles（最大粒子数）：粒子系统发射粒子的最大数量。

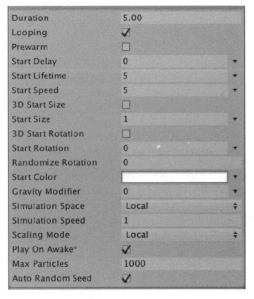

图 7-146　初始化模块

在每个参数后面都有一个箭头,单击后会出现如图7-147所示的弹框。

Constant:设定一个具体数值。

Curve:利用曲线编辑器设定数值。

Random Between Two Constants:在两个数值之间随机选择一个数值,能够让粒子效果更加真实。

Random Between Two Curves:在两条曲线之间的范围随机选择一个数值。

(4)发射模块(见图7-148)。控制粒子的发射速率,在粒子持续时间内,可实现某个特定时间生成大量粒子的效果,可模拟爆炸效果生成一大堆的粒子。

Rate over Time:每秒发射多少粒子。

Rate over Distance:每个距离单位发射多少粒子。

Bursts:粒子爆发,在粒子持续时间内的指定时刻额外增加大量的粒子。

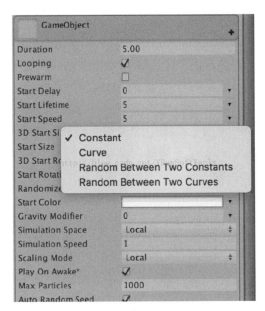

图7-147 参数后面的弹框

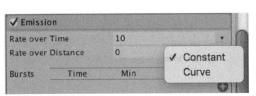

图7-148 发射模块

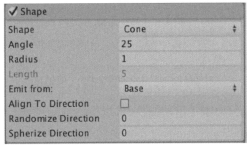

图7-149 形状模块

(5)形状模块(见图7-149)。定义粒子发射器的形状,可提供沿形状表面法线或随机方向的初始力,并控制粒子的发射位置以及方向。

Shape:粒子发射器的形状。

Emit from:粒子从粒子何处发射出来。

Randomize Direction:粒子是在随机方向还是沿着球体表面法线方向发射。

Align To Direction:将粒子按其速度方向对齐。

Spherize Direction:球面方向。

(6)生命周期模块(见图7-150)。生命周期内每一个粒子的速度,对有着物理行为的粒子效果更明显。对应哪些与物理世界几乎没有互动行为,该模块作用不大。

X, Y, Z:调节粒子在 x、y、z 方向的速度。

Space:本地坐标系还是世界坐标系。

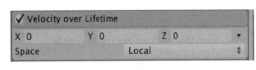

图7-150 生命周期模块

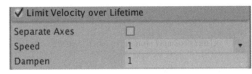

图7-151 生命周期速度限制模块

(7)生命周期速度限制模块(见图7-151)。控制粒子在生命周期内速度限制以及速度衰减,可以模拟类似拖动的效果。如果粒子速度超过设定值,则粒子速度会被限制在设定值。

Separate Axes:分离轴,控制每个坐标轴向上的速度。

Speed:可以通过常量值或曲线来限定所有方向轴的速度。

Dampen:速度衰减时的阻尼系数(取值范围为0—1)。

(8)受力模块(见图7-152)。控制粒子在生命周期内的受力情况。

X,Y,Z:使用常量或曲线来控制作用于粒子不同轴向上的受力情况。

Space:受力轴向参考的坐标系。Local 表示本地坐标系,World 表示世界坐标系。

Randomize:每帧作用在粒子上面的力都是随机的。

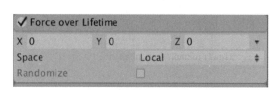

图7-152　受力模块

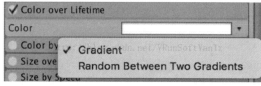

图7-153　生命周期颜色模块

(9)生命周期颜色模块(见图7-153)。控制粒子在生命周期内的颜色。粒子存活的时间越短变化得越快。

Color:生命周期内的颜色变换。

Gradient:表示粒子颜色在生命周期内按照颜色渐变条进行变换。

Random Between Two Gradients:表示粒子颜色在生命周期内按照两条颜色渐变条中任意一个值。

(10)颜色速度模块(见图7-154)。该模块控制粒子在生命周期内根据速度的变化而变化。

Color:用于指定的颜色,可以使用渐变色来指定各种颜色。

Speed Range:min 与 max 值用于定义颜色范围。

图7-154　颜色速度模块

图7-155　大小速度模块

(11)大小速度模块(见图7-155)。该模块控制粒子在生命周期内的大小随着速度的变化而变化。

Separate Axes:生命周期内控制每一个轴向上的大小。

Size:可以通过曲线,两个数值之间的随机值或两条曲线之间随机值来控制粒子生命周期内的大小变化。

Speed Range:min 和 max 可以用来定义速度大小范围。

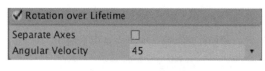

图7-156　生命周期旋转模块

(12)生命周期旋转模块(见图7-156)。该模块控制粒子在生命周期内的旋转。

Separate Axes:分离轴向上每一个轴向上的旋转角度。

Angular Velocity:旋转的角速度。

(13)旋转速度模块(图7-157)。该模块控制粒子在生命周期内的旋转随着速度的变化而变化。

Separate Axes：分离轴向上每一个轴向上的旋转角度。

Angular Velocity：旋转的角速度。

Speed Range：生命周期内的速度范围。

图 7-157　旋转速度模块

图 7-158　外部作用力模块

（14）外部作用力模块（见图 7-158）。该模块控制粒子在生命周期内受到的外部作用力。

Multiplier：此模块可控制风域的倍增系数。

（15）碰撞模块（见图 7-159）。碰撞模块可以为每颗粒子建立碰撞效果，目前只支持平面碰撞，该碰撞对于简单的碰撞检测效率非常高。

Planes：指定的引用，如果作为多个面被引用，Y 轴为平面法线。

Dampen：碰撞的阻尼系数。

Bounce：碰撞的反弹系数。

Lifetime Loss：每次碰撞之后生命减弱的比例，0 代表碰撞后粒子正常死亡，1 代表碰撞后立即死亡。

Min/Max Kill Speed：最小/最大清除速度。

Radius Scale：半径比例，用于调整粒子碰撞球体的半径。

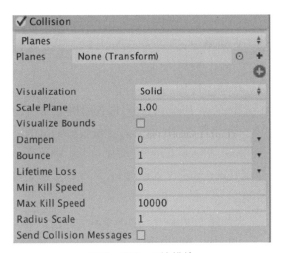

图 7-159　碰撞模块

Send Collision Message：发送碰撞信息，跟该方法有关 void OnParticle Collision(GameObject other)

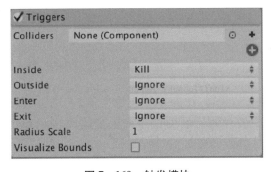

图 7-160　触发模块

（16）触发模块（见图 7-160）。碰撞模块可以为每颗粒子建立碰撞效果，目前只支持平面碰撞，该碰撞对于简单的碰撞检测效率非常高。

Colliders：指定引用的触发器。

Inside：粒子触发器内部做如何处理。

Outside：粒子触发器外部如何处理。

Enter：刚进入粒子触发器做如何处理。

Radius Scale：触发器半径比例。

Visualize Bounds：是否显示粒子碰撞体。

（17）子发射器模块（见图 7-161）。此模块可以控制粒子在出生，消亡，碰撞等三个时刻生成其他粒子。

Birth：粒子在出生的时刻生成其他粒子，可选择继承颜色，尺寸，旋转。

Collision：粒子在碰撞的时刻生成其他粒子，同样可选择继承颜色，大小，旋转。

Death：粒子在消亡的时刻生成其他粒子，同样可选

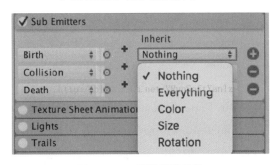

图 7-161　子发射器模块

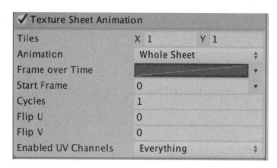

图 7-162　序列帧动画纹理模块

择继承颜色,大小,旋转。

(18)序列帧动画纹理模块(见图 7-162)。此模块可以对粒子在其生命周期内的 UV 坐标产生变化,生成粒子的 UV 动画。

Tiles:定义纹理的平铺。

Animation:指定动画类型。

Frame over Time:时间帧。

Start Frame:从第几帧开始。

Cycles:周期,指的是动画速度。

Enable UV Channels:使能 UV 通道。

(19)灯光模块(图 7-163)。此模块可对粒子在其生命周期内的 UV 坐标产生变化,生成粒子的 UV 动画。

Light:引用的灯光。

Ratio:比例。

Random Distribution:是否随机分配。

Use Affects Range:尺寸是否影响范围。

Size Affects Range:尺寸是否影响范围。

Alpha Affects Intensity:alpha 通道是否影响光照强度。

Range Multiplier:范围系数。

Intensity Multiplier:光照系数。

Maximum Lights:最大灯光数。

Sorting Layer:属于哪一层。

Order in Layer:在 layer 层当中的顺序。

Light probes:灯光探测器。

Reflection Probes:反射探针模式。

Anchor Override:定位替代。

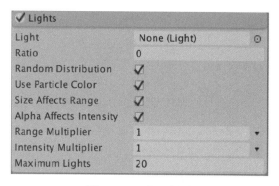

图 7-163　灯光模块

2)拖尾渲染

(1)拖尾效果预览。在游戏或动画当中经常可以看到拖尾效果,比如小球飞速运动,飞机引擎尾气等等,在 Unity 当中,使用拖尾渲染器可以制作跟在场景中的物体后面的拖尾效果来代替它们到处移动。

(2)TrailRenderer。拖尾渲染组件属于特效当中的一种,给一个物体添加拖尾渲染组件的方式如图 7-164 所示。

Cast Shadows:是否投射阴影。

Reveive Shadows:是否接收阴影。

Motion Vectors:运动矢量。

Time:拖尾特效的存活时间。

Min Vertex Distance:最小顶点距离。

Autodestruct:拖尾渲染器的 GameObject 是否自动销毁。

Width:拖尾的宽度。

Color:拖尾特效的颜色。

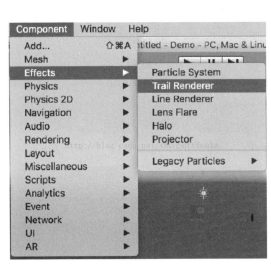

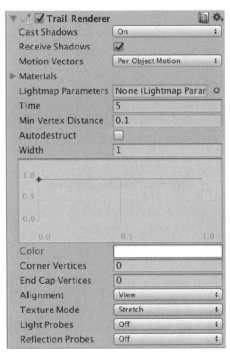

（1）　　　　　　　　　　　　（2）

图 7 - 164　给一个物体添加拖尾渲染组件

Corner Vertices：角顶点的数量。

End Cap Vertices：后顶点的数量。

Alignment：对齐方式。

Texture Mode：贴图模式。

Light Probes：光探测器的状态。

Reflection Probes：反射探测器的状态。

3）线性渲染

（1）线性效果预览。线性效果在 Unity 当中通常用于在场景当中渲染射线，或者在屏幕当中实现划线功能，线性渲染经常应用于制作游戏当中的激光效果，如图 7 - 165 所示。

图 7 - 165　线性效果预览

（2）LineRenderer 设置如图 7 - 166 所示。

① Cast Shadows：是否投射阴影。

② Receive Shadows：是否接受阴影。

③ Motion Vectors：运动矢量。

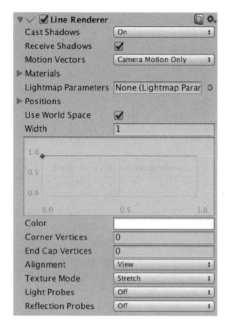

图 7-166　LineRenderer 设置

④ Positions：线条的顶点位置。

⑤ Use World Space：是否使用世界坐标系。

⑥ Width：宽度。

⑦ Color：特效的颜色。

⑧ Corner Vertices：角顶点的数量。

⑨ End Cap Vertices：后顶点的数量。

⑩ Alignment：线性渲染的材质。

⑪ Texture Mode：应用的贴图模式。

⑫ Light Probes：光探测器状态。

⑬ Reflection Probes：反射探测器状态。

（3）LineRenderer 常用方法。

① SetColors：设置颜色。

② SetPosition：设置点的位置。

③ SetVertexCount：设置顶点个数。

④ SetWidth：设置线性特效的宽度。

7.18　Unity 数据库与存储

本小节将介绍的是 Unity 数据库与存储的相关内容。

1）PlayerPrefs 存储数据

适用范围如下：

（1）适用设备：Mac OSX、Linux、Windows、Windows Store Apps、Windows Phone 8、Web players。

（2）存储机制：Key-Value。

（3）可存储变量类型：int、float、string。

2）PlayerPrefs 数据存储路径

① Mac OSX：~/Library/Preferences

② Windows：HKCU\Software\[company name]\[product name]

③ Linux：~/. config/unity3d/[CompanyName]/[ProductName]

④ Windows StoreApps：%userprofile%\AppData\Local\Packages\[ProductPackageId]>\LocalState\playerprefs. dat

⑤ WebPlayer

⑥ Mac OS X：~/Library/Preferences/Unity/WebPlayerPrefs

⑦ Windows：%APPDATA%\Unity\WebPlayerPrefs

3）PlayerPrefs 常用方法

```
void Example() {
PlayerPrefs.SetFloat("PlayerScore", 10.0F);
print(PlayerPrefs.GetFloat("PlayerScore"));
```

4）XML 数据生成和解析

（1）XML 指可扩展标记语言（EXtensible Markup Language）。

（2）XML 是一种标记语言，很类似 HTML。

（3）XML 的设计宗旨是传输数据，而非显示数据。

5）XML 结构

每个标签内部可以有多个属性。标签可以层层嵌套，形成一个树形结构。

例如：

```
<position name = "player">
<x>18</x>
<y>5</y>
<z>30</z>
</position>
```

以上 Alarm（元素节点）、lock（属性节点）、Time（元素节点）、StringValue（文本节点）都是节点（Node），但是只有<Alarm>...</Alarm>和<Time>StringValue</Time>是元素（Element）。

6）XML 常用的类

（1）XmlDocument——XML 文件类。

（2）XmlNode——XML 节点类。

（3）XmlAttribute——XML 属性类。

（4）XmlElement——XML 元素类 XmlNode XmlDocument XmlElement。

7）Xml 数据生成步骤

在 Unity 引擎中如何生成本地 XML 数据？

第一步：引用 C#的命名空间 System. Xml。

第二步：生成 XML 文档（XmlDocument 类）。

第三步：生成根元素（XmlElement 类），添加给文档对象。

第四步：循环生成子元素添加给父元素。

第五步：将生成的 XML 文档保存。

8）Xml 数据生成示例

```
//创建 xml 文件对象
XmlDocument doc = newXmlDocument();
//创建 xml 头
XmlNode xmldct =doc.CreateXmlDeclaration ("1.0", "utf-8", null);
//添加 xml 头
doc.AppendChild (xmldct);
//创建 xml 根节点(元素属于节点)users
XmlNode root =doc.CreateElement("users");
//添加 xml 根节点
doc.AppendChild (root);
//创建子节点
XmlNode xn_element =doc.CreateNode (XmlNodeType.Element, "name", null); //设置子节点的值
xn element.InnerText ="Albert";
//创建属性
XmlAttribute xa =doc.CreateAttribute ("no");
//设置属性值
xa.Value ="1234";
//获取元素的 docment
```

```
XmlDocument xd = xnelement.OwnerDocument;

//设置元素属性
xnelement.Attributes.SetNamedItem(xa);

//添加子节点到 root 节点
root.AppendChild(xn_element);
//保存 xml
doc.Save(Application.dataPath+ "/test.xml");
```

9）Xml 序列化

序列化是将对象状态转换为可保持或传输的格式的过程。我们可以把对象序列化为不同的格式，比如，Json 序列化、XML 序列化、二进制序列化等，以上这些不同的格式也都是为了适应具体的业务需求。

```
public class BaseInfo {
//BaseInfo 对象中保存 Person 对象
  List<Person> perList = newList<Person>();  //创建元素节点
[XmlElement(ElementName="Perosn")]publicList<Person> PerList
{
    get
    {
    return perList;
    }
    set
    {
      perList = value;
      }
    }
}
//用于将信息写入字符串
StringWriter sw = newStringWriter();
//指定 Xml 序列化名字空间
XmlSerializerNamespacesns = new XmlSerializerNamespaces();ns.Add("","");
//声明 Xml 序列化对象实例 serializer,对 BaseInfo 类 进行序列化
XmlSerializer serializer= new XmlSerializer(typeof(BaseInfo));
//使用 StringWriter 和指定的名字空间 将 BaseInfo 对象写入 Xml 文件
serializer.Serialize(sw,baseInfo, ns);
sw.Close();
```

10）反序列化示例

```
//根据指定路径读取,实例化 FileStream 对象
FileStream fs = newFileStream(Application.dataPath +
"/Practise5/test.xml",FileMode.Open,FileAccess.Read);
//指定反序列化的类型
XmlSerializer serializer= new XmlSerializer(typeof(BaseInfo));BaseInfo baseInfo =(BaseInfo)
serializer.Deserialize(fs);
```

```
fs.Close( );
//遍历 baseinfo 对象中的信息,输出到控制台
for ( int i = 0; i <baseInfo.PerList.Count; i++)
{
Person per =baseInfo.PerList[i];
Debug.Log("名字: "+ per.Name +", 年龄: "+per.Age);
for ( int j = 0; j <per.BooksList.Count; j++)
{
Books books =per.BooksList[j];
for ( int k = 0; k <books.BookList.Count; k++)

{
Book book =books.BookList[k];
Debug.Log("书名: "+book.Title+", 价格: "+book.Price");
        }
    }
}
```

11) JSON 数据生成和解析

(1) System. Json:

① JSON 是纯文本;② JSON 是一种轻量级的数据交换格式;③ JSON 具有层级结构(值中存在值):

数据在键值对;数据由逗号分隔;花括号保存对象;方括号保存数组。

(2) LitJson. JsonMapper:

① 把对象转化成 JSON 格式字符串: JsonMapper. ToJson;② 把 JSON 格式字符串转化成对象: JsonMapper. ToObject。

12) 什么是 SQLite

① SQLite 是一款轻型的数据库。

② SQLite 的设计目标是嵌入式的。

③ SQLite 占用资源非常低。

④ SQLite 能够支持 Windows/Linux/Unix 等主流的操作系统。

作用: INSERT INTO 语句用于向表格中插入新的行。

语法 1: INSERT INTO 表名称 VALUES(值 1,值 2,…)

语法 2: INSERT INTO table name(列 1,列 2,…)VALUES(值 1, 值 2,…)

作用: DELETE 语句用于删除表中的行。

语法: DELETE FROMPerson WHERE LastName = 'Wilson'

作用: Update 语句用于修改表中的数据。

语法: UPDATE 表名称 SET 列名称 = 新值 WHERE 列名称 = 某值

作用: SELECT 语句用于从表中选取数据。

语法: SELECT 列名称 FROM 表名称

13) Unity 当中使用 SQLite

导入 mono. data. sqlite. dll 到 Assets 文件夹代码添加库: using Mono. Data. Sqlite;

使用 SQLiteConnection 对象,进行数据库连接,此操作可以创建空的数据库。

具体代码如下:

```
//数据库连接路径
string path = "data source ="+ Application.streamingAssetsPath +
"/UserDatabase.sqlite";

void OpenDataBase(stringconnectionString)
{
    try
        {
    conn = newSqliteConnection(connectionString);
    conn.Open();
        }
catch (System.Exceptionexc)
        {
    Debug.Log(exc);
        }
}
```

使用 SqliteCommand 数据指令,对象进行数据库操作

```
//判断数据库中是否有 UserTable 这个表 SqliteCommand cmd =conn.CreateCommand();
cmd.CommandText ="select count( * ) from sqlite master where
type ='table'and name ='UserTable'";
SqliteDataReader reader =cmd.ExecuteReader();
```

使用 SqliteDataReader 数据读取对象,进行数据库内容读取

```
//判断数据库中是否存在这张表
bool isExit = false;
while (reader.Read())
{
    for (int i = 0; i <reader.FieldCount; i++)
    {
        if(reader.GetValue(i).ToString() = = "1")
        {
        isExit = true;
        }
    }
}
```

数据库操作完成之后要将数据库关闭

```
//如果表不存在则建表
reader.Dispose();
reader.Close();
reader = null;
if (! isExit)
    {
    Debug.Log("表不存在,建表");
    cmd.CommandText ="Create Table UserTable(uname text,pwdtext)";
    cmd.ExecuteNonQuery();
    }
cmd.Dispose();cmd =null;CloseDataBase();
```

14）执行 SQL 语句的三种方式

（1）int ExecuteNonQuery( )。返回受影响的行数（常用于执行增删改操作）。

（2）object ExecuteScalar( )。返回查询到的第一个值（常用于只查询一个结果时）。

（3）SqliteDataReader ExecuteReader( )。返回所有查询的结果（SqliteDataReader 对象）。

15）数据库封装：为何要封装？

（1）方便项目管理。

（2）方便开发人员的快捷的使用。

（3）防止高度保密数据外泄。

（4）连接数据库。

（5）通过 Sql 语句查询数据。

（6）通过表名查询全表数据。

（7）关闭数据库连接，释放资源。

……

16）平台选择不同的存储路径

在直接使用 Application. dataPath 来读取文件进行操作，移动端是没有访问权限的。

Application. streamingAssetsPath

直接使用 Application. streamingAssetsPath 来读取文件进行操作，此方法在 PC/Mac 电脑中可实现对文件实施"增删查改"等操作，但在移动端只支持读取操作。

使用 Application. persistentDataPath 来操作文件，该文件存在手机沙盒中，因为不能直接存放文件。

（1）通过服务器直接下载保存到该位置，也可以通过 Md5 码比对下载更新新的资源。

（2）没有服务器的，只有间接通过文件流的方式从本地读取并写入。

Application. persistentDataPath 文件下，然后再通过 Application. persistentDataPath 来读取操作。

注：

在 PC/Mac 电脑以及 Android 跟 iPad、iPhone 都可对文件进行任意操作，另外在 IOS 上该目录下的东西可以被 iCloud 自动备份。发布到安卓端需要经过特殊处理。同样需要上述的三个类库和 libsqlite. so 文件，但不需要重新建表和重新。插入数据内容。当 Android 端安装应用程序时，需要一个 *. apk 的安装文件，此文件内保存着我们从 Unity 开发平台导入的 *. sqlite 文件，所以我们可以通过 www 来下载该 sqlite 文件，从而通过 IO 流写入到 Android 本地的 persistentDataPath 沙盒路径。该文件保存着所有表格和数据，无需再次创建和插入，通常使用的都是这种方式，较为便捷。

17）Android 端连接本地数据库

注意：

二进制文件需要放在 Plugins→Android→assets 中，然后根据下面的路径就可以在 Android 中读取。

```
string Path =jar: file: //" + Application.dataPath + "! /assets/" +"你的文件";
```

7. 19　WWW 类与协程

本小节介绍的是 Unity 中的 WWW 类与协程。

1）什么是协程？

（1）Unity 的协程系统是基于 C#的一个简单而强大的接口。

（2）简单讲，协程就是可以把一个方法拆分成多次执行的一种接口。

```
IEnumerator ShowTime()
{
Debug.Log("FirstFrame");//第一帧执行
yield return 0;//等待下一帧
Debug.Log("SecondFrame");//第二帧执行
yield return 0;//等待下一帧
Debug.Log("ThirdFrame");//第三帧执行
}
开启协程
//通过传入方法开启协程
StartCoroutine(ShowTime());
//通过传入字符串类型的方法名称开启协程
StartCoroutine("ShowTime");
停止协程
StartCoroutine("ShowTime");
//停止协程
StopCoroutine("ShowTime");
```

注意：StopCoroutine 只能停止以字符串方式开启的协程。

当你"yield"一个方法时，你相当于说，"现在停止这个方法，然后在下一帧中从这里继续开始!"。用 0 或者 null 来 yield 的意思是告诉协程等待下一帧，直到继续执行为止。

2）协程注意事项

（1）在程序中调用 StopCoroutine( )方法只能终止以字符串形式启动（开始）的协程。

（2）多个协程可以同时运行，它们会根据各自的启动顺序来更新。

（3）协程可以嵌套任意多层。

（4）协程不是多线程（尽管它们看上去是这样的），它们运行在同一线程中，跟普通的脚本一样。

（5）IEnumerator 类型的方法不能带 ref 或者 out 型的参数，但可以带被传递的引用。

3）协程，线程的区别

（1）线程拥有自己独立的栈和共享的堆，共享堆，不共享栈，线程亦由操作系统调度（标准线程是的）。

（2）协程和线程一样共享堆，不共享栈，协程由程序员在协程的代码里显示调度。

（3）协程避免了无意义的调度，由此可以提高性能，但也因此，程序员必须自己承担调度的责任，同时，协程也失去了标准线程使用多CPU 的能力。

4）协程优点

（1）跨平台。

（2）跨体系架构。

（3）无需线程上下文切换的开销。

（4）无需原子操作锁定及同步的开销。

（5）方便切换控制流，简化编程模型。

（6）高并发+高扩展性+低成本：一个 CPU 支持上万的协程都不是问题。所以很适合用于高并发处理。

5）缺点

（1）无法利用多核资源：协程的本质是个单线程，它不能同时将单个 CPU 的多个核用上，协程需要和进程配合才能运行在多 CPU 上。当然我们日常所编写的绝大部分应用都没有这个必要，除非是 CPU 密集型应用。

（2）进行阻塞（Blocking）操作（如 IO 时）会阻塞掉整个程序：这一点和事件驱动一样，可以使用异步 IO 操作来解决。

6）什么是 AssetBundle

AssetBundle 是从 Unity 项目中打包出来的资源文件，可用于资源的更新等。AssetBundle 支持 3 种格式的压缩选择，分别是 LZMA、LZ4、无压缩。默认是 LZMA 格式的压缩，但是这样虽然可以使资源文件大小大大缩小，利于下载，但是也有不利的一面，在使用时会先解压再使用，所以会造成加载时间过长。

不压缩格式资源包会比较大，但是加载时不需要解压，所以加载时会更快。

7）WWW 类

（1）可以简单地访问 Web 页面。

（2）这是一个小工具模块检索 url 的内容。

（3）你开始在后台下载通过调用 WWW(url)，返回一个新的 WWW 对象。

（4）你可以检查 isDone 属性来查看是否已经下载完成，或者 yield 自动等待下载物体，直到它被下载完成（不会影响游戏的其余部分）。

8）WWW 类常用属性

7.20　网络基础

网络协议即网络中传递、管理信息的一些规范，在计算机之间相互通信需要共同遵守一定的规则，这些规则称为网络协议。

TCP/IP 不是一个协议，而是一个协议簇的统称，里面包含 TCP 协议、IP 协议、UDP 协议及 http、FTP 等。之所以命名为 TCP/IP 协议，因为 TCP、IP 协议是两个很重要的协议，所以以 TCP/IP 命名。

1）TCP/IP 协议的四层参考模型

（1）应用层：应用程序间沟通的层，如简单电子邮件传输（SMTP）、文件传输协议（FTP）、网络远程访问协议（Telnet），以及超文本传输协议（http）等。

（2）传输层：在此层中，它提供了节点间的数据传送服务，如传输控制协议（TCP）、用户数据包协议（UDP）等，TCP 和 UDP 给数据包加入传输数据并把它传输到下一层中，这一层负责传送数据，并且确定数据已送达并接收。

（3）互连网络层：负责提供基本的数据封包传送功能，让每一块数据包都能够到达目的主机（但不检查是否被正确接收），如网际协议（IP）。

（4）网络接口层：对实际的网络媒体的管理，定义如何使用实际网络来传送数据。

2）长连接

长连接是客户端与服务器建立连接后，进行业务报文的收发，始终保持连接状态，在没有报文收发的情况下，可以使用心跳包来确认连接状态的保持，很多移动端游戏类型都采用长连接，例如 RPG、

SLG、ACT 等需要即时交互的游戏类型,使用 TCP 长连接协议。

3) 短连接

短连接是客户端与服务器需要进行报文交互时进行连接,交互完毕后断开连接。例如,在某种推图游戏对战回合中,进行不联网的单机计算,当在本关卡结束时再联机交互结算报文,所以例如卡牌、回合制还有例如页游等使用 http 短连接协议。

4) TCP 协议和 UDP 协议对比

TCP(Transmission Control Protocol,传输控制协议)是面向连接的协议,在收发数据前,必须和对方建立可靠的连接。

客户端主机和服务器经过三次握手进行连接简单描述如下:

第一次,客户端向服务器发送连接请求。

第二次,服务器做出收到请求和允许发送数据的应答。

第三次,客户端再次送一个确认应答,表示现在开始传输数据了。

UDP 协议使用 IP 层提供的服务把从应用层得到的数据从一台主机的某个应用程序传给网络上另一台主机上的某一个应用程序。UDP 协议有如下的特点:

(1) UDP 传送数据前并不与对方建立连接,即 UDP 是无连接的,在传输数据前,发送方和接收方相互交换信息使双方同步。

(2) UDP 不对收到的数据进行排序,在 UDP 报文的头中并没有关于数据顺序的信息(如 TCP 所采用的序号),而且报文不一定按顺序到达的,所以接收端无从排起。

(3) UDP 对接收到的数据包不发送确认信号,发送端不知道数据是否被正确接收,也不会重发数据。

(4) UDP 传送数据较 TCP 快速,系统开销也少。

总结:

从以上特点可知,UDP 提供的是无连接的、不可靠的数据传送方式,是一种尽力而为的数据交互服务,而 TCP 是长连接、较可靠的网络协议。

Socket 本质是对 TCP/IP 封装的编程接口(API),使得程序员更方便使用 TCP/IP 协议。Socket 类提供了各种网络连接、接收数据、发送数据等相关方法给程序开发人员使用。

5) Socket 类常用方法

```
BeginConnect()   开始一个对远程主机连接的异步请求;
BeginReceive()   开始异步接收数据;
BeginSend()      开始异步发送数据;
Connect()        建立与远程主机的连接;
Send()           将数据发送到连接;
Receive()        接收数据到缓冲区;
EndConnect()     结束异步连接请求;
EndReceive()     结束异步接收;
EndSeed()        结束异步发送;
Close()          关闭 socket 连接和释放所有关联。
```

Protocolbuffer 也叫 Googlebuffer,protobuf 是谷歌的数据交换格式,独立于语言,原生支持 Java、C++、Python 等语言,一种高效率和优秀兼容性的二进制数据传输格式,使用第三方工具可以良好支持 C#语言,由于它独立于语言和平台,可以在 Unity 客户端和 C++服务器,或 Python 服务器之间进行良好交互,故而是目前 Unity 移动端网络游戏开发的主流数据交互协议。

Protocolbuffer 的基本语法

```
定义消息 message 关键字: message c2s login game request
{
required string account =1;required string password = 2;
}
1,2 是分配标识号。
```

字段关键字:

Package:包定义,名空间。

required:表示该值是必须要设置的。

optional:可选字段,消息格式中该字段可以有 0 个或 1 个值(不超过 1 个)。

repeated:重复的值的顺序会被保留,表示该值是一个集合。

注释:

Proto 文件可以使用// 注释不需要编译的内容。

序列化 proto 数据参考代码:

```
public static byte[]Serialize(IExtensible msg)
{
byte[] result;
using (var stream = new MemoryStream())
{
Serializer.Serialize(stream,msg);result = stream.ToArray();
}
return result;
}
反序列化参考代码:
public static TDeserialize<T>(byte[] message)
{
T result;
using (var stream = newMemoryStream(message))
{
result =Serializer.Deserialize<T>(stream);
}
return result;
}
```

7.21 性能优化

1)程序性能的分析

程序性能的分析主要是对 Profiler 的讲解。Profiler 工具是 Unity 3D 提供的一套用于实时监控资源消耗的工具,通过使用该工具,可以直观地查看程序运行时各个方面资源的占用情况,并匀速找到影响程序性能的线程和函数,再针对性的优化。我们可以使用快捷键 Ctrl+7 快捷键或依次单击"Window→Profiler"命令来调出 Profiler 窗口。

接下来是 Profiler 工具中各项参数的意义。

2）CPUUsage

GC Alloc：记录了游戏运行时代码产生的堆内存分配。这会导致 ManagedHeap 增大，加速 GC 的到来。我们要尽可能避免不必要的堆内存分配，同时注意：① 检测任何一次性内存分配大于 2 kB 的选项；② 检测每帧都具有 20 B 以上内存分配的选项。

WaitForTargetFPS：VSync 功能所致，即显示的是当前帧的 CPU 等待时间。

Overhead：表示 Profiler 总体时间，即所有单项的记录时间总和。用于记录尚不明确的时间消耗，以帮助进一步完善 Profiler 的统计（一般出现在移动设备，锯齿状为 Vsync 所致）。

Physics. Simulate：当前帧物理模拟的 CPU 占用量。

Camera. Render：相机渲染准备工作的 CPU 占用量。

RenderTexture. SetActive：设置 RenderTexture 操作。比对当前帧与前一帧的 ColorSurface 和 DepthSurface，如果一致则不生成新的 RT，否则生成新的 RT，并设置与之对应的 Viewport 和空间转换矩阵。

Monobehaviour. OnMouse：用于检测鼠标的输入消息接收和反馈，主要包括 SendMouseEvents 和 DoSendMouseEvents。

HandleUtility. SetViewInfo：仅用于 Editor 中，作用是将 GUI 在 Editor 中的显示看起来与发布版本上的显示一致。

GUI. Repaint：GUI 的重绘（尽可能避免使用 Unity 内建 GUI）。

Event. Internal_MakeMasterEventCurrent：负责 GUI 的消息传送。

CleanupUnused Cached Data：清空无用的缓存数据，主要包括 RenderBuffer 的垃圾回收和 TextRendering 的垃圾回收。

RenderTexture. GarbageCollectTemporary：存在于 RenderBuffer 的垃圾回收中，清除临时的 FreeTexture。

TextRendering. Cleanup：TextMesh 的垃圾回收操作。

Application. IntegrateAssets in Background：遍历预加载的线程队列并完成加载，同时完成纹理的加载、Substance 的 Update 等。

Application. LoadLevelAsyncIntegrate：加载场景的 CPU 占用。

UnloadScene：卸载场景中的 GameObjects、Component 和 GameManager，一般用在切换场景时。

CollectGameObjects：将场景中的 GameObject 和 Component 聚集到一个 Array 中。

Destroy：删除 GameObject 或 Component 的 CPU 占用。

AssetBundle. LoadAsyncIntegrate：多线程加载 AwakeQueue 中的内容，即多线程执行资源的 AwakeFormLoad 函数。

Loading. AwakeFormLoad：在资源被加载后调用，对每种资源进行与其对应的处理。

StackTraceUtility. PostprocessStacktrace（）和 StackTraceUtility. ExtractStackTrace（）：一般是由 Debug. Log 或类似 API 造成，游戏发布后需将 Debug API 进行屏蔽。

GC. Collect：系统启动的垃圾回收操作。当代码分配内存过量或一定时间间隔后触发，与现有的 Garbage size 及剩余内存使用粒度相关。

GarbageCollectAssetsProfile：引擎在执行 UnloadUnusedAssets 操作。

3）GPUUsage

Device. Present：device. PresentFrame 的耗时显示，该选项出现在发布版本中。关于该参数有如下几个常见问题：① GPU 的 presentdevice 确实非常耗时，一般出现在使用了非常复杂的 Shader 等；

② GPU 运行是非常快的,而由于 Vsync 的原因,使得它需要等待较长时间;③ 同样是 Vsync 的原因,若其他线程非常耗时时,会导致该项等待时间很长,比如过量的 AssetBundle 加载时容易出现该问题。

Graphics. PresentAndSync:GPU 上的显示和垂直同步耗时,该选项出现在发布版本中。

Mesh. DrawVBO:GPU 中关于 Mesh 的 Vertex Buffer Object 的渲染耗时。

Shader. Parse:资源加入后引擎对 Shader 的解析过程。

Shader. CreateGPUProgram:根据当前设备支持的图形库信息来建立 GPU 工程。

4) Memory

GameObjects in Scene:当前帧场景中的 GameObject 数量。

TotalObjects in Scene:当前帧场景中的 Object 数量(除了 GameObject 外,还有 Component 等)。

TotalObject Count:Object 数量+Asset 数量。

SceneMemory:记录当前帧场景中各方面的内存占用情况,包括 GameObject、所有资源、各种组件及 GameManager 等。

5) 帧调试器(FrameDebugger)的应用

一个针对渲染的调试器。与其他的调试工具的复杂性相比,Unity 原生的帧调试器非常的简单便捷。我们可以使用它来看到游戏图像的某一帧是如何一步步渲染出来的。需要使用帧调试器,首先需要在 Window→Frame Debugger 中打开帧调试器窗口。

6) GPU 优化分为四个部分

(1) DrawCall:Unity 每次再准备数据并通知 GPU 渲染的过程称为一次 DrawCall。优化方案:批处理(接下来我们会做详细的讲解)。

(2) 物理组件的使用。优化方案:① 设置一个合适的 FixedTimestep;② 不要使用 MeshCollider(从优化的角度上来说,我们尽量减少使用物理组建)。

(3) GC(Garbage Collection 垃圾回收)。优化方案:减少对 CPU 的调用(稍后做讲解)。

(4) 代码质量。

7) Unity 中有两种批处理方式

(1) 动态批处理。

好处:一切处理都是自动的,不需要我们自己做任何操作,而且物体是可以移动的。

坏处:限制很多,可能一不小心就会破坏这种机制,导致 Unity 无法批处理一些使用了相同材质的物体。

(2) 静态批处理。

好处:自由度很高,限制很少。

坏处:可能会占用更多的内存,而且经过静态批处理后的所有物体都不可以再移动了。

8) GPU 优化

(1) 减少绘制的数目。解决方案:模型的 LOD 技术、遮挡剔除技术。

(2) 优化显存的带宽。

9) 模型的 LOD 技术

LOD(Level of Detail)技术的原理是,当另一个物体离摄像机很远时,模型上的很多细节是无法被察觉到的。因此,LOD 允许当前对象逐渐远离摄像机,减少模型上的面片数量,从而提高性能。

在 Unity 中,我们可以使用 LODGroup 组件来为一个物体构建一个 LOD。我们需要为同一个对象准备多个包含不同细节程序的模型,然后把它们赋给 LODGroup 组件中的不同等级,Unity 就会自动判断当前位置上需要使用哪个等级的模型。

同样它的缺点是需要占用更多的内存,而且如果没有调整好距离的话,可能会造成模拟的突变。

10）遮挡剔除技术

实际开发过程中，每一个场景往往伴随着大量的对象，其中相当一部分对象是不在摄像机拍摄范围内的，进行着一部分对象的绘制是完全没有必要的。强大的 Unity 3D 引擎提供了非常实用的遮挡剔除技术，使不被拍摄到的点或面不送入渲染管线绘制。

（1）Resource 资源不用的要删除，如纹理、网格、音频等等。

（2）在 CPU 压力不是特别大的时候，重置 GameObject、组件等占用的内存。

（3）在打包 AssetBundle 的时候，可以考虑 bundle 的压缩。

第8章 Unity 入门案例

本章介绍的是 Unity 入门案例,通过介绍多个案例来梳理前面章节所讲述的基本内容。

8.1 拾取游戏

1）案例简述

这个案例实现一个非常简单的拾取宝物游戏,主角是一个小球,玩家通过键盘控制小球拾取全部宝物。

2）键盘控制物体移动

程序如下:

```
private Rigidbody rd;public int force = 10;
void Start () {
    rd = GetComponent<Rigidbody> ();//获得物体的刚体组件
}
void Update () {
    float h = Input.GetAxis ("Horizontal");//获得虚拟轴横向移动距离
    float v = Input.GetAxis ("Vertical");//获得虚拟轴纵向移动距离
    rd.AddForce (new Vector3(h, 0, v) * force);//对物体施加力的作用
}
```

3）控制相机跟随物体移动

程序如下:

```
public Transform playerTransform;//需要跟随的物体 private Vector3 offset;//物体与摄像机的位置偏移量
void Start () {
    offset = transform.position - playerTransform.position;
}
void Update () {
    transform.position = playerTransform.position + offset;
}
```

首先记录相机与需要跟随的物体的 position 偏移量,而后让摄像机位置通过偏移量实时改变。

4）使宝物自己旋转

程序如下：

```
void Update () {
    transform.Rotate (new Vector3(0, 1, 0), Space.World);
}
```

Update( )方法每秒大约执行 60 次，根据这个调节旋转速度。

5）碰撞检测捡起物体

程序如下：

```
void OnCollisionEnter(Collision collision){
    if (collision.collider.tag == "Food") {
        Destroy (collision.collider.gameObject);
    }
}
```

相对而言，碰撞检测虽然也能实现拾取物体的功能，但是通过碰撞检测拾取物体，会在拾取的同时发生碰撞，这是显然不合理的，因此捡起物体通常通过下面的触发检测实现。

6）触发检测捡起物体

程序如下：

```
void OnTriggerEnter(Collider collider){
    if (collider.tag == "Food") {
        Destroy (collider.gameObject);
    }
}
```

触发检测的使用方法与碰撞检测非常相似。使用时需在相应物体的碰撞器组件栏中勾选 isTrigger 选项。

7）初步使用 GUI 显示分数与胜利宣言

程序如下：

```
private int score = 0;public Text text;public GameObject winText;
void OnTriggerEnter(Collider collider){
    if (collider.tag == "Food") {
        score++;
        text.text = "Score: " + score.ToString ();
        if (score == 11) {
            winText.SetActive (true);
        }
        Destroy (collider.gameObject);
    }
}
```

仔细观察会发现，同是文字对象，但是显示分数与胜利宣言的对象分别用了 Text 和 GameObject 类型。这是因为，记录分数的 text 只需要更改其显示内容，即只对它的 text 组件进行操作，因此只需要获得它的 text 组件；而 winText 不同，我们需要它在游戏胜利时显示出来，也就是控制一整个对象，因此需要获得整一个 GameObject。

8.2 弹小球(初级)

1) 介绍

目的:通过尝试制作一款使用玩家角色把小球弹飞的简单小游戏,熟悉使用 Unity 进行游戏开发的基本流程。

软件环境: Unity 2018.2.16,Visual Studio 2017。

2) 创建新项目

(1) 启动 Unity 后将出现一个并列显示 Projects 和 Getting started 的窗口。单击窗口中央的 New Project 按钮或者右上方的 NEW 文本标签,窗口下半部分内容将发生改变,出现 Project Name 文本框等内容(见图 8 - 1)。

图 8 - 1 创建项目

(2) 如果 Unity 曾经被启动过(比如我),窗口中央将不再显示 New Project 按钮,取而代之的是曾经载入过的项目文件列表。这时右上方的 NEW 文本标签依然会显示,可以通过它来创建项目。

接下来在指定的位置上依次输入项目名称、存储路径、项目创建者,单击右下角的创建项目,这样一个 Unity 项目就创建好了(见图 8 - 2)。

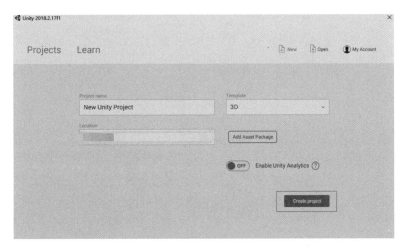

图 8 - 2 项目创建完成

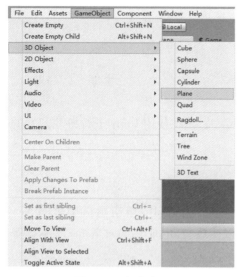

图 8-3　创建地面

提醒：虽然文件夹名称和项目可以取任意名字，但是最好不要使用汉字。因为如果路径中包含了汉字，有可能导致 Unity 编辑器在保存和读取文件时出错。

3）创建地面（创建游戏对象）

（1）在窗口顶部菜单中依次单击 GameObject→3D Object→Plane 按钮（见图 8-3）。

（2）场景视图中央将出现一个平板状的游戏对象，同时层级视图中也增加了一项 Plane（平面）（见图 8-4）。

4）创建场景，保存项目

（1）观察 Unity 的标题栏，能发现在最顶端文本右侧有一个"＊"符号。

◁ Unity 2018.2.17f1 Personal (64bit) - test.unity - NavMeshComponents-2017.2 - PC, Mac & Linux Standalone ＊ <DX11>

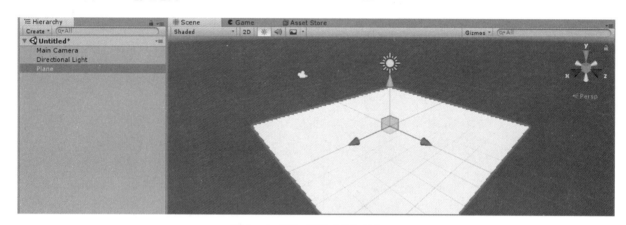

图 8-4　增加平面后的场景视图

这个符号表示当前项目文件需要保存。保存后该符号就会消失，之后如果又做了什么操作需要重新保存，该符号会再次出现。在窗口顶部菜单中依次单击 File→Save Scene 按钮（见图 8-5）。

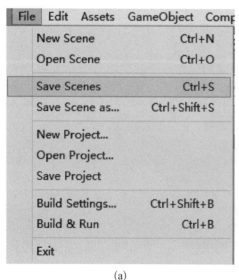

(a)

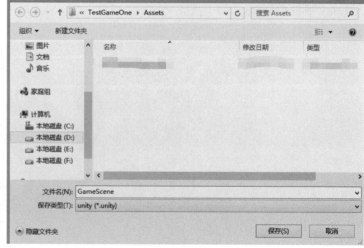

(b)

图 8-5　保存

（2）保存完毕后，项目视图中也添加了 GameScene 项（如果无法看见，可以尝试单击左侧的 Assets 标签），如图 8－6所示。

5）调整场景视图的摄像机

稍微调整一下摄像机的角度，使之能够从正面视角俯瞰我们刚才创建的地面对象（见图 8－7）。

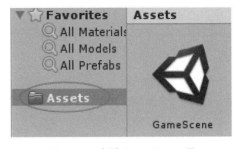

图 8－6　查看 GameScene 项

调整摄像机角度的方式如下：

（1）按住 Alt 键的同时拖动鼠标左键，摄像机将以地面为中心旋转。

（2）按住 Alt 和 Ctrl 键的同时拖动鼠标左键，摄像机则将平行移动。

（3）滚动鼠标滚轮，画面将向着场景深处前后移动。

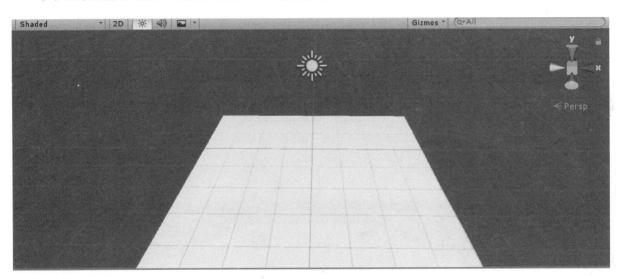

图 8－7　调整摄像角度

6）创建方块和小球

（1）创建完地面后，接下来将创建代表玩家角色的小方块和球体游戏对象。

（2）在窗口顶部菜单中依次单击 GameObject→3D Object→Cube 和 GameObject→3D Object→Sphere 按钮。

（3）将方块移动到左侧，小球移动到右侧（拖动对象上的 *XYZ* 轴进行移动）。

（4）精确移动：在层级视图中选中小方块（小球也是如此）（见图 8－8）。把检视面板中 Transform 标签下的 Position 的 *X* 值由 0 改为−2（见图 8－9）。

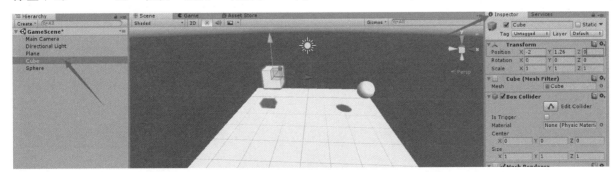

图 8－8　选中小方块

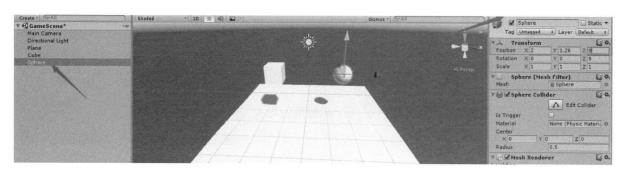

图 8-9　*X* 值修改

7）运行游戏

再次保存项目文件（返回步骤 4））。保存完成后，让我们把游戏运行起来。

（1）确认游戏视图标签页右上方的 Maximize on Play 图标处于按下状态，然后单击画面上方的播放按钮（位于工具栏中间的播放控件中最左边的三角形按钮），如图 8-10 所示。

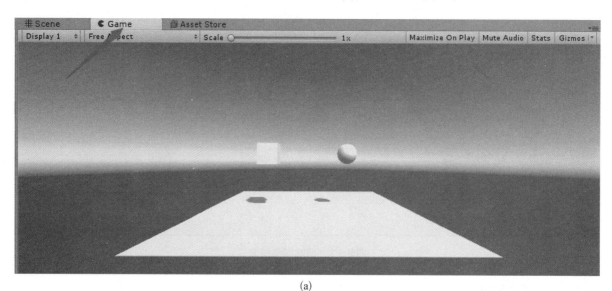

(a)

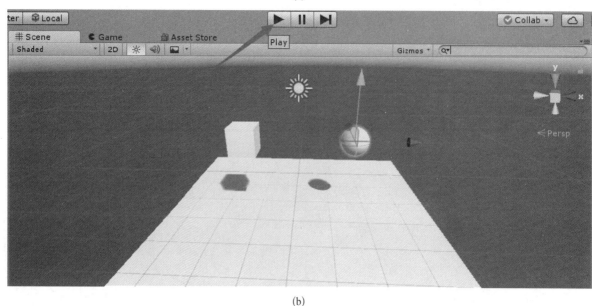

(b)

图 8-10　Maximize on Play 图标状态

（2）启动游戏后,将自动切换到游戏视图。场景视图中配置好的 3 个游戏对象将显示出来。若希望终止游戏运行,再次单击播放按钮即可(见图 8-11)。

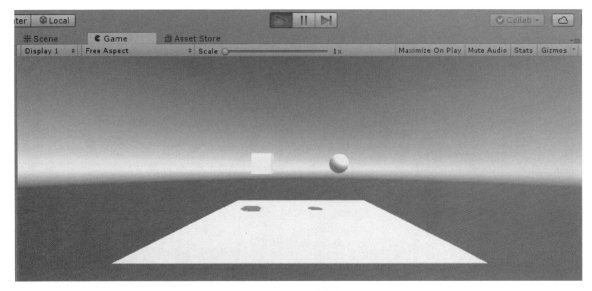

图 8-11 播放

提醒:游戏启动后,再次进行编辑前请务必先终止游戏运行。

8) 摄像机的便捷功能

在层级视图选中 Cube 后,将鼠标移动到场景视图中,然后按下 F 键,可以看到摄像机将向 Cube 移动(见图 8-12)。

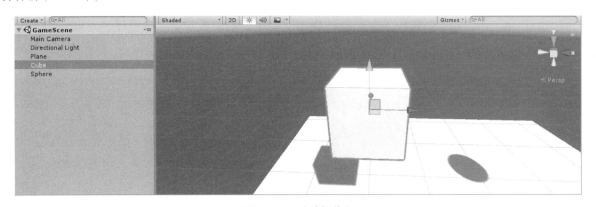

图 8-12 移动摄像机

切记:选中某游戏对象后再按下 F 键,场景视图中的摄像机将移动到该对象的正面。当需要查看某游戏对象时这个方法会很方便。

9) 修改游戏对象的名字

由于 Cube 是玩家操作的角色,我们称它 Player;Sphere 是玩家要弹飞的球体,我们称它 Ball;作为地面的 Plane,我们称它 Floor。

单击层级视图中的 Cube,当背景变为蓝色后再次单击,名称文本将变为可编辑状态,把 Cube 改为 Player 后按下回车(见图 8-13)。

10) 模拟物理运动(添加 Rigidbody 组件)

为了实现让玩家角色跳起来的效果,需要为游戏对象添加物理运动组件。在层级视图选中 Player,并在窗口顶部菜单中依次单击 Component→Physics→Rigidbody 按钮(见图 8-14)。

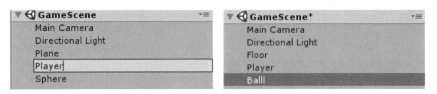

图 8-13　修改 Cube 为 Player

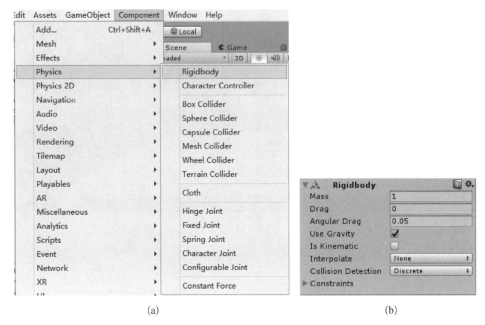

(a) (b)

图 8-14　添加物理运动组件

这样 Rigidbody 组件添加到了玩家角色中,可以在检视面板中看到 Rigidbody。

再次运行游戏(步骤7)),这一次玩家角色将快速落下并在撞到地面时停止(见图 8-15)。

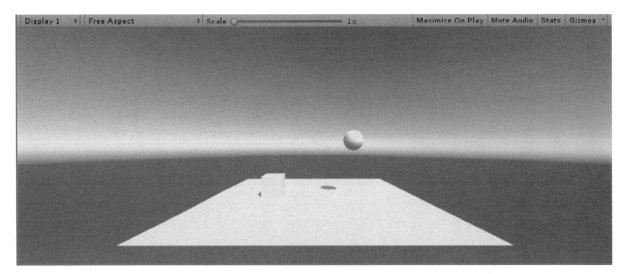

图 8-15　游戏视图

11) 让玩家角色跳起来(添加游戏脚本)

(1) 由于该脚本用于操作玩家角色,所以命名为 Player。从项目视图的 Create 菜单中选择 C# Script,项目视图右侧的 Assets 栏中将生成一个名为 NewBehaviourScript 的脚本文件,刚创建完成时,将 其名字改为 Player(见图 8-16)。

现在创建的脚本是一个空的脚本,即使运行也不会发生什么。为了能够将它运用在游戏中,必须做相应的编辑。

（2）选中 Player 脚本,单击检视面板上的 Open 按钮。这时 Visual Studio 2017 将会启动,Player. cs 脚本被打开（我将 Mono Develop 编辑器换成了 VS2017）,如图 8 - 17 所示。

注:在项目视图中双击脚本项也能够启动编辑器（在这里是 VS2017）。

可以看到,创建好的脚本文件已经包含了若干行代码（见图 8 - 18）。这些代码是每个脚本都必需的,为了省去每次输入的麻烦,所以预先设置在文件中了。

图 8 - 16 编辑空脚本

图 8 - 17 启动编辑器

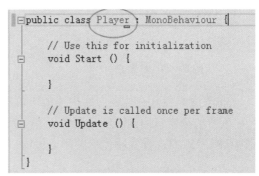

图 8 - 18 创建的脚本　　　　图 8 - 19 脚本代码

（3）脚本编辑。

① 脚本的开头有一行代码,确认 public class 后紧跟着的类名为 Player（Unity 规定 C#脚本中类名必需和文件夹名相同）,如图 8 - 19 所示。

② 代码编辑脚本。新增一个 jump_speed 数据成员,重写 Update 方法:

```
using System.Collections;
using System.Collections.Generic;
using UnityEngine;

public class Player : MonoBehaviour {
    protected float jump_speed = 5.0f;  //设置起跳时的速度
    //Use this for initialization
    void Start () {
    }
    //Update is called once per frame
    void Update () {
        if (Input.GetMouseButtonDown(0))   //单击鼠标左键触发
```

```
  {
      this.GetComponent<Rigidbody>().velocity = Vector3.up * this.jump_speed;   //设定向上速度
  }
    }
}
```

图 8 - 20　标题栏

③ 保存代码。在 VS2017 中编辑完代码后,必须对其加以保存才能使其改动生效。单击 VS2017 标题栏上的文件→保存按钮,保存完后退出 VS2017(见图 8 - 20)。

④ 回到 Unity 编辑器中,也进行保存(步骤4))。

⑤ 把新建的类组件添加到 Player 游戏对象上(见图 8 - 21)。从项目视图中将 Player 脚本拖拽到层级视图中的 Player 对象上。这样就可以把 Player 脚本组件添加到玩家角色,此时在检视面板中也应该能看见 Player 标签。

⑥ 再次启动游戏。单击鼠标左键后,玩家角色将"嘭"地弹起来(运行前记得再保存一次项目文件),如图 8 - 22 所示。

12) 修改游戏对象的颜色(创建材质)

(1) 创建材质。

① 在项目视图中依次单击 Create→Material 按钮,创建一个 New Material 的项。和脚本一样,把它的名字改为 Player Material (见图 8 - 23)。

② 改变颜色。在检视面板中单击白色矩形,将打开标题为 Color 的色彩选择窗口(见图 8 - 24)。

色彩选择窗口内的右侧有调色板,单击其中的红色区域,刚才的白色矩形将立即显示为选中的颜色(见图 8 - 25)。选择完颜色后关闭选择窗口。

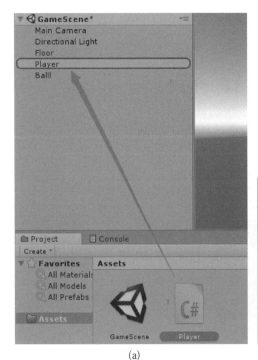

(a)

(b)

图 8 - 21　Player 标签查看

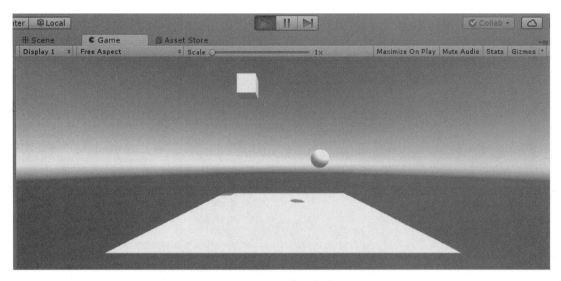

图 8 - 22　游戏启动

图 8 - 23　创建材质

图 8 - 24　改变颜色

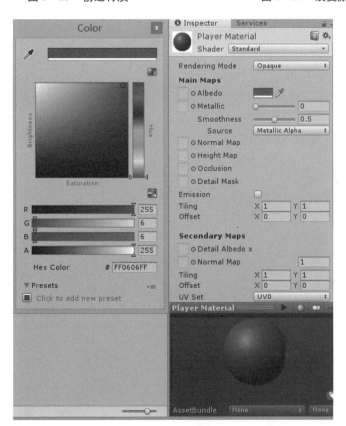

图 8 - 25　选择颜色

（2）在项目视图中将 Player Material 拖拽到层级视图中的 Player 上。这相当于把 Player Material 分配给 Player，场景视图中的游戏对象 Player 就变成红色了（见图 8-26）。

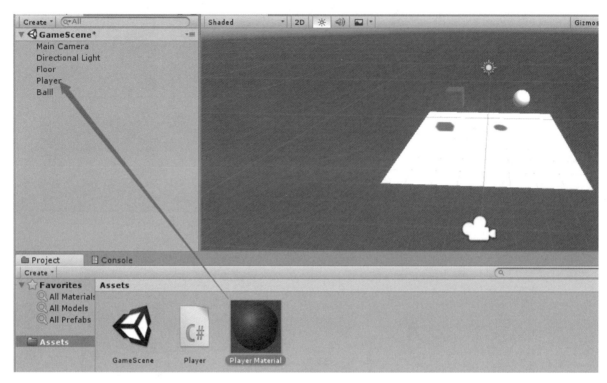

图 8-26　材质颜色设置为红色

（3）采用同样的方式创建绿色的 Ball Material 和蓝色的 Floor Material，并分别将他们分配给 Ball 和 Floor 对象（见图 8-27）。

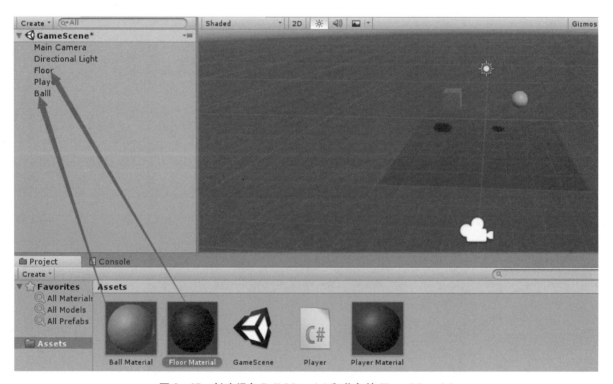

图 8-27　创建绿色 Ball Material 和蓝色的 Floor Material

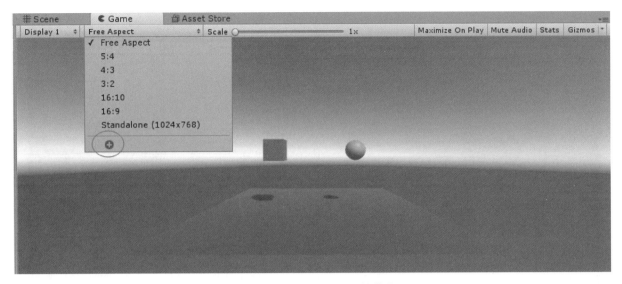

图 8－28　Free Aspect 下拉菜单

13）调整游戏画面的尺寸（调整播放器设置）

（1）在 Game 标签左下方有 Free Aspect 文字，单击该处将出现下拉菜单，选中位于最下方的"＋"菜单项，将打开一个标题为 Add 的小窗口（见图 8－28）。

（2）在 Width&Height 文字右侧的两个文本输入框中分别填入 640 和 480，确认无误后按下 OK 按钮（见图 8－29）。

（3）关闭 Add 窗口后可以在下拉菜单中看见新增了 640×480 项，同时该项左侧显示有被选中的标记（见图 8－30）。目前为止，我们已成功将游戏画面尺寸设置为 640 像素×480 像素了。

（4）运行游戏（运行前记得先保存），如图 8－31 所示。

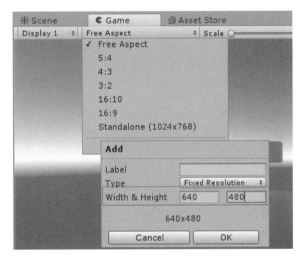

图 8－29　Width&Height 设置

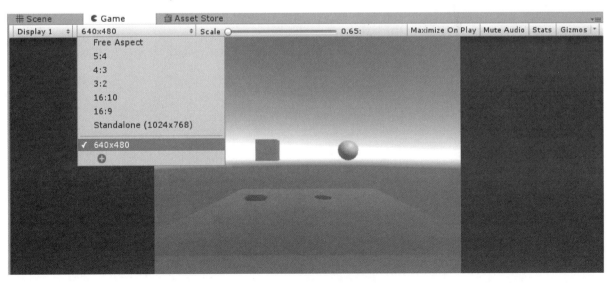

图 8－30　640×480 项选中效果

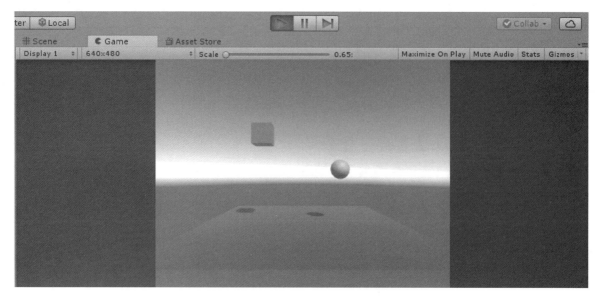

图 8-31 游戏运行

8.3 弹小球(完善)

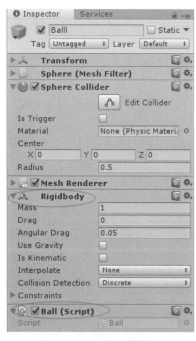

图 8-32 Ball 脚本创建

1)概要

前面创建了一个游戏项目,并且创建了玩家角色和小球这些游戏对象,还通过添加游戏脚本实现了小方块的弹跳。虽然功能比较简单,但是完整地表现了使用 Unity 开发游戏的大体流程。

为了让这个游戏变得更加有趣,下面要进一步完善玩家角色和小球的动作。

2)让小球飞起来(物理运动和速度)

目前小球是静止在空中的,下面来尝试让它朝玩家角色飞去。为了令小球能够模拟物理运动,需要添加 Rigidbody 组件。同时还需要创建一个 Ball 的脚本(见图 8-32)。此操作见 8.2 小节中的步骤10)和步骤11)。

添加了 Ball 脚本以后,我们要对 Start 方法做如下修改:

```
void Start () {
        this.GetComponent<Rigidbody>().velocity = new Vector3
(-8.0f, 8.0f, 0.0f); //设置向左上方的速度
    }
```

游戏开始后,小球将向画面左侧飞去(见图 8-33)。

3)创建大量小球(预设游戏对象)

为了能够随时创建出小球对象,首先需要对小球对象进行预设。

(1)请将层级视图中的 Ball 项文本拖拽到项目视图中。项目视图中将出现 Ball 项。同时,层级视图中的 Ball 项文本将会变为蓝色(见图 8-34)。

(2)将项目视图中的 Ball 预设拖拽到场景视图中,可以看到场景中会多出一个小球对象(见图 8-35)。

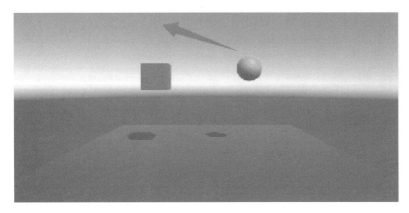

图 8 - 33　游戏开始状态

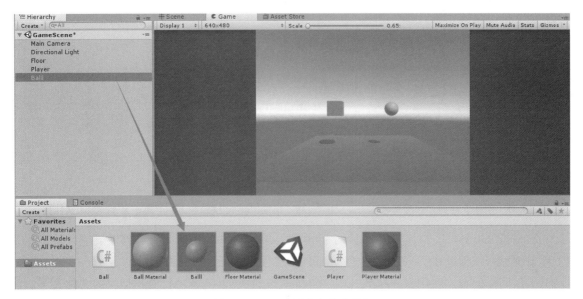

图 8 - 34　**Ball** 项文本变为蓝色

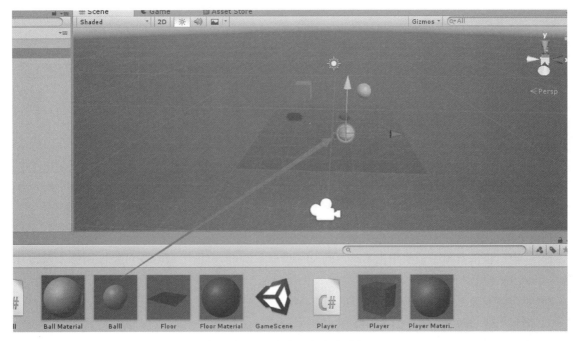

图 8 - 35　多出一个小球对象

预设了游戏对象后,就能够非常容易地创建出多个同样的物体。

(3)将 Player 和 Floor 游戏对象也做成预设(见图 8-36)。

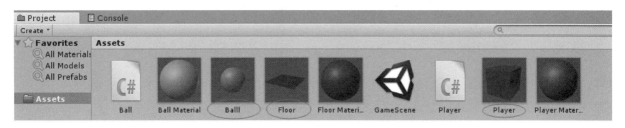

图 8-36 将 **Player** 和 **Floor** 游戏对象做成预设

4)整理项目视图

(1)用文件夹将这些项目归类整理。在项目视图左上角的菜单中单击 Create→Folder 按钮后,项目视图中将生成一个文件夹,将名字改为 Prefabs(见图 8-37)。

图 8-37 创建文件夹并修改其名称　　图 8-38 移动 **Player** 预设和 **Floor** 预设至 **Prefabs** 文件夹

(2)将预设 Ball Prefab 拖拽到 Prefabs 文件夹下。单击 Prefabs 文件夹,可以看到刚才移动的 Ball 预设。接着把 Player 预设和 Floor 预设也移动到 Prefabs 文件夹下(见图 8-38)。

(3)采用同样的方式创建 Scenes、Scripts、Materials 文件夹,并把各项目放到相应的文件夹下。注意在创建前务必先单击项目视图左侧的 Assets 图标以确保当前文件夹回到 Assets(见图 8-39)。

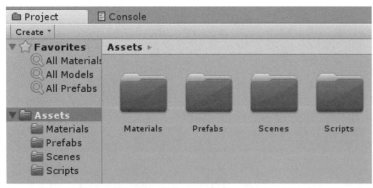

图 8-39 保存文件夹回到 **Assets**　　　　图 8-40 游戏对象命名

5)发射小球(通过脚本创建游戏对象)

(1)在窗口顶部菜单中依次单击 GameObject→Create Empty。由于该游戏对象被用作发射台,因此命名为 Launcher(见图 8-40)。

(2)对游戏对象 Launcher 进行预设(见图 8-41)。

(3)创建 Launcher 脚本(见图 8-42)。

(4)将 Launcher 脚本添加到 Launcher 预设中去(另外一种方法)。

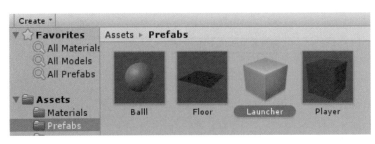

图 8-41 对 Launcher 进行预设

图 8-42 创建 Launcher 脚本

① 在项目视图中切换到 Prefabs 文件夹,单击选中 Launcher 预设。此时检视面板上将显示 Launcher 的相关信息,然后单击最下方的 Add Component 按钮(见图 8-43)。

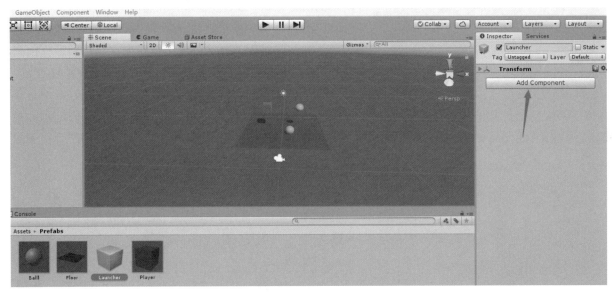

图 8-43 添加组件

② 在标题为 Component 的下拉菜单中单击最下方的 Script 项。单击后菜单将向左移动,显示出所有创建好的脚本。找到 Launcher 脚本并单击(见图 8-44)。

小结:现在已经知道在检视面板中也可以添加组件,除此之外,还可以使用窗口顶部菜单或者直接拖拽。

(5)编辑 Launcher 脚本。除了 Update 方法有变动之外,还增加了 ballPrefab 变量。Instantiate 是通过预设生成游戏对象实例的方法。不过脚本中并没有对 ballPrefab 变量进行初始化的代码,所以在游戏运行前必须先在检视面板中对 ballPrefab 变量赋予预设对象值。

图 8-44 找到 Launcher 脚本

```csharp
public class Launcher : MonoBehaviour {
    public GameObject ballPrefab;    //小球预设
    //Use this for initialization
    void Start () {

    }
```

```
//Update is called once per frame
void Update () {
    if (Input.GetMouseButtonDown(1))   //单击鼠标右键后触发
    {
        Instantiate(this.ballPrefab);   //创建 ballPrefab 的实例
    }
  }
}
```

图 8-45　public 成员变量

从项目视图中选择 Launcher 预设。可以看到在检视面板中的 Launcher(Script)标签下显示有 Ball Prefab 项。脚本代码中声明的所有 public 成员变量都将在这里列出(见图 8-45)。

往类中新添加的变量默认表示为 None(GameObject),意味着该变量还未被赋值。请将项目视图中的 Ball 预设拖拽到这里(鼠标左键按着不要松手),如图 8-46 和图 8-47 所示。

(6)运行游戏。每次单击鼠标右键时,都会射出一个小球(见图 8-48)。这里,为了和预设对象分开,我们把脚本中通过 Instantiate 方法生成的游戏对象称为实例,把产生实例的过程称为实例化。

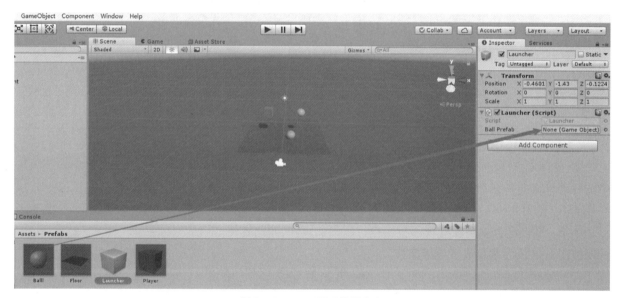

图 8-46　Ball 预设拖拽(1)

6)删除画面外的小球(通过脚本删除游戏对象)

游戏现在出现了一个 Bug:发射出去的小球永远不会消失(见图 8-49)。游戏运行时由脚本动态生成的游戏对象也会显示在层级地图中。每单击一次鼠标,层级视图中都会增加一个 Ball(Clone)游戏对象。因此即使小球已经跑出游戏画面之外,这些游戏对象也并未消失。

跑出画面之外的小球不会再回到画面中,所以完全可以删除。在脚本 Ball.cs 中添加 OnBecameInvisible 方法,该方法可以被添加到 Ball 类定义范围内的任意位置。OnBecameInvisible

图 8-47　Ball 预设拖拽(2)

图 8 - 48　运行游戏

图 8 - 49　小球不会消失

方法是在游戏对象移动到画面之外不再被绘制时被调用的方法。Destroy(this. gameObject) 则是删除游戏对象的方法。

```
public class Ball : MonoBehaviour {
    //添加：游戏对象跑出画面外时被调用的方法
    void OnBecameInvisible()
    {
        Destroy(this.gameObject);   //删除游戏对象
    }

    //Use this for initialization
    void Start () {
        this.GetComponent<Rigidbody>().velocity = new Vector3(-8.0f, 8.0f, 0.0f); //设置向左上方的
速度
    }

    //Update is called once per frame
    void Update () {

    }
}
```

注意：如果把参数设置成 this 的话，删除的就不是游戏对象，而是 Ball 脚本组件。

7) 防止玩家角色在空中起跳(发生碰撞时的处理)

为了防止玩家角色在空中再次起跳，我们来添加下列处理：① 添加着陆标记；② 着陆标记值为 false 时不允许起跳；③ 将起跳瞬间的着陆标记设为 false；④ 将着陆瞬间的着陆标记设为 true；⑤ 修改 Player 脚本，代码如下。

```
public class Player : MonoBehaviour {

    protected float jump_speed = 8.0f;  //设置起跳时的速度
    public bool is_landing = false;  //着陆标记

    //Use this for initialization
    void Start () {
        this.is_landing = false;
    }

    //Update is called once per frame
    void Update () {
        if(this.is_landing){  //着陆后触发
            if(Input.GetMouseButtonDown(0)){
                this.is_landing = false;  //将着陆标记设置为 false(未着陆 = 在空中)
                this.GetComponent<Rigidbody>().velocity = Vector3.up * this.jump_speed;
            }
        }
    }

    //添加：和其他游戏对象发生碰撞时调用的方法
    void OnCollisionEnter(Collision collision)
    {
        this.is_landing = true;  //将着陆标记设置为 true(着陆 = 在地面上)
    }
}
```

当一个游戏对象同其他对象发生碰撞时，OnCollisionEnter 方法将被调用。这是为了检查玩家角色是否着陆而添加的。在该方法中把着陆标记的值设为 true。这样玩家角色就不能在空中再次起跳了。

8) 禁止玩家角色旋转(抑制旋转)

在某种程度上完成了玩家角色和小球的脚本编程后，让我们来调整各相关参数，以使角色在起跳后能和小球发生碰撞。这里我们采用下列值：玩家角色的位置：(-2.0,1.0,0.0)；玩家角色的起跳速度(Player.cs 脚本中 jump_speed 的值)：8.0；小球的位置：(5.0,2.0,0.0)；小球的初始速度(Ball.cs 脚本中使用 Start 方法设定的值)：(-7.0,6.0,0.0)。

(1) 选择项目视图中的 Player 并打开检视面板中的 Rigidbody 标签下的 Constraints 项。

(2) 单击左边的三角形图标，下面会进一步显示 Freeze Position 和 Freeze Rotation。其中 Freeze Position 对于将游戏对象的位置坐标固定在某些方向上，Freeze Rotation 则用于固定其角度(见图 8-50)。由于我们希望玩家角色只上下跳跃而不做左右和前后的移动，因此：

(3) 把 Freeze Position 的"X""Z"前面的复选框选中。Freeze Rotation 方面则把"X""Y""Z"全部选中(见图 8-51)。

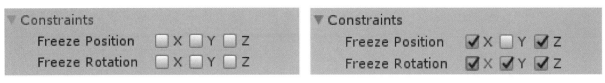

图 8 - 50　**Freeze Position 和 Freeze Rotation(1)** 　　　图 8 - 51　**Freeze Position 和 Freeze Rotation(2)**

9) 让玩家角色不被弹开(设置重量)

选择项目视图中的 Ball 预设,打开 Rigidbody 标签,将 Mass 项的值由 1 改为 0.01(见图 8 - 52)。Mass 项用于设定游戏对象的重量。两个游戏对象发生碰撞时,Mass 值较大的物体将保持原速度继续运动,相反 Mass 值较小的物体则容易因受到冲击而改变移动的方向。

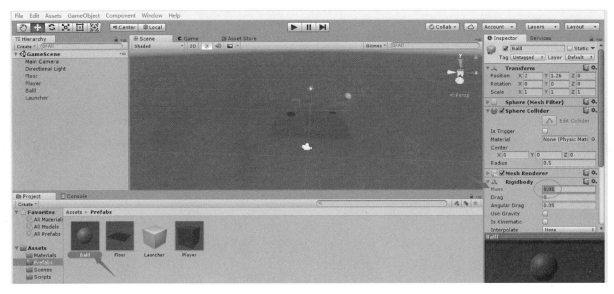

图 8 - 52　**Mass 项设置**

10) 让小球强烈反弹(设置物理材质)

(1) 创建物理材质。从项目视图的 Create 菜单中选择 Physic Material,创建一个新材质并将其名称改为 Ball Physic Material(见图 8 - 53)。相对于用来指定颜色等可以看见的属性材质,物理材质则是用于设定弹性系数和摩擦系数等与物理运动相关的属性。

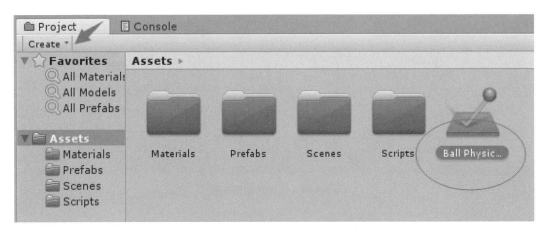

图 8 - 53　**创建新材质并设置名称**

(2) 修改属性值。在项目视图中选择 Ball Physic Material 后,在检视面板中选择 Bounciness,将其值

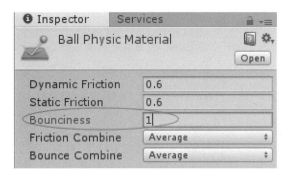

图 8-54　修改属性值

由 0 改为 1。这个值越大,游戏对象越容易被"弹开"(见图 8-54)。

(3) 将新创建的材质拖拽到 Ball 预设下的 Material。从项目视图中选择 Ball 预设,接着把 Ball Physic Material 拖拽到检视面板中 Sphere Collider 标签下的 Material(见图 8-55),或者可以单击 Ball Physic Material 右侧的圆形图标。这时 Select Physic Material 窗口将被打开,在这个"物理材质选择窗口"中也可以进行选择设定(见图 8-56)。

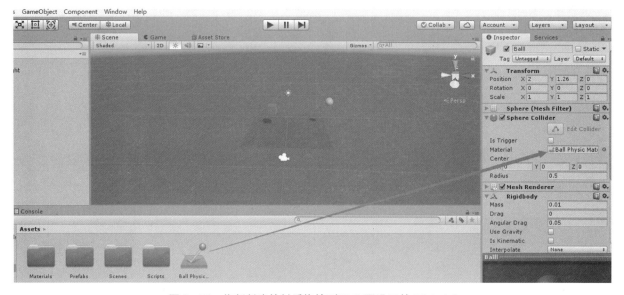

图 8-55　将新创建的材质拖拽到 Ball 预设下的 Material

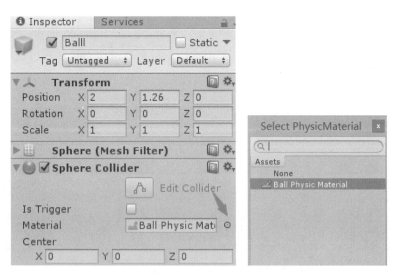

图 8-56　物理材质选择窗口

11) 消除"漂浮感"(调整重力大小)

(1) 在窗口顶部菜单中依次单击 Edit→Project Settings→Physics 按钮(见图 8-57),检视面板中将切换显示 PhysicsMana(见图 8-58)。

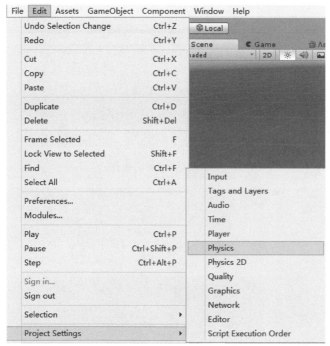

图 8 - 57 窗口顶部菜单   图 8 - 58 窗口菜单

（2）将 Gravity 项的"Y"值稍微提高一些，在此设为 -20（见图 8 - 59）。

（3）调整参数。通过增强重力可以减弱物体在运动时的"漂浮感"，不过跳跃的高度和小球的轨道也显得比原来低了。这种情况下，我们可以考虑调整为下列数值：玩家角色的起跳速度（Player. cs 脚本中的 jump_speed 的值）：12.0；小球的初始速度（Ball. cs 脚本中使用 Start 方法设定的值）：（-10.0,9.0,0.0）。

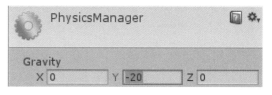

图 8 - 59 Gravity 项 Y 值设置

12）调整摄像机的位置

（1）选择摄像机后，场景视图右下角将出现一个小窗口。这是从摄像机看到的画面。如果无法看到这个窗口，请在检视面板中展开 Camera 标签（见图 8 - 60）。

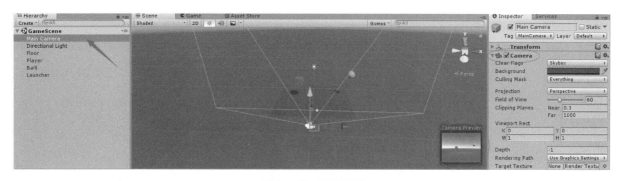

图 8 - 60 场景视图

（2）为了能够俯视地面，需要使摄像机在往上偏移的同时绕 X 轴旋转，调整角度时需把移动工具切换为旋转工具（见图 8 - 61）。用移动工具调整摄像机的位置，用旋转工具调整摄像机的角度（见图 8 - 62）。

（3）在检视面板中输入数值（可根据自己喜好进行设置）（见图 8 - 63）。

（4）对比效果。调整摄像机前如图 8 - 64 所示，调整摄像机后如图 8 - 65 所示。

图8-61 工具切换栏(1)

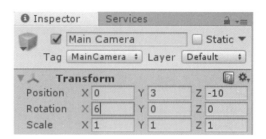

图8-63 数值输入

图8-62 工具切换栏(2)

图8-64    图8-65

13)修复空中起跳的bug(区分碰撞对象)

(1)bug的发现。试玩游戏后,我们注意到玩家角色和小球碰撞后还可以再次起跳。这可能是因为防止空中跳跃的代码存在bug。

(2)bug的证明。

① 游戏启动后,在层级视图中选择Player。可以在检视面板中的Player(Script)标签下看到Is_landing项。这就是在Player脚本中定义过的is_landing变量(见图8-66)。

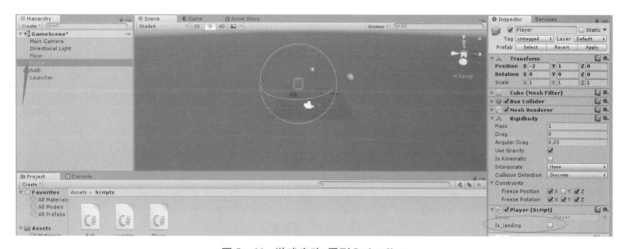

图8-66 游戏启动、看到Is_landing

② 游戏刚开始时画面上还没有小球。随着玩家角色起跳,可以看到Is_landing复选框由取消变为了选中状态,跳跃过程中Is_landing为取消状态(值为false),如图8-67所示。着陆后Is_landing为选中状态(值为true),如图8-68所示。

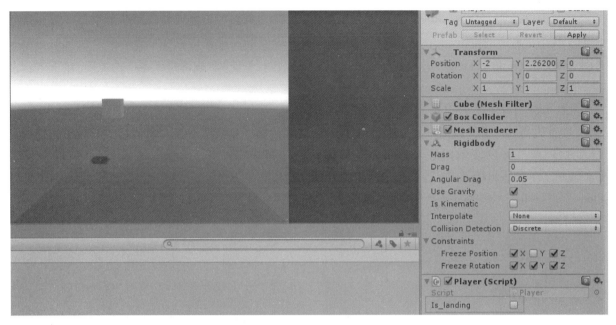

图 8－67　Is_landing 变为取消

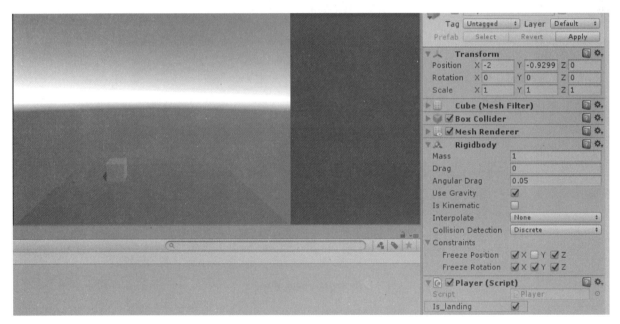

图 8－68　Is_landing 变为选中

③ 修改 Player. Update 方法如下：

```
void Update () {
    if(this.is_landing){    //着陆后触发
        if(Input.GetMouseButtonDown(0)){
            this.is_landing = false;   //将着陆标记设置为 false(未着陆 = 在空中)
            this.GetComponent<Rigidbody>().velocity = Vector3.up * this.jump_speed;
            Debug.Break();
        }
    }
}
```

修改后仅添加了 Debug. Break 方法的调用。在玩家角色起跳时的瞬间暂停游戏的运行。按下播放控制工具条最右边的按钮  ,在逐帧模式下可以看到玩家角色在一直上升。在玩家角色和小球碰撞的瞬间,Is_landing 的值变成了 true(此处无法截图,见谅)。搞清楚了 bug 的原因,接下来就考虑解决 bug 的对策。

(3) bug 的解决如下:

① 首先需要区分开碰撞对象是地面还是小球,此处我们可以利用标签。需要对游戏对象的种类进行大致区分时,可以使用标签来分组。添加标签到项目中,在项目视图中选择 Floor 预设→单击 Untagged→单击 Add Tag→单击 Tags 左侧的三角形→单击"+"→输入 Floor→再次在项目视图中选择 Floor 预设→单击 Untagged→单击 Floor(见图 8 - 69—图 8 - 73)。

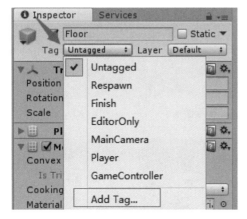

图 8 - 69　选择 Floor 预设

图 8 - 70　选择"+"

图 8 - 71　输入 Floor

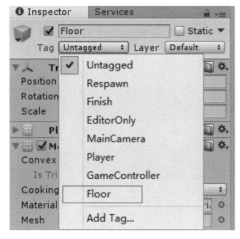

图 8 - 72　选择 Floor

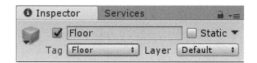

图 8 - 73　单击 Floor

② 修改脚本。修改 Player. OnCollisionEnter 方法。在这里提醒下：记得删除了之前在 Player. Update 方法中添加的 Debug. Break( )。

```
void OnCollisionEnter(Collision collision)
    {
        if (collision.gameObject.tag == "Floor")
        {
            this.is_landing = true;   //将着陆标记设置为true(着陆 = 在地面上)
        }
    }
```

使用了标签后就可以区分碰撞对象了。这样一来就只有在和地面碰撞时,也就是着陆时 Is_landing 的值才会变为 true。

8.4 贪食蛇

贪食蛇游戏主要实现功能：WASD 键或上下左右键控制蛇移动方向,吃到冰激凌加分,并且增长蛇身。游戏提供两种蛇的样式可选,而且有两种有无边界模式可选。记录当前得分和历史最高分。

1）场景搭建

新建 2D 工程,新建 StartScene 场景,Game 场景设置为 1 280×720 大小,导入资源。我们使用 UGUI 制作 UI 及人物,开始界面效果(见图 8–74)。Canvas 要设置为 Screen Sapce Camera 模式(见图 8–75)。

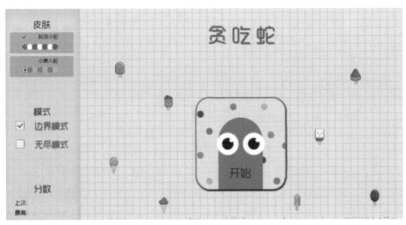

图 8–74 开始界面

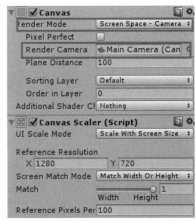

图 8–75 Canvas 设置

需要注意的是,皮肤和模式分别只能二选一,Toggle Group 的 Allow Switch off 不能勾选(见图 8–76)。

新建主场景 MainScene,效果如图 8–77 所示。因为需要开发一个边界模式,新建四个对象,放入场景四边,并添加碰撞体,勾选 Is Trigger。

图 8–76 皮肤和模式选择

注意：四面墙分别命名为 Up、Down、Left、Right,新建一个父对象统一管理。

2）实现思路

如图 8–78 所示有两种主要方式可以实现蛇的移动：第一种方式,从蛇尾的最后一节开始,依次向

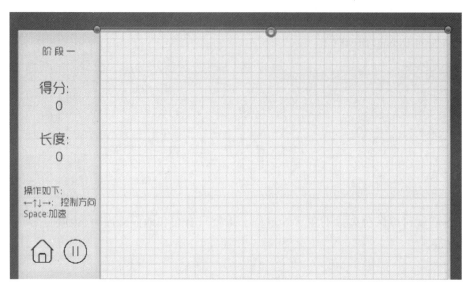

图 8-77 主场景

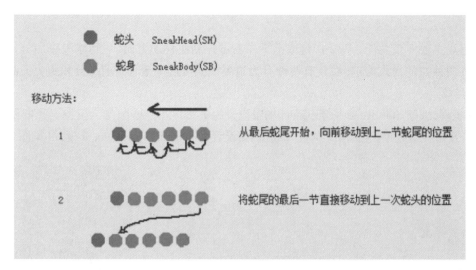

图 8-78 实现思路

前一节蛇身的位置移动;第二种,蛇头每向前移动一个位置,就将蛇尾的最后一节移动到蛇头刚才的位置。我们选择第一种方式,因为蛇有两种颜色相间的蛇身,如果第二种方式,会让蛇身的颜色混乱。

3)开发蛇头

新建一个 Image,命名为 SnackHead,Source Image 修改为蛇头图片,长宽设置为 45×45,添加

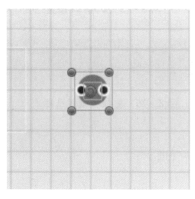

图 8-79 蛇头

Rigidbody2D 和 BoxCollider2D 组件,勾选 Is Trigger,为其添加一个空的父物体 Snack,方便管理蛇头和以后添加的蛇身(见图 8-79)。

在 SnakeHead 上挂载脚本 SnakeHead.cs。首先实现蛇头的移动、转头、空格键加速操作。实现主要思想,InvokeRepeating 方法持续间隔一定时间调用控制蛇头移动的 Move 方法,然后 Update 方法监听按键,判断蛇头移动的 XY 增量。并实现蛇头转向,利用 InvokeRepeating 的间隔调用时间来控制蛇头移动的速度。需要注意根据实际情况设计蛇头移动步长 Step 的大小,最好能让蛇头在有限范围内移动整数步。

```
public float velocity = 0.35f;
    //每一步蛇头移动距离
    public int step;
    //x 轴蛇头移动增量
    private int x;
    //y 轴蛇头移动增量
    private int y;
private void Start()
    {
        //初始化,让蛇头可以向上移动
        x = 0;
        y = step;
        //InvokeRepeating 等待 0 秒,然后每隔 velocity 时间调用 Move 方法
        InvokeRepeating("Move", 0, velocity);
    }


private void Update()
    {
        //虚拟轴控制移动
        float h = Input.GetAxis("Horizontal");
        float v = Input.GetAxis("Vertical");
        //Input.GetKeyDown 键按下瞬间
        if (Input.GetKeyDown(KeyCode.Space))
        {
            //CancelInvoke 先取消之前的 InvokeRepeating 命令
            CancelInvoke();
            //将间隔调用"Move"方法的时间减小,则蛇移动变快
            InvokeRepeating("Move", 0, velocity - 0.2f);
        }
        //Input.GetKeyUp 键抬起瞬间
        if (Input.GetKeyUp(KeyCode.Space))
        {
            CancelInvoke();
            InvokeRepeating("Move", 0, velocity);
        }
        //如果此时 y = -step 说明蛇正在向下移动,为了防止蛇目前在向下移动,突然向上移动,加 y！= -step 判断,以
下同理
        {
            //设置当头上下左右移动的时候,蛇头的方向和移动方向一致,以下同理
            //Quaternion 代表四元数,identity 表示初始旋转角度,可理解为 new Vector(0,0,0)
            gameObject.transform.localRotation = Quaternion.identity;
            //设置蛇的移动方向,x = 0,y = step 说明蛇头在 Y 轴向上移动,以下同理
            x = 0;
            y = step;
        }
        if (v < 0 && y！= step)
        {
            //Quaternion.Euler 将欧拉角转化为四元数,需要注意欧拉角要与移动方向匹配
            gameObject.transform.localRotation = Quaternion.Euler(new Vector3(0, 0, 180));
```

```
        x = 0;
        y = -step;
    }
    if (h < 0 && x ! = step)
    {
        gameObject.transform.localRotation = Quaternion.Euler(new Vector3(0, 0, 90));
        x = -step;
        y = 0;
    }
    if (h > 0 && x ! = -step)
    {
        gameObject.transform.localRotation - Quaternion.Euler(new Vector3(0, 0, 90));
        x = step;
        y = 0;
    }
}
void Move()
{
    //获取当前蛇头移动的局部坐标
    headPos = gameObject.transform.localPosition;
    //将蛇头当前的移动位置加上 x 轴和 y 轴的移动增量,实现蛇的移动
    gameObject.transform.localPosition = new Vector3(headPos.x + x, headPos.y + y, 0);
}
```

4) 食物生成

开发食物,新建一个 Image,命名为 SnackBody, source image 设置为任意的食物图片,长宽设置为 35×35,添加 Box Collider2D,勾选 is trigger,需要注意碰撞器大小设置稍微小一点,防止蛇头擦肩而过的时候,发生碰撞,标签设置为 Food,最后设为预制体(见图 8-80)。

设置步长 step 为 30px,计算后得到世界坐标中心点到四周的步数,但为了防止出现食物"卡"在边缘(见图 8-81),将步数各减一步。

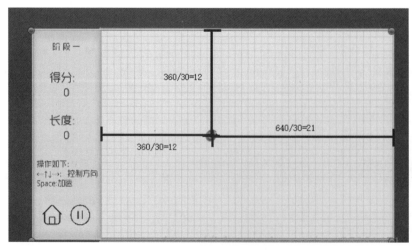

图 8-80　食物开发　　　　　　　图 8-81　"食物"卡住

在 Canvas 下设置一个子物体 FoodRoot,挂载脚本 FoodCreator. cs。将 FoodCreator 设置为单例模式,只需实例化一次,方便调用。我们规定游戏开始,就生成一个食物,蛇每吃掉一个食物就随机生成其他

食物,并有一定概率生成特殊奖励。特殊奖励的预制体和食物制作差不多。

```csharp
public class FoodCreator : MonoBehaviour
{
    private static FoodCreator instance;
    public static FoodCreator Instance
    {
        get
        {
            return instance;
        }
    }
    public int xMinLimit = 11;
    public int xMaxLimit = 20;
    public int yMinLimit = 11;
    public int yMaxLimit = 11;
    //要和蛇头移动步长一致
    public int step = 30;
    public GameObject foodPrefabs;
    //设置
    public GameObject rewardPrefabs;
    //保存食物的 Sprites
    public Sprite[] foodSprites;
    private Transform foodHolder;
    private void Awake()
    {
        if (instance == null)
        {
            instance = this;
        }
    }
    private void Start()
    {
        foodHolder = GameObject.FindGameObjectWithTag("FoodRoot").transform;
        //游戏开始时,就生成一个食物
        CreateFood(false);
    }
    public void CreateFood(bool isReward)
    {
        //随机取得一个食物的下标
        int index = Random.Range(0, foodSprites.Length);
        //实例化 food 预制体
        GameObject food = Instantiate(foodPrefabs);
        //将食物的 image source 改为选中下标的食物
        food.GetComponent<Image>().sprite = foodSprites[index];
        //将 food 设置为 foodHolder 的子物体,false 会使得 food 保持局部坐标不变
        food.transform.SetParent(foodHolder, false);
        //随机取得食物生成位置
        int x = Random.Range(-xMinLimit, xMaxLimit + 1);
```

```
    int y = Random.Range(-yMinLimit, yMaxLimit + 1);
    food.transform.localPosition = new Vector3(x * step, y * step, 0);
    //判断是否生成奖励
    if (isReward)
    {
        //同理
        GameObject reward = Instantiate(rewardPrefabs);
        reward.transform.SetParent(foodHolder, false);
        x = Random.Range(-xMinLimit, xMaxLimit);
        y = Random.Range(-yMinLimit, yMaxLimit);
        reward.transform.localPosition = new Vector3(x * step, y * step, 0);
    }
  }
}
```

5）处理蛇身的生成

蛇身 SnakeBody 的制作和前面类似，tag 设置为 Body，设为预制体。我们使用 List<Transform>来存储蛇身，需要注意引用命名空间 using System. Collections. Generic。在 SnakeHead. cs 中新增 AddBody( )方法，然后添加 OnTriggerEnter2D( )用于触发检测，当碰到食物或者奖励的时候，调用 AddBody( )方法，实现蛇吃食物增加蛇身的功能。

```
void AddBody()
  {
        //三元运算符,如果 bodyList.Count 被 2 模除则返回 0,否则返回 1,控制身体奇偶数轮换颜色
        int index = (bodyList.Count % 2 == 0) ? 0 : 1;
        //new Vector3(2000, 2000, 0)先将身体实例化在屏幕外
        GameObject newBody = Instantiate(bodyPrefab, new Vector3(2000, 2000, 0), Quaternion.identity);
        newBody.GetComponent<Image>().sprite = bodySprites[index];
        newBody.transform.SetParent(snackRoot, false);
        //将新生成的蛇身加入到 bodyList 中
        bodyList.Add(newBody.transform);
  }

private void OnTriggerEnter2D(Collider2D collision)
  {
        if (collision.gameObject.CompareTag("Food"))
        {
            Destroy(collision.gameObject);
            AddBody();
            //(Random.Range(0, 100) < 20) ? true : false 三元运算符 随机值小于 20 则返回 true,否则 false
            FoodCreator.Instance.CreateFood((Random.Range(0, 100) < 20) ? true : false);
        }
        else if (collision.gameObject.CompareTag("Reward"))
        {
            Destroy(collision.gameObject);
            AddBody();
        }
  }
```

6）实现蛇移动

实现方法如图 8-82 所示。

将前一节的位置赋值给后一节,实现蛇身的移动

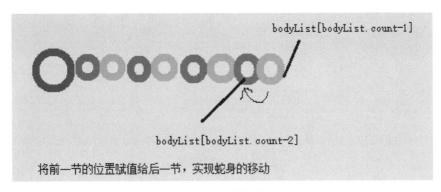

图 8-82 蛇身移动

在 SnakeHead 类中添加 Move 方法,使用 List<Transform>记录蛇尾的位置信息。

```
public List<Transform> bodyList = new List<Transform>();
 void Move()
    {
        //获取当前蛇头移动的局部坐标
        headPos = gameObject.transform.localPosition;
        //将蛇头当前的移动位置加上 x 轴和 y 轴的移动增量,实现蛇头的移动
        gameObject.transform.localPosition = new Vector3(headPos.x + x, headPos.y + y, 0);

        //刚开始 bodyList 为空,防止报空指针
        if (bodyList.Count > 0)
        {
            for (int i = bodyList.Count - 2; i >= 0; i--)
            {
                //将前一节蛇尾的位置赋予后一节
                bodyList[i + 1].localPosition = bodyList[i].localPosition;
            }
            //将原来蛇头的位置赋予给下标为 0 的蛇尾,也就是蛇头后一节的蛇尾
            bodyList[0].localPosition = headPos;
        }
        //方法二: 将蛇尾最后一节移至蛇头的位置
        //if (bodyList.Count > 0)
        //{
        //bodyList.Last()获取 list 最后的元素
        //    bodyList.Last().localPosition = headPos;
        //Insert 将元素插入到指定位置
        //    bodyList.Insert(0, bodyList.Last());
        //RemoveAt 移除指定下标的元素
        //    bodyList.RemoveAt(bodyList.Count - 1);
        //}
    }
```

最终效果预览如图 8-83 所示。

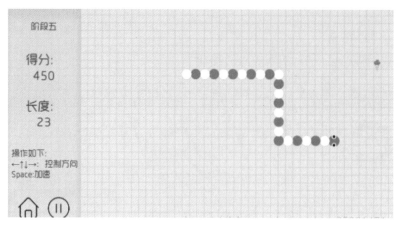

图 8 - 83　效果预览

图 8 - 84　project 列表

8.5　Tanks(1) 项目搭建

对于场景创建及前期准备,首先新建一个工程,命名为 Tanks,然后进入该工程,打开 Asset Store,搜索 Tanks,把素材下载下来并且导入当前的工程中,导入成功后,你的 project 列表应该如图 8 - 84 所示。

在 Asset 文件夹下,新建一个文件夹 Scenes,用来保存当前的场景文件,因为场景默认是未命名的,因此我们把当前的 Scene 保存到刚才创建的 Scenes 文件夹内,并命名为 Main。

完成以上的步骤之后,根据 Unity 官方的建议,把整个布局更改一下。在 Unity 右上角,把布局形式更改为 2 by 3,并把"Project"标签拖拽到"Hierarchy"标签的下面,如图 8 - 85 所示。

图 8 - 85　布局更改

接下来,我们选中 Directional Light,把它删除掉。下一步是添加游戏场景,在下载好的素材包里面,游戏场景已经创建好了,只需要把 Prefabs 文件夹下的 LevelArt 拖拽到 Hierarchy 下面即可(见图 8-86)。

这里需要注意的是,如果把一个 Object 随意拖到 Scene 里面,该 Object 的 position 有可能是随机的,因此需要做一个初始化动作,把 GameObject 的 position 值全部置为 0(见图 8-87)。

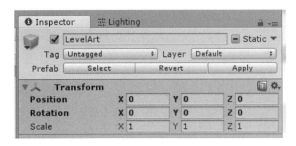

图 8-87 GameObject position 设置

接着,我们要对灯光进行设置,Window→Lighting→Settings。我们可以看到这里有着灯光的一系列设置,根据官方教程给出的图 8-88 来一一进行设置。

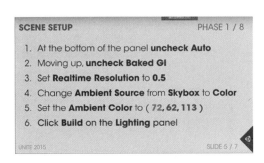

图 8-88 灯光设置

图 8-86 添加游戏场景

由于笔者所使用的 Unity 版本与官方教程中的 Unity 版本不一样,所以在细节上会有些不同,下面是笔者设置完成的页面,完成设置后,单击右下角的"Generate Lighting"来生成灯光(见图 8-89),这会花费一定的时间。

接下来,要对摄像头进行设置,因为默认摄像头的位置是平视某几栋建筑物的,所以需要让它俯视整一个战场。选中 Main Camera,根据图 8-90 给出的官方教程来设置。

注意:上面提到的 Camera Projection 实际上是摄像机的两种不同模式,即不同的视图呈现形式。① perspective:透视视图。跟我们的眼睛所看到的东西是一样的,物体的大小与物体的距离有关系。② orthographic:正交视图。不会随着距离收缩。所以无法判断距离。图 8-91 是设置完毕的图。最后,对当前的场景进行保存。

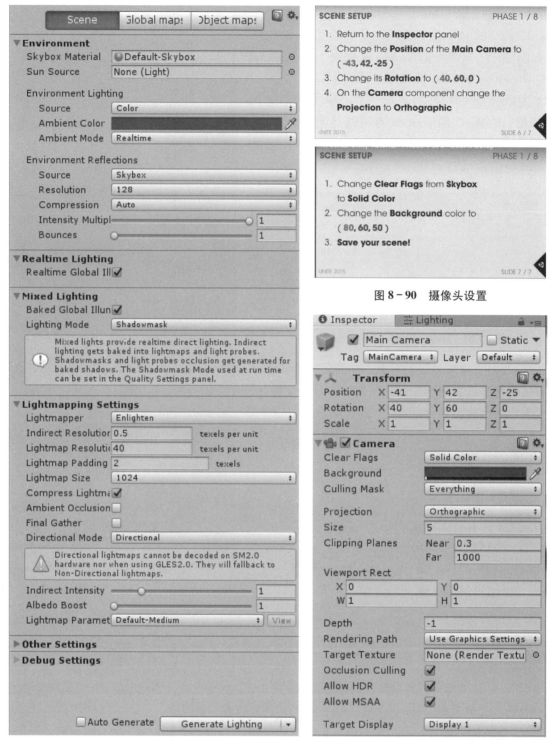

图 8-90　摄像头设置

图 8-89　页面设置

图 8-91　摄像头设置完成

8.6　Tanks(2) 构建坦克和摄像机

1) 创建坦克以及控制坦克

首先,在 Models 文件夹内找到 Tank 这个 model,把它拖拽到 Hierarchy 内,在 Tank 的 inspector 视图

中,对其层级进行修改,选择 Players,并仅对当前对象修改,如图 8-92 和图 8-93 所示。

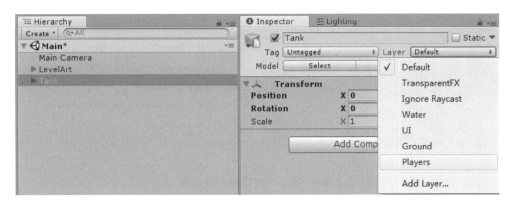

图 8-92　Tank 的 inspector

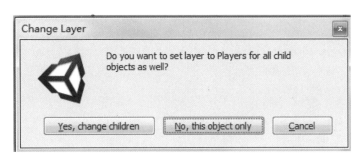

图 8-93　修改确认视图

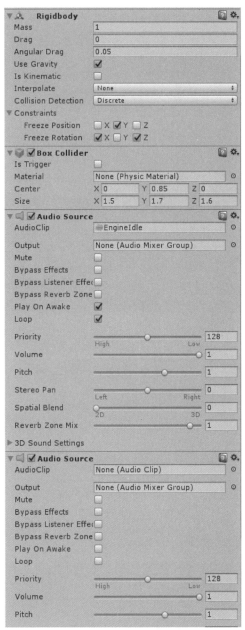

接着,选中 Hierarchy 中的 Tank,为其添加若干个 Component,分别是:Rigidbody、Box Collider、Audio Source、Audio Source,并对这些部件进行设置,如图 8-94 所示。

然后,把配置好的 Tank 从 Hierarchy 拖拽到 Prefabs 文件夹下,让它成为一个预制件,这样以后我们可以重复利用该 Tank,而不用每次都重新配置。然后保存当前场景。

因为整个游戏场景是在沙漠中的,所以坦克的行驶会有沙尘滚滚的效果,所以我们需要添加这一效果。在 Prefabs 文件夹内,把 DustTrail 预制件拖拽到 Hierarchy 下的 Tank 内,让其成为 Tank 的子对象,然后复制粘贴 DustTrail,并分别重命名为 LeftDustTrail 和 RightDustTrail,根据下面的官方教程,把两个 DustTrail 的 position 进行调节(见图 8-95)

设置完毕后,接下来就是对 Tank 的移动脚本进行设置。在/Assets/Scripts/Tank 文件夹内,找到 TankMoveMent. cs 文件,并把它拖拽到 Hierarchy 下的 Tank 内。打开并编辑该脚本,把里面的注释符号去掉,并添加逻辑如下:

图 8-94　组件设置

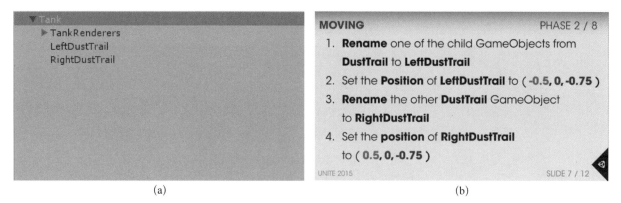

(a)   (b)

图 8 - 95   DustTrail 预件设备

```
using UnityEngine;
public class TankMovement : MonoBehaviour
{
    public int m_PlayerNumber = 1;          //游戏者的序号
    public float m_Speed = 12f;             //坦克移动速度
    public float m_TurnSpeed = 180f;        //坦克转向的角速度
    public AudioSource m_MovementAudio;
    public AudioClip m_EngineIdling;        //静止的音效
    public AudioClip m_EngineDriving;        //移动的音效
    public float m_PitchRange = 0.2f;
    private string m_MovementAxisName;
    private string m_TurnAxisName;
    private Rigidbody m_Rigidbody;
    private float m_MovementInputValue;
    private float m_TurnInputValue;
    private float m_OriginalPitch;
    /* *
    *   Scene 加载的时候调用
    * /
    private void Awake( )
    {
        m_Rigidbody = GetComponent<Rigidbody>( );
    }
    /* *
    *   在 Awake( )之后,Update( )之前调用
    * /
    private void OnEnable ( )
    {
        m_Rigidbody.isKinematic = false;
        m_MovementInputValue = 0f;
        m_TurnInputValue = 0f;
    }
    private void OnDisable ( )
    {
        m_Rigidbody.isKinematic = true;
    }
    private void Start( )
```

```
    {
        m_MovementAxisName = "Vertical" + m_PlayerNumber;
        m_TurnAxisName = "Horizontal" + m_PlayerNumber;

        m_OriginalPitch = m_MovementAudio.pitch;
    }
    private void Update()
    {
        //Store the player's input and make sure the audio for the engine is playing.
        m_MovementInputValue = Input.GetAxis(m_MovementAxisName);
        m_TurnInputValue = Input.GetAxis (m_TurnAxisName);

        EngineAudio ();
    }
    private void EngineAudio()
    {
        // Play the correct audio clip based on whether or not the tank is moving and what audio is
currently playing.
        //如果坦克处于静止状态
        if (Mathf.Abs (m_MovementInputValue) < 0.1f && Mathf.Abs (m_TurnInputValue) < 0.1f)
        {
            //如果坦克播放的是行驶状态的音效,则替换
            if (m_MovementAudio.clip == m_EngineDriving)
            {
                // ... change the clip to idling and play it.
                m_MovementAudio.clip = m_EngineIdling;
                m_MovementAudio.pitch = Random. Range (m_OriginalPitch - m_PitchRange, m_
OriginalPitch + m_PitchRange);
                m_MovementAudio.Play ();
            }
        }
        else
        {
            //如果坦克播放的是静止状态的音效,则替换
            if (m_MovementAudio.clip == m_EngineIdling)
            {
                // ... change the clip to driving and play.
                m_MovementAudio.clip = m_EngineDriving;
                m_MovementAudio.pitch = Random. Range (m_OriginalPitch - m_PitchRange, m_
OriginalPitch + m_PitchRange);
                m_MovementAudio.Play();
            }
        }
    }

    /* *
    *  以固定的时间间隔调用,用于物理上的步骤,比如行走、转向
    */
    private void FixedUpdate()
```

```
    {
        //Move and turn the tank.
        Move ();
        Turn ();
    }
    private void Move()
    {
        //Adjust the position of the tank based on the player's input.
        Vector3 movement = transform.forward * m_MovementInputValue * m_Speed * Time.deltaTime;
        m_Rigidbody.MovePosition (m_Rigidbody.position + movement);
    }
    private void Turn()
    {
        //Adjust the rotation of the tank based on the player's input.
        float turn = m_TurnInputValue * m_TurnSpeed * Time.deltaTime;

        Quaternion turnRotation = Quaternion.Euler (0f,turn,0f);

        m_Rigidbody.MoveRotation (m_Rigidbody.rotation * turnRotation);
    }
}
```

图 8-96　变量声明

修改完毕并保存文件,下一步需要初始化在脚本中声明的几个公有变量: Movement Audio、Engine Idling、Engine Driving(见图 8-96)。

2) 控制摄像机

首先在 Hierarchy 的根目录下创建一个空的 GameObject,并重命名为"CameraRig",修改其部分 Transform 数据,如图 8-97 所示。

接着,我们把 Main Camera 拖拽到 CameraRig 内,成为它的子对象,并修改 Main Camera 的 Transform 数据,如图 8-98 所示。

接下来我们需要补充一些关于摄像机的知识:

(1) perspective 视图和 orthographic 视图。要想了解如何控制摄像机,首先知道摄像机的两种不同视图形式,上一章已有所提及:透视视图和正交视图,下面以一幅图来直观地解释(见图 8-99)。

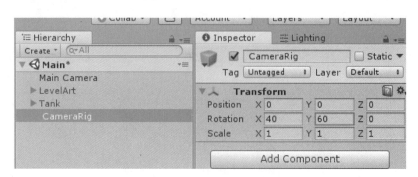

图 8-97　创建空的 GameObject

图 8-98　Main Camera 设置修改

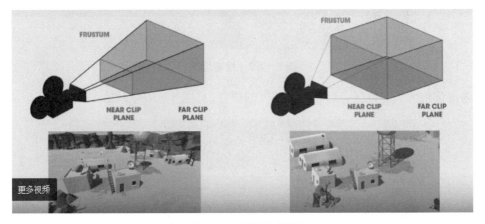

图 8-99　摄像机视图

（2）正交摄像机的尺寸（Size）。调节 Main Camera 的 size 参数，如果 size 变小，那么可视范围变小且物体变大，有放大作用。而 size 变大，可视范围变大且物体变小，有缩小作用（见图 8-100）。

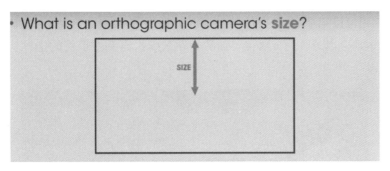

图 8-100　Main Camera 的 size 参数调节

（3）摄像机的长宽比（aspect）（见图 8-101）。

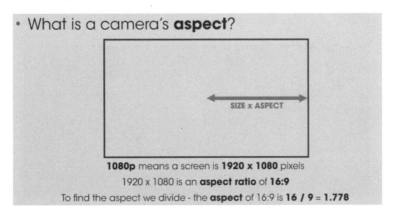

图 8-101　摄像机的长宽比

那么接下来,摄像机应该做些什么?

(1)跟随坦克。找出两辆坦克位置的中心点,把 CameraRig 移到该点(见图 8 - 102)。

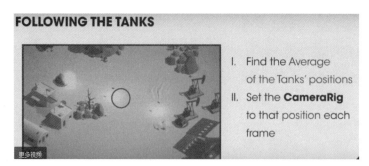

图 8 - 102　跟随坦克

(2)调整摄像机的尺寸以适应坦克在屏幕上的位置(见图 8 - 103)。

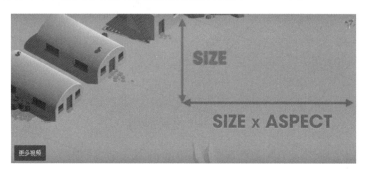

图 8 - 103　摄像机尺寸调整

从上面补充的知识可以知道,正交摄像机的视图的长为 Size,宽为 Size×aspect。接着,在正交摄像机视角看来,坦克的运动可以分解为 x 轴和 y 轴的运动,这时,需要把坦克的坐标切换成摄像机视角的本地坐标(见图 8 - 104)。

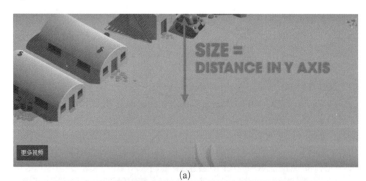

(a)

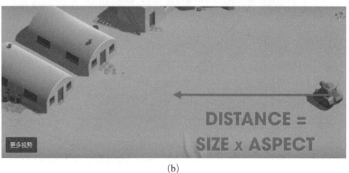

(b)

图 8 - 104　坦克坐标切换

　　从上面两幅图可以知道，size 的选择有两种情况，分别是沿 y 轴方向（size1＝y）；以及沿 x 轴方向，而 x 轴方向需要做一步计算，即 size 2＝x/aspect。接着比较这两个 size 的大小，用大的 size 值决定摄像机的缩放。当然了，这也需要考虑到另外一个 tank 的不同 size 值，总之，取最大的 size 值作为摄像机的缩放范围。

　　我们来看一下脚本是如何对摄像机进行控制的，打开/Assets/Scripts/Camera 文件夹，选中 CameraControl，把它拖拽到 CameraRig 中，而不是 Main Camera。

```
using UnityEngine;
public class CameraControl : MonoBehaviour
{
    public float m_DampTime = 0.2f;                          //移动 Camera 到目的 position 的时间
    public float m_ScreenEdgeBuffer = 4f;                    //确保 Tanks 不会在屏幕边界之外
    public float m_MinSize = 6.5f;                           //Camera 的最小尺寸
    /*[HideInInspector]*/public Transform[] m_Targets;      //坦克,先把[HideInInspector]注释掉
    private Camera m_Camera;
    private float m_ZoomSpeed;
    private Vector3 m_MoveVelocity;
    private Vector3 m_DesiredPosition;                       //需要移动到的位置
    private void Awake()
    {
        m_Camera = GetComponentInChildren<Camera>();
    }
    private void FixedUpdate()
    {
        Move();
        Zoom();
    }
    private void Move()
    {
        FindAveragePosition();
        /**
         * function Vector3.SmoothDamp(Vector3 current,Vector3 target
         *              ,ref Vector3 currentVelocity,float smoothTime)
         *  @ parameters
         * current: 当前的位置
         * target: 试图接近的位置
         * currentVelocity: 当前速度,这个值由你每次调用这个函数时修改
         * smoothTime: 到达目标的大约时间,较小的值将快速到达目标
         */
        transform.position = Vector3.SmoothDamp(transform.position, m_DesiredPosition, ref m_
MoveVelocity, m_DampTime);
    }
    private void FindAveragePosition()
    {
        Vector3 averagePos = new Vector3();
        int numTargets = 0;

        for (int i = 0; i < m_Targets.Length; i++)
```

```
    {
        //判断当前坦克是否已经不是激活状态(死亡),如果未激活,
        //则不需要跟随该坦克
        if (! m_Targets[i].gameObject.activeSelf)
            continue;

        averagePos += m_Targets[i].position;
        numTargets++;
    }

    if (numTargets > 0)
        averagePos /= numTargets;

    //CameraRig 的 Y position 不会被改变
    averagePos.y = transform.position.y;

    m_DesiredPosition = averagePos;
}
private void Zoom()
{
    //根据目标位置来计算合适的 Size
    float requiredSize = FindRequiredSize();
    m_Camera.orthographicSize = Mathf.SmoothDamp(m_Camera.orthographicSize, requiredSize,
ref m_ZoomSpeed, m_DampTime);
}
private float FindRequiredSize()
{
    //把目标位置的世界坐标转换成本地坐标
    Vector3 desiredLocalPos = transform.InverseTransformPoint(m_DesiredPosition);
    float size = 0f;
    for (int i = 0; i < m_Targets.Length; i++)
    {
        if (! m_Targets[i].gameObject.activeSelf)
            continue;
        //把坦克所在的位置转换成 CameraRig 的本地坐标
      Vector3 targetLocalPos = transform.InverseTransformPoint(m_Targets[i].position);
        //在 CameraRig 的本地坐标下,求出坦克与 CameraRig 的目标位置的距离
        Vector3 desiredPosToTarget = targetLocalPos - desiredLocalPos;
        size = Mathf.Max (size, Mathf.Abs (desiredPosToTarget.y));
        size = Mathf.Max (size, Mathf.Abs (desiredPosToTarget.x) /m_Camera.aspect);
    }
    //加上 ScreenEdgeBuffer 值,即坦克与屏幕边界的距离
    size += m_ScreenEdgeBuffer;
    size = Mathf.Max(size, m_MinSize);
    return size;
}
public void SetStartPositionAndSize()
{
    FindAveragePosition();
```

```
        transform.position = m_DesiredPosition;

        m_Camera.orthographicSize = FindRequiredSize();
    }
}
```

然后,返回 Unity,把 Tank 拖拽到如图 8 − 105 所示的位置。最后,保存场景并运行。

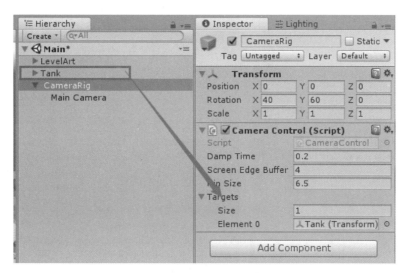

图 8 − 105　Tank 拖拽

8.7　Tanks(3) 生命条

　　本小节的目的是制作 Tank 的生命条,也就是如图 8 − 106 所示的形式,有一圈绿色生命条包围在坦克的周围。首先,我们确保 Scene View 是在 Pivot 状态下的,而不是 Center 状态(见图 8 − 107)。接着,我们在 Hierarchy 根目录下创建一个 Slider (Create → UI → Slider),接着会看到生成如图 8 − 108 所示的两样东西:

　　当创建一个 UI 元素时,Unity 会自动为我们生成一个 Canvas 和 EventSystem,而 Slider 则成为 Canvas 的一个子对象。接着,选中 EventSystem,把里面的 Horizontal Axis 改为 HorizontalUI,把 Vertical Axis 改为 VerticalUI

图 8 − 106　Tank 的生命条

图 8 − 107　Pivot 状态下的 Scene View

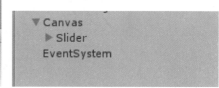

图 8 − 108　创建 Slider 后的视图

（见图8－109），这样做的意义是不与用户操作坦克移动的输入产生冲突。

接着，我们考虑由于生命条是围绕在坦克周围的，也就是该Slider是跟随坦克移动的，所以我们需要让该Slider成为Tank的一个子对象，这样他们的position就能同步了，操作很简单，把Canvas（而不是Slider）拖拽到Tank下，成为它的子对象。

然后，我们对Canvas的一些属性做出修改，如图8－110所示。

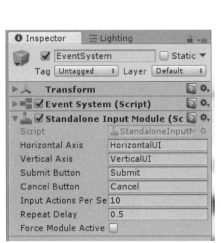

图8－109 Horizontal Axis 设置

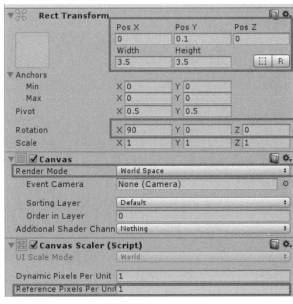

图8－110 Canvas 属性修改

（1）修改Canvas的position值为(0,0.1,0)；修改Width和Height为(3.5,3.5)；修改Rotation为(90,0,0)。

（2）修改Canvas的渲染模式Render Mode为World Space。

（3）修改Canvas Scaler下的Reference Pixels Per Unit为1。

展开Canvas，对Slider重命名为HealthSlider，然后展开HealthSlider，有如下几个子元素：Background、Fill Area、HandleSliderArea。把HandleSliderArea删除，因为不需要用到滑动图标。接着，复选HealthSlider、Background、Fill Area和Fill，单击Anchor Presets，按住ALT选中右下角的选项（见图8－111）。

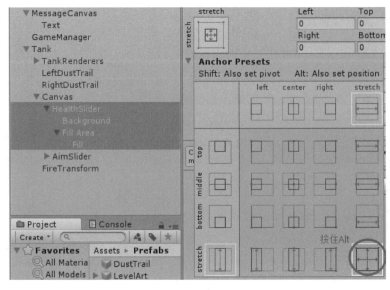

图8－111 选项选择

选中 HealthSlider,做以下改动(见图 8 - 112):① 单击取消 Interactable;② Transition 选择为 None;③ Max Value 选择为 100。

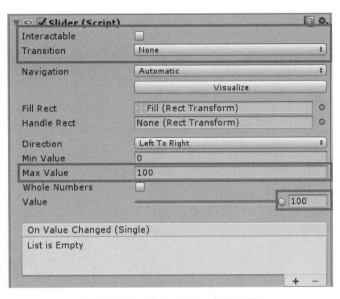

图 8 - 112　HealthSlider 参数设置

选中 Background,做以下改动(见图 8 - 113):① 在 Source Image 中,选择图片资源为 HealthWheel;② 在 Color 中,把 Alpha 值改为 80。

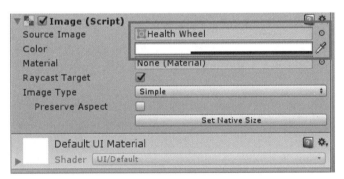

图 8 - 113　Background 参数设置

选中 Fill(Fill 是 Fill Area 的子对象),做以下改动(见图 8 - 114):① Source Image,选择图片为 HealthWheel;② 在 Color 中,把 Alpha 值改为 150;③ ImageType 改为 Filled;④ Fill Origin 选择为 Left;⑤ 取消选择 Clockwise。

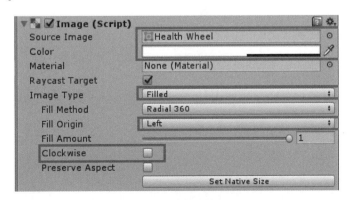

图 8 - 114　Fill 参数设置

接着,我们找到/Scripts/UI 文件夹下的 UIDirectionControl 脚本,把它拖拽到 HealthSlider 下。我们来看看这个脚本的作用是什么?

```
using UnityEngine;

public class UIDirectionControl : MonoBehaviour
{
    public bool m_UseRelativeRotation = true;
    private Quaternion m_RelativeRotation;
    private void Start()
    {
        m_RelativeRotation = transform.parent.localRotation;    //初始角度
    }
    private void Update()
    {
        if (m_UseRelativeRotation)
            transform.rotation = m_RelativeRotation;    //每一帧的更新都把角度重置为初始角度
                                                        //也就是固定 Slider 的角度,不让它随着 Tank 转动
    }
}
```

既然坦克有生命值,那么当坦克的生命值降为 0 的时候,会发生什么? 答案是会爆炸,那么我们就需要坦克爆炸的效果,素材已经为我们准备好了。在 Prefabs 文件夹下,找到 TankExplosion 预制件,把它拖拽到 Hierarchy 根目录。选中 TankExplosion,为它添加 AudioSource,AudioClip 选择为 TankExplosion,取消 Play On Awake 以及 Loop,然后单击右上角的 Apply,使得改动在 Prefabs 的预制件生效,然后删除在 Hierarchy 下的 TankExplosion(见图 8-115)。

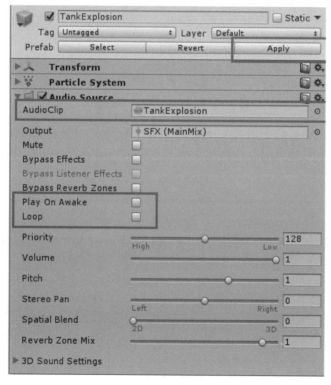

图 8-115　TankExplosion 预件设置

　　完成以上改动后,接下来要思考一个问题,坦克的生命条 UI 界面有了,但还需要让它动态地减少,即在坦克受到伤害的时候会扣除生命值,那么该怎么实现呢?答案是我们需要一个脚本,对坦克的生命值进行控制。在/Scripts/Tank 文件夹内找到 TankHealth. cs 文件,把它拖拽到 Tank 下,然后打开它,我们来编辑它。

```
using UnityEngine;
using UnityEngine.UI;
public class TankHealth : MonoBehaviour
{
    public float m_StartingHealth = 100f;              //初始生命值
    public Slider m_Slider;                            //slider,生命条
    public Image m_FillImage;                          //生命条的填充
    public Color m_FullHealthColor = Color.green;      //满血的时候是绿色
    public Color m_ZeroHealthColor = Color.red;        //低血量状态是红色
    public GameObject m_ExplosionPrefab;               //爆炸效果的预制件
    private AudioSource m_ExplosionAudio;              //Audio
    private ParticleSystem m_ExplosionParticles;       //爆炸的粒子效果
    private float m_CurrentHealth;
    private bool m_Dead;                               //是否已经死亡
    private void Awake()
    {
        //初始化的时候就准备好爆炸效果的实例
        m_ExplosionParticles = Instantiate(m_ExplosionPrefab).GetComponent<ParticleSystem>();
        m_ExplosionAudio = m_ExplosionParticles.GetComponent<AudioSource>();
        //未激活状态
        m_ExplosionParticles.gameObject.SetActive(false);
    }
    private void OnEnable()
    {
        m_CurrentHealth = m_StartingHealth;
        m_Dead = false;
        SetHealthUI();
    }
    /* *
     * 外部调用,当坦克受伤的时候调用该函数
     */
    public void TakeDamage(float amount)
    {
        //Adjust the tank's current health, update the UI based on the new health and check whether
or not the tank is dead.
        m_CurrentHealth -= amount;
        SetHealthUI();
        //如果坦克的血量低于 0 并且是存活的,那么判定为死亡
        if(m_CurrentHealth <= 0f && ! m_Dead){
            OnDeath();
        }
    }
    private void SetHealthUI()
```

```
    {
        //Adjust the value and colour of the slider.
        m_Slider.value = m_CurrentHealth;
        //对 Fill 填充物的颜色做出改变
        //Color.Lerp 颜色的线性插值,通过第三个参数在颜色 1 和 2 之间插值。
        m_FillImage.color = Color.Lerp(m_ZeroHealthColor,m_FullHealthColor,m_CurrentHealth /m_
StartingHealth);
    }
    private void OnDeath()
    {
        //Play the effects for the death of the tank and deactivate it.
        m_Dead = true;
        //修改粒子系统的坐标为坦克死亡时候的坐标
        m_ExplosionParticles.transform.position = transform.position;
        m_ExplosionParticles.gameObject.SetActive(true);
        //播放爆炸效果以及爆炸音效
        m_ExplosionParticles.Play();
        m_ExplosionAudio.Play();
        gameObject.SetActive(false);
    }
}
```

编辑完毕后,要对其公有变量进行初始化(见图 8 - 116)。最后,单击 Tank 中右上角的 Apply 按钮,使其应用到预制件中,保存当前 Scene。

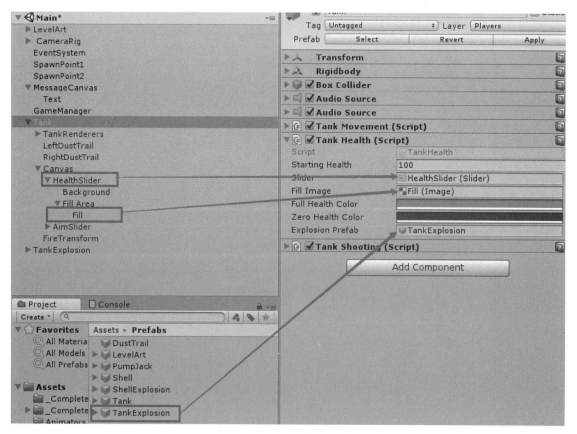

图 8 - 116　公有变量初始化

8.8　Tanks(4) 武器系统

1) 创建子弹

本小节的目标是创建子弹,完善子弹的爆炸、音效等效果,并且利用脚本对子弹进行控制。

首先,在 models 文件夹下找到 Shell 模型,把它拖拽到 Hierarchy 根目录下,对它进行编辑:

(1) 创建 Capsule Collider,选择"Is Trigger"选项,把 Direction 选择为 Z-Axis;更改 Center 的坐标为 (0,0,0.2);更改 Radius 为 0.15 以及 Height 为 0.55(见图 8-117)。

Capsule Collider 实际上是一个胶囊碰撞器,由一个圆柱体连接两个半球体组成,在上面修改了该碰撞器的半径以及高度后,可以观察到子弹的碰撞边界是这样的(见图 8-118)。

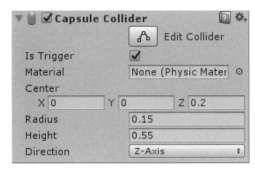

图 8-117　创建 Capsule Collider

图 8-118　子弹碰撞边界

(2) 创建 Rigidbody,为子弹添加刚体,因为子弹要与坦克产生碰撞,也就需要刚体。如果没有刚体,那么子弹就不会有物理效果。

(3) 创建 Light 组件。

(4) 在 Prefabs 文件夹下找到 ShellExplosion 预制件,拖拽它到 Shell 中,成为 Shell 的子对象。选择 ShellExplosion,添加 Audio Source,音效选择为 ShellExplosion,取消勾选 Play On Awake(见图 8-119)。

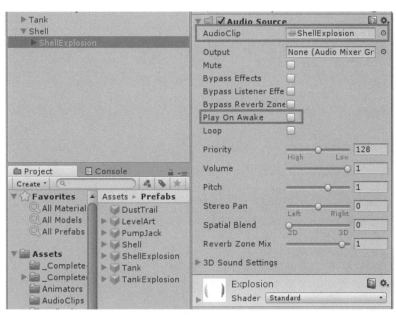

图 8-119　ShellExplosion 预件设置

（5）在 Scripts/Shell 文件夹内，找到 ShellExplosion 脚本，把它拖拽到 Shell 下。该脚本控制了 Shell 的行为，双击打开该脚本，开始编辑。

```
using UnityEngine;
public class ShellExplosion : MonoBehaviour
{
    public LayerMask m_TankMask;                    //Player 的层级
    public ParticleSystem m_ExplosionParticles;     //爆炸的粒子系统
    public AudioSource m_ExplosionAudio;            //Audio
    public float m_MaxDamage = 100f;                //最大伤害
    public float m_ExplosionForce = 1000f;
    public float m_MaxLifeTime = 2f;
    public float m_ExplosionRadius = 5f;            //子弹爆炸半径
    private void Start()
    {
        Destroy(gameObject, m_MaxLifeTime);         //在子弹的存活时间过后,自动销毁
    }
    /* *
    *   当子弹与其他物体发生碰撞并且碰撞器的 Is Trigger 勾选的情况下,会调用该函数
    */
    private void OnTriggerEnter(Collider other)
    {
        //Find all the tanks in an area around the shell and damage them.

        /* *
        * Physics.OverlapSphere(Vector3 position,float radius,int layerMask mask)
        * @parameter position    球体的球心
        * @parameter radius       球体的半径
        * @parameter mask         只有该层级与球体碰撞才会被选择
        * 该函数用于返回在球体范围内与球体产生碰撞的特定层级的碰撞器
        */
        Collider[] colliders = Physics.OverlapSphere(transform.position,m_ExplosionRadius,m_
TankMask);
        for(int i = 0;i < colliders.Length;i++){
            Rigidbody targetRigidbody = colliders[i].GetComponent<Rigidbody>();   //寻找碰撞器
的刚体
            if(! targetRigidbody){
                continue;
            }
            //为符合条件的受撞体添加爆炸力
targetRigidbody.AddExplosionForce(m_ExplosionForce,transform.position,m_ExplosionRadius);

            //获取受撞体的 TankHealth 脚本
            TankHealth targetHealth = targetRigidbody.GetComponent<TankHealth>();
            if(! targetHealth){
                continue;
            }
            //计算伤害并扣除血量
            float damage = CalculateDamage(targetRigidbody.position);
```

```
        targetHealth.TakeDamage(damage);
    }
    //把粒子系统与 Shell 的关联解除
    m_ExplosionParticles.transform.parent = null;
    //播放爆炸效果及音效
    m_ExplosionParticles.Play();
    m_ExplosionAudio.Play();
    //粒子系统的爆炸效果播放完毕后,删除该 object
    Destroy(m_ExplosionParticles.gameObject,m_ExplosionParticles.main.duration);
    Destroy(gameObject); //回收 Shell
}
private float CalculateDamage(Vector3 targetPosition)
{
    //Calculate the amount of damage a target should take based on it's position.
    //① 创建一个向量,由 Shell 指向目标
    Vector3 explosionToTarget = targetPosition - transform.position;
    //② 计算 Shell 与目标之间的距离
    float explosionDistance = explosionToTarget.magnitude;
    //③ 根据上一步的距离计算出伤害权重
    float relativeDistance = (m_ExplosionRadius - explosionDistance) /m_ExplosionRadius;
    //④ 根据伤害权重计算出最终伤害
    float damage = relativeDistance * m_MaxDamage;
    //⑤ 最低伤害为 0,这是因为第三步的数值有可能是负值,这样就相当于没有伤害
    damage = Mathf.Max(0f,damage);
    return damage;
    }
}
```

接着,我们初始化该脚本使用的公有变量(见图 8 - 120)。

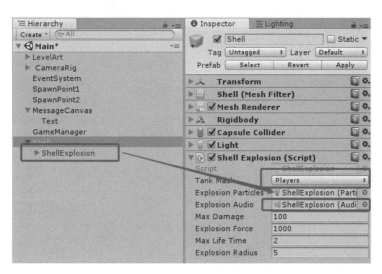

图 8 - 120　公有变量初始化

这里要注意的是,Tank Mask 的选取必须是 Players,否则后面子弹的爆炸将不会作用于坦克。

完成以上的步骤之后,把 Shell 拖拽到 Prefabs 文件夹下,成为预制件,然后删除掉 Hierarchy 根目录下的 Shell,并保存当前场景。

图 8-121　FireTransform 的 transform 设置

2）发射子弹

接下来就要实现子弹的发射功能，并且子弹可以蓄能，蓄能越久射击距离也就越长，因此也就需要有一个蓄能状态的指示。

首先，选中 Hierarchy 层级下的 Tank，为它新建一个子对象 Create Empty，命名为 FireTransform。该对象主要是规定子弹的射出位置。把 FireTransform 的 transform 设置为如图 8-121 所示。

接着，在 Tank 的 Canvas 下，新建一个 Slider，命名为 AimSlider。选定 AimSlider，对它的 Slider 组件进行一些调整，如图 8-122 所示。① 取消勾选 Interactable；② Transition 设置为 None；③ Direction 设置为 Bottom to Top；④ Min Value 设置为 15；⑤ Max Value 设置为 30；⑥ Rect Transform 属性可以通过拖动改变形状，也可以通过设置数值的形式指定，这里设置为(1,-9,-1,1,3)。

下一步是展开 AimSlider 的子对象，把其中的 Background 和 Handle Slide Area 删除，只保留 Fill Area。同时选中 AimSlider 和 Fill Area，单击 Anchor Presets，按住 Alt 键以选中右下角的选项（见图 8-123）。

展开 Fill Area，选中 Fill，把 Height 设置为 0，Source Image 选择为 Aim Arrow（见图 8-124）。

接下来就是利用脚本对坦克的射击行为作出控制，在 /Scripts/Tank 文件夹下找到 Tank Shooting 脚本，把它拖拽到 Tank 中，然后打开编辑它：

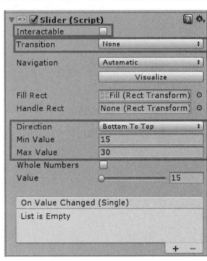

图 8-122　Slider 组件参数设置

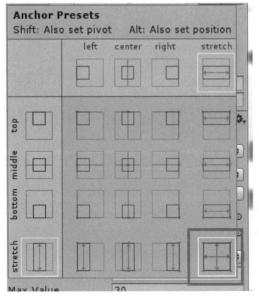

图 8-123　AimSlider 子对象设置

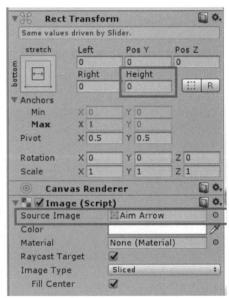

图 8-124　Fill Area 设置

```
using UnityEngine;
using UnityEngine.UI;
public class TankShooting : MonoBehaviour
```

```
{
    public int m_PlayerNumber = 1;              //玩家序号
    public Rigidbody m_Shell;                   //炮弹
    public Transform m_FireTransform;           //发射点位置
    public Slider m_AimSlider;                  //蓄能条
    public AudioSource m_ShootingAudio;         //Audio
    public AudioClip m_ChargingClip;            //蓄能的音效
    public AudioClip m_FireClip;                //发射的音效
    public float m_MinLaunchForce = 15f;        //最小发射力量
    public float m_MaxLaunchForce = 30f;        //最大发射力量
    public float m_MaxChargeTime = 0.75f;       //最大充能时间
    private string m_FireButton;
    private float m_CurrentLaunchForce;
    private float m_ChargeSpeed;
    private bool m_Fired;
    /**
     * 初始化
     */
    private void OnEnable()
    {
        m_CurrentLaunchForce = m_MinLaunchForce;
        m_AimSlider.value = m_MinLaunchForce;
    }
    private void Start()
    {
        //保存当前 player 发射按键的字符串
        m_FireButton = "Fire" + m_PlayerNumber;

        //充能速度
        m_ChargeSpeed = (m_MaxLaunchForce - m_MinLaunchForce) /m_MaxChargeTime;
    }
    private void Update()
    {
        //Track the current state of the fire button and make decisions based on the current launch force.
        m_AimSlider.value = m_MinLaunchForce;
        //如果充能超过最大充能并且还没发射子弹
        if(m_CurrentLaunchForce >= m_MaxLaunchForce && ! m_Fired){
            m_CurrentLaunchForce = m_MaxLaunchForce;
            Fire();
        }
        //根据按键判断是否按下了开火键
      else if(Input.GetButtonDown(m_FireButton)){
            m_Fired = false;
            m_CurrentLaunchForce = m_MinLaunchForce;   //从最小充能开始
            m_ShootingAudio.clip = m_ChargingClip;        //切换成充能音效
            m_ShootingAudio.Play();
        }
        //持续按下开火键的过程中,不断增加充能
        else if(Input.GetButton(m_FireButton) && ! m_Fired){
```

```
            m_CurrentLaunchForce += m_ChargeSpeed * Time.deltaTime;
            m_AimSlider.value = m_CurrentLaunchForce;
        }
        //用户松开开火键,那么开火
        else if(Input.GetButtonUp(m_FireButton) && ! m_Fired){
            Fire();
        }
    }
    private void Fire()
    {
        // Instantiate and launch the shell.
        m_Fired = true;

        //实例化一个炮弹
        Rigidbody shellInstance = Instantiate ( m _ Shell, m _ FireTransform. position, m _
FireTransform.rotation) as Rigidbody;
        shellInstance.velocity = m_CurrentLaunchForce * m_FireTransform.forward;
        m_ShootingAudio.clip = m_FireClip;
        m_ShootingAudio.Play();

        m_CurrentLaunchForce = m_MinLaunchForce;
    }
}
```

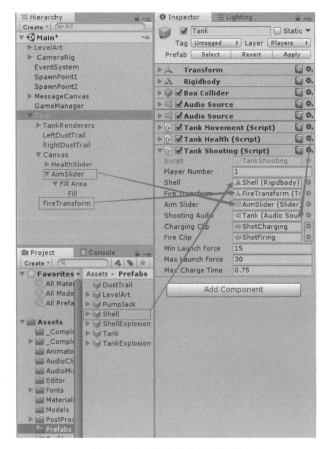

图 8 - 125　脚本公有变量赋值

接着,就是对脚本的公有变量进行赋值(见图 8 - 125)。

完成初始化之后,单击右上角的 Apply,使得改动在预制件中生效。

现在可以开始游戏测试一下了。测试完毕之后,把 Hierarchy 层的 Tank 删除掉,保存当前场景。

8.9　Tanks(5) 游戏管理

本小节的目标是创建一个管理脚本,统一管理该游戏场景中的两辆坦克,并且添加输赢的游戏逻辑,让游戏有始有终。

在上一节中,我们把根目录下的 Tank 删除了,需要在游戏的过程中动态生成两个 Tank,而不是一开始就设置好。因此我们需要两个 Tank 的出生点。在 Hierarchy 下新建两个空对象,分别命名为 SpawnPoint1 和 SpawnPoion2。

选中 SpawnPoint1,做以下修改(见图 8 - 126)。
选中 SpawnPoint2,做以下修改(见图 8 - 127)。

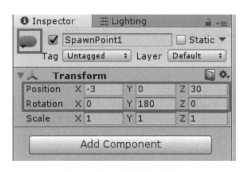

图 8 - 126　创建空对象 1

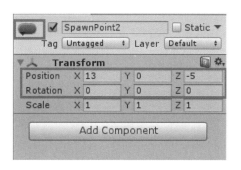

图 8 - 127　创建空对象 2

接着,在 Hierarchy 层级下新建一个 Canvas(GameObject→UI→Canvas),重命名为 MessageCanvas。接着,在 Scene View 中单击 2D 模式,如图 8 - 128 所示。

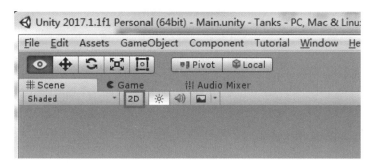

图 8 - 128　新建 Canvas

选中 MessageCanvas,右键新建一个 Text,让其成为 MessageCanvas 的子对象,选中 Text 对象,修改它的数据,如图 8 - 129 所示。

下一步,在 Text 内新建一个组件:Shadow,为 Text 添加阴影效果(见图 8 - 130)。

图 8 - 130　为 Text 添加阴影

接着,取消刚才设置的 2D 视图模式。

选中 CameraRig,单击 Edit→Frame Selected 按钮,在 CameraRig 的脚本组件那里,之前设置了 m_Targets 为已经被删除的 Tank,所以我们要把该数组的长度设置为 0,并按回车确认。再打开 CameraControl 脚本来编辑:这里只需要把之前提及的 "HideInInspector" 的注释去掉即可,也就是说隐藏掉该公共变量。

下面就来创建我们的游戏管理者,在 Hierarchy 层级创建一个空对象,命名为 GameManager,在/Scripts/Managers 文件夹内找到 GameManager 脚本,把它拖拽到 GameManager 对象内。先初始化它的几个公共变量,如图 8 - 131 所示。

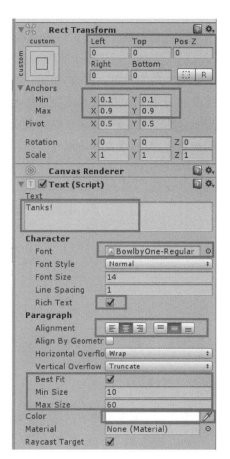

图 8 - 129　Text 对象设置

· · · · · · 235

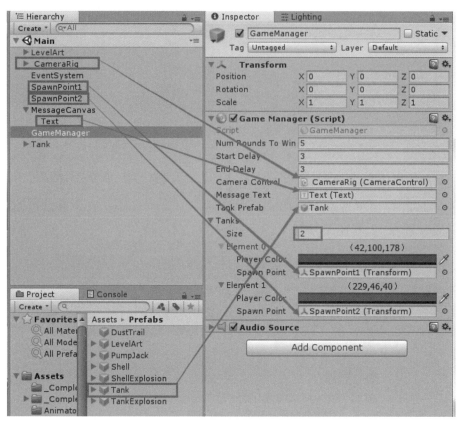

图 8 - 131　GameManager 公共变量初始化

接下来先整理一下我们的游戏逻辑。

（1）先从游戏的整个流程来梳理（见图 8 - 132）。从官方的教程中可以知道，Game Manager 充当一个管理全局的角色，首先它初始化的过程中，会在出生点生成两个坦克供玩家控制，并且把摄像机的目标设置为该两辆坦克，由此完成初始化。接着是正常的游戏流程，这里涉及游戏的输赢判定，使用的是分回合的形式，每一回合获胜则获得一分，经过若干回合后，总分最高者获胜。每一回合结束之后，会回到初始化过程，重新生成坦克。具体到每一个回合上，坦克的控制就交给 Tank Manager 来控制。

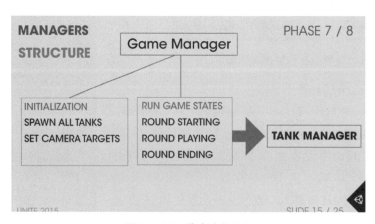

图 8 - 132　游戏流程（1）

从图 8 - 133 可以看出，Tank Manager 控制了坦克的移动和射击的脚本以及 UI 的展示。

（2）从游戏者的角度来梳理（见图 8 - 134）。GameManager 可以分为若干个 Tank Manager，Game Manager 负责管理每个 Tank Manager，而具体的游戏坦克的行为则交给每一个 Tank Manager 负责。这里

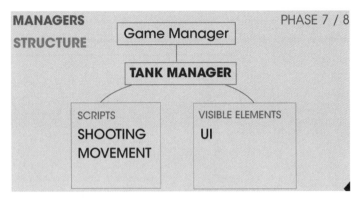

图 8 - 133 游戏流程(2)

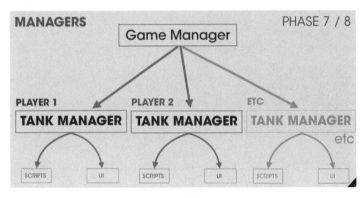

图 8 - 134 游戏流程(3)

就实现了解耦的作用,假如以后需要拓展游戏功能,如增加多个玩家,那么只需要修改 Game Manager 就可以了。

接着,我们打开 GameManager 脚本,对它进行完善与编辑。

```csharp
using UnityEngine;
using System.Collections;
using UnityEngine.SceneManagement;
using UnityEngine.UI;
public class GameManager : MonoBehaviour
{
    public int m_NumRoundsToWin = 5;          //5 回合获胜则游戏获胜
    public float m_StartDelay = 3f;           //每回合开始的等待时间
    public float m_EndDelay = 3f;             //每回合结束之后的等待时间
    public CameraControl m_CameraControl;
    public Text m_MessageText;
    public GameObject m_TankPrefab;
    public TankManager[] m_Tanks;             //两个坦克管理者
    private int m_RoundNumber;
    private WaitForSeconds m_StartWait;
    private WaitForSeconds m_EndWait;
    private TankManager m_RoundWinner;
    private TankManager m_GameWinner;
    private void Start()
    {
```

```
    m_StartWait = new WaitForSeconds(m_StartDelay);  //用来协同 yield 指令,等待若干秒
    m_EndWait = new WaitForSeconds(m_EndDelay);
    SpawnAllTanks();                    //生成坦克
    SetCameraTargets();                 //设置摄像机
    StartCoroutine(GameLoop());   //
}
/* *
 * 在出生点生成坦克
 */
private void SpawnAllTanks()
{
    for (int i = 0; i < m_Tanks.Length; i++)
    {
        m_Tanks[i].m_Instance =
            Instantiate(m_TankPrefab, m_Tanks[i].m_SpawnPoint.position, m_Tanks[i].m_
SpawnPoint.rotation) as GameObject;
        m_Tanks[i].m_PlayerNumber = i + 1;   //为坦克标号
        m_Tanks[i].Setup();                  //调用 TankManager 的 setup 方法
    }
}
/* *
 * 设置摄像头的初始位置
 */
private void SetCameraTargets()
{
    Transform[] targets = new Transform[m_Tanks.Length];
    for (int i = 0; i < targets.Length; i++)
    {
        targets[i] = m_Tanks[i].m_Instance.transform;
    }

    m_CameraControl.m_Targets = targets;
}


//游戏循环
private IEnumerator GameLoop()
{
    yield return StartCoroutine(RoundStarting());   //等待一段时间后执行
    yield return StartCoroutine(RoundPlaying());
    yield return StartCoroutine(RoundEnding());

    //如果有胜者,则重新加载游戏场景
    if (m_GameWinner ! = null)
    {
        SceneManager.LoadScene(SceneManager.GetActiveScene().name);
    }
    else
    {
        StartCoroutine(GameLoop());       //如果没有胜者,则继续循环
```

```
    }
}
/* *
 * 每一回合的开始
 */
private IEnumerator RoundStarting()
{
    ResetAllTanks();                            //重置坦克位置
    DisableTankControl();                       //取消对坦克的控制
    m_CameraControl.SetStartPositionAndSize();  //摄像机聚焦位置重置

    m_RoundNumber++;                            //回合数增加
    m_MessageText.text = "ROUND" + m_RoundNumber; //更改 UI 的显示
    yield return m_StartWait;
}
/* *
 * 每一回合的游戏过程
 */
private IEnumerator RoundPlaying()
{
    EnableTankControl();       //激活对坦克的控制

    m_MessageText.text = string.Empty; //UI 不显示

    //如果只剩下一个玩家,则跳出循环
    while(! OneTankLeft()){
        yield return null;
    }
}
/* *
 * 每一回合的结束
 */
private IEnumerator RoundEnding()
{
    //取消对坦克的控制
    DisableTankControl();
    m_RoundWinner = null;
    //判断当前回合获胜的玩家
    m_RoundWinner = GetRoundWinner();
    //累积胜利次数
    if(m_RoundWinner ! = null){
        m_RoundWinner.m_Wins++;
    }
    //判断是否有玩家达到了游戏胜利的条件
    m_GameWinner = GetGameWinner();
    string message = EndMessage();
    m_MessageText.text = message;
    yield return m_EndWait;
}
```

```
/* *
 * 该方法用于判断是否只剩下一个玩家在场景中
 */
private bool OneTankLeft()
{
    int numTanksLeft = 0;
    for (int i = 0; i < m_Tanks.Length; i++)
    {
        if (m_Tanks[i].m_Instance.activeSelf)
            numTanksLeft++;
    }
    return numTanksLeft <= 1;
}
/* *
 * 该方法用于判断回合胜者
 */
private TankManager GetRoundWinner()
{
    for (int i = 0; i < m_Tanks.Length; i++)
    {
        if (m_Tanks[i].m_Instance.activeSelf)
            return m_Tanks[i];
    }
    return null;
}
/* *
 * 该方法用于判断游戏获胜者
 */
private TankManager GetGameWinner()
{
    for (int i = 0; i < m_Tanks.Length; i++)
    {
        if (m_Tanks[i].m_Wins == m_NumRoundsToWin)
            return m_Tanks[i];
    }
    return null;
}
private string EndMessage()
{
    string message = "DRAW!";
    if (m_RoundWinner ! = null)
        message = m_RoundWinner.m_ColoredPlayerText + " WINS THE ROUND!";
    message += "\n\n\n\n";
    for (int i = 0; i < m_Tanks.Length; i++)
    {
        message += m_Tanks[i].m_ColoredPlayerText + ": " + m_Tanks[i].m_Wins + " WINS \n";
    }
    if (m_GameWinner ! = null)
        message = m_GameWinner.m_ColoredPlayerText + " WINS THE GAME!";
```

```
        return message;
    }
    private void ResetAllTanks()
    {
        for (int i = 0; i < m_Tanks.Length; i++)
        {
            m_Tanks[i].Reset();      //调用 TankManager 的 Reset()方法
        }
    }
    private void EnableTankControl()
    {
        for (int i = 0; i < m_Tanks.Length; i++)
        {
            m_Tanks[i].EnableControl();   //调用 TankManager 的 EnableControl()方法
        }
    }
    private void DisableTankControl()
    {
        for (int i = 0; i < m_Tanks.Length; i++)
        {
            m_Tanks[i].DisableControl();   //调用 TankManager 的 DisableControl()方法
        }
    }
}
```

编辑完毕之后，再来看看 TankManager 这个脚本，该文件也在 Manager 文件夹内，但是不需要把它拖拽到任何游戏对象上。因为它由 GameManager 来管理。

```
using System;
using UnityEngine;
[Serializable]              //为了在 Inspector 显示公共变量,需要使用序列化标识符
public class TankManager
{
    public Color m_PlayerColor;            //下面两个变量在 GameManager(Script)Inspector 初始化
    public Transform m_SpawnPoint;
    [HideInInspector] public int m_PlayerNumber;
    [HideInInspector] public string m_ColoredPlayerText;
    [HideInInspector] public GameObject m_Instance;
    [HideInInspector] public int m_Wins;
    private TankMovement m_Movement;
    private TankShooting m_Shooting;
    private GameObject m_CanvasGameObject;
    public void Setup()
    {
        m_Movement = m_Instance.GetComponent<TankMovement>();   //获取移动和射击的脚本
        m_Shooting = m_Instance.GetComponent<TankShooting>();
        m_CanvasGameObject = m_Instance.GetComponentInChildren<Canvas>().gameObject;
        m_Movement.m_PlayerNumber = m_PlayerNumber;      //设置玩家编号
        m_Shooting.m_PlayerNumber = m_PlayerNumber;
```

```
        m_ColoredPlayerText = "<color=#" + ColorUtility.ToHtmlStringRGB(m_PlayerColor) + ">
PLAYER " + m_PlayerNumber + "</color>";
        MeshRenderer[] renderers = m_Instance.GetComponentsInChildren<MeshRenderer>();  //用特
定颜色渲染坦克
        for (int i = 0; i < renderers.Length; i++)
        {
            renderers[i].material.color = m_PlayerColor;
        }
    }
    public void DisableControl()
    {
        m_Movement.enabled = false;
        m_Shooting.enabled = false;
        m_CanvasGameObject.SetActive(false);
    }
    public void EnableControl()
    {
        m_Movement.enabled = true;
        m_Shooting.enabled = true;
        m_CanvasGameObject.SetActive(true);
    }
    public void Reset()
    {
        m_Instance.transform.position = m_SpawnPoint.position;
        m_Instance.transform.rotation = m_SpawnPoint.rotation;
        m_Instance.SetActive(false);
        m_Instance.SetActive(true);
    }
}
```

经过上一小节的测试后,游戏已经算是高度完成了,最后这一小节还需要完善一下音效效果。

首先,右键单击 AudioMixer 文件夹,新建一个 Audio Mixer,命名为 MainMix。双击打开该文件(见图 8-135)。

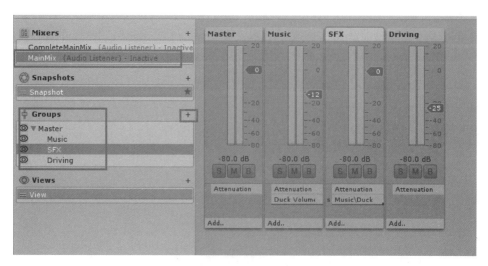

图 8-135 新建 Audio Mixer 文件

确保左上角选中的是 MainMix,然后在 Groups 选项下单击"+"来创建三个子对象,并分别命名为 Music、SFX、Driving(如果无法重命名,则单击开始游戏再结束游戏)。接着对三个子对象的属性进行更改:

(1)选中 Music,把 Attenuation 选择为 -12,并且通过"Add..."按钮新建一个 Duck Volume。

(2)选中 SFX,新建一个 Send,设置 Receive 为 Music\Duck Volume。

(3)选中 Driving,把 Attenuation 选择为 -25。

(4)重新选择 Music,在 Inspectior 界面做更改,如图 8 - 136 所示。

然后,在 Prefabs 文件夹内找到 Tank,展开第一个 Audio Source,把 Output 选择为 Driving(见图 8 - 137)。

展开第二个 Audio Source,把 Output 选择为 SFX(见图 8 - 138)。

在 Prefabs 文件夹内找到 Shell,展开,选中 ShellExplosion,把 Audio Source 的 Output 选择为 SFX。在 Prefabs 文件夹找到 TankExplosion,把 Audio Source 的 Output 选择为 SFX。在 Hierarchy

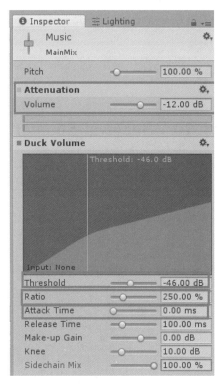

图 8 - 136　Inspectior 界面修改

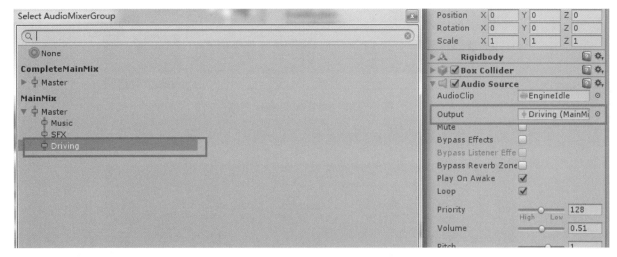

图 8 - 137　Audio Source 的 Output 设置

图 8 - 138　Output 设置

选择 GameManager,新建 Audio Source 组件,音效选择为 BackgroundMusic,Output 选择为 Music。选择 Loop 项。

最后,保存场景,运行游戏。整个 Tanks 游戏的开发流程到此完毕。

8.10　Survival Shooter(1) 游戏框架搭建

1）搭好初始环境

（1）新建一个工程后在 Unity Asset Store 中下载资源。快捷键 Ctrl+9 或在 Windows→Asset Store 中打开 Asset Store。

（2）找到 SurvivalShooter 单击下载（见图 8–139）。

图 8–139　SurvivalShooter 下载

（3）下载完成后,直接单击导入整个工程（见图 8–140）。

图 8–140　导入工程

（4）导入完成后的工程 Assets（见图 8–141）。

只选择其中的资源,具体脚本和其他之后一步步做好（见图 8–142）。

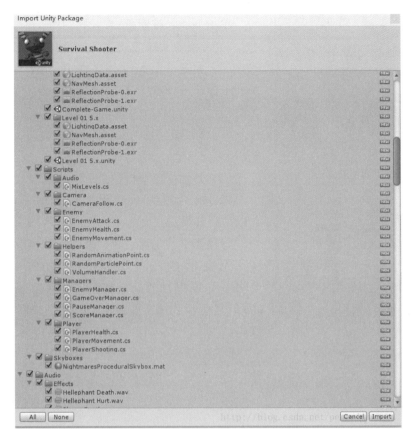

图 8 - 141　导入成功的工程

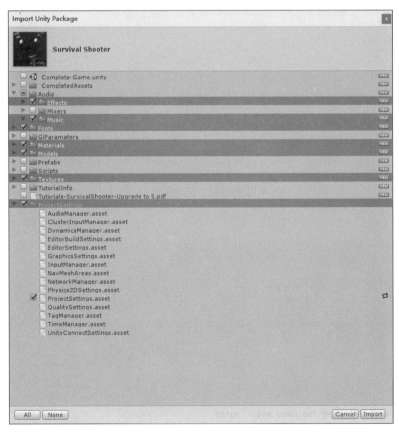

图 8 - 142　选择工程中的资源

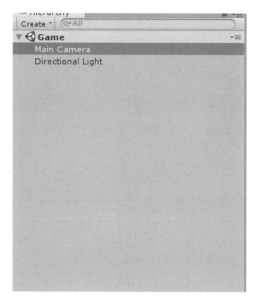

图 8-143　初始场景默认

单击 import 按钮,正式开始制作。

2) 游戏场景搭建

(1) 新建一个 Scenes 文件夹,用来存放游戏场景。在 Assets 右击 Create→Folder 按钮,保存当前的 scene,命名好。

(2) 默认的初始场景有一个主摄像机+一个灯光(见图 8-143)。

(3) 开始搭建地板(见图 8-144)。

将 floor 拖拽到 scene 标签下,调整一下地板的大小位置(见图 8-145)。

将摄像机的位置一起调整(见图 8-146)。

大概形成一个雏形,接着在 Assets → Models → Environment 里自己添加场景的物体。场景中物体摆放可以随意,确保物体不要悬空(见图 8-147)。

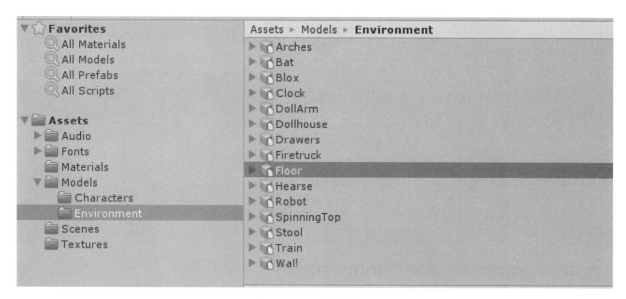

图 8-144　搭建地板

图 8-145　调整地板大小位置

图 8-146 摄像机位置调整

图 8-147 添加场景物体

8.11 Survival Shooter(2) 主角移动

先选择 Assets→Models→Characters 选项,将主角 Player 拖到场景中(见图 8-148)。

图 8-148 主向 Player 加入场景

给主角添加 Rigidbody 组件(见图 8-149)。

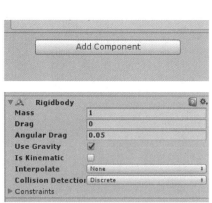

图 8-149 添加组件

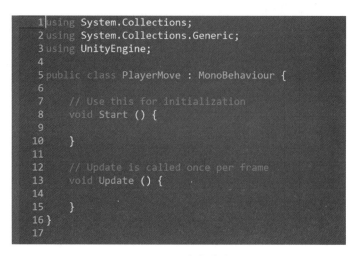

图 8-150 主角脚本

在 Assets 中新建一个文件夹 Scripts 专门用来存放脚本语言(当然你也可以任意命名),在 Scripts 文件夹中新建 Player 文件夹专门存放主角的脚本,接着新建一个 C#脚本(见图 8-150)。

(1) 开始写主角移动的代码(见图 8-151)。

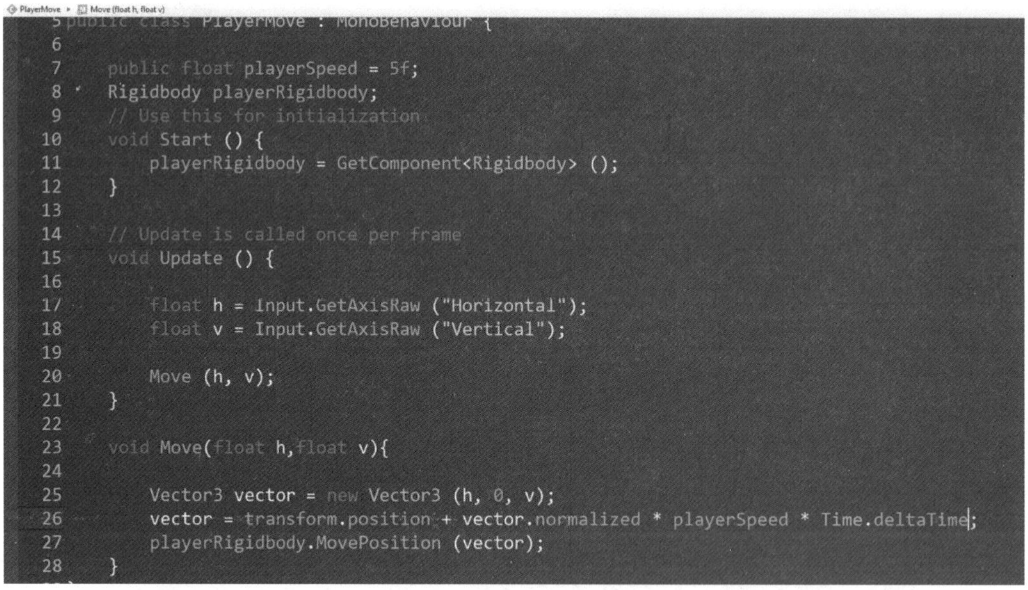

```
5  public class PlayerMove : MonoBehaviour {
6
7      public float playerSpeed = 5f;
8      Rigidbody playerRigidbody;
9      // Use this for initialization
10     void Start () {
11         playerRigidbody = GetComponent<Rigidbody> ();
12     }
13
14     // Update is called once per frame
15     void Update () {
16
17         float h = Input.GetAxisRaw ("Horizontal");
18         float v = Input.GetAxisRaw ("Vertical");
19
20         Move (h, v);
21     }
22
23     void Move(float h,float v){
24
25         Vector3 vector = new Vector3 (h, 0, v);
26         vector = transform.position + vector.normalized * playerSpeed * Time.deltaTime;
27         playerRigidbody.MovePosition (vector);
28     }
```

图 8-151 主角移动代码

```
public float playerSpeed = 5f;
```

设置主角的速度,定义成 public 方便前台的修改。

```
playerRigidbody = GetComponent ();
```

表示获得角色身上的刚体组件,后面会大量用到这个写法。

```
float h = Input.GetAxisRaw ("Horizontal");
float v = Input.GetAxisRaw ("Vertical");
```

表示主角接收水平,垂直方向上的玩家输入。

```
vector = transform.position + vector.normalized * playerSpeed * Time.deltaTime;
```

这里第二个参数固定为 0 是因为主角不会跳动,Y 坐标始终保持在一个位置,Time. deltaTime,这是一个规范写法保证在不同的 CPU 机器上主角移动的距离是一样的。

```
playerRigidbody.MovePosition (vector);
```

将代码拖拽到主角的面板上,单击运行。

(2) 发现主角掉下去了,这是个严重的问题。下面是解决这个问题的步骤:

① 给主角加上 CapsuleCollider 组件(见图 8 - 152)。

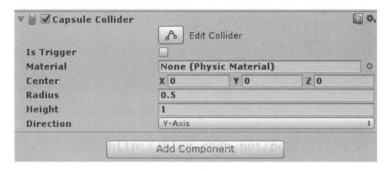

图 8 - 152　给主角添加 CapsuleCollider 组件

② 调整大小,差不多框住主角(见图 8 - 153)。

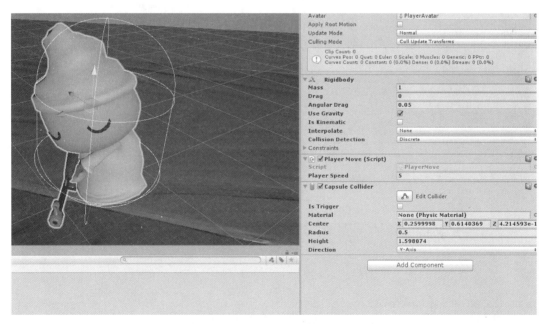

图 8 - 153　调整大小

③ 给地板加上 BoxCollider。

④ 现在单击运行键,按上下左右或 WASD 可以看到主角滑动起来了(见图 8 - 154)。

如果遇到主角倒地情况(见图 8 - 155)。小技巧:单击 Rigidbody 的 Constraints 按钮,锁住旋转轴 XZ(见图 8 - 156)。

图 8 - 154　给地板添加 BoxCollider

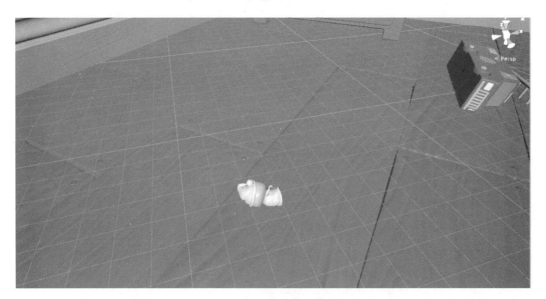

图 8 - 155　主角倒地

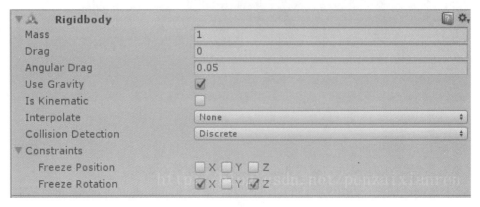

图 8 - 156　锁住旋转轴 XZ

8.12　Survival Shooter(3)　主角跟随鼠标转动

利用射线的方法(见图 8 - 157)。floorMask 是设定地板的层级,rayLength 表示射线的长度。

```
 6
 7    public float playerSpeed = 5f;
 8    Rigidbody playerRigidbody;
 9    int floorMask;
10    float rayLength = 100f;
11    // Use this for initialization
12    void Start () {
13        playerRigidbody = GetComponent<Rigidbody> ();
14        floorMask = LayerMask.GetMask ("Floor");
15    }
```

图 8 - 157　鼠标转动脚本

返回 Unity 中添加 layer(见图 8 - 158)。

Layers	
Builtin Layer 0	Default
Builtin Layer 1	TransparentFX
Builtin Layer 2	Ignore Raycast
Builtin Layer 3	
Builtin Layer 4	Water
Builtin Layer 5	UI
Builtin Layer 6	
Builtin Layer 7	
User Layer 8	Floor

图 8 - 158　添加 Player

添加"Floor"(见图 8 - 159)。

	Floor		Static
Tag	Untagged	Layer	Floor
Model	Select	Revert	Open

Transform			
Position	X 39.7394	Y 0	Z 9.33381
Rotation	X 0	Y 0	Z 0
Scale	X 1	Y 1	Z 1

图 8 - 159　添加 Floor

将地板的 Layer 设置成"Floor"(见图 8 - 160)。

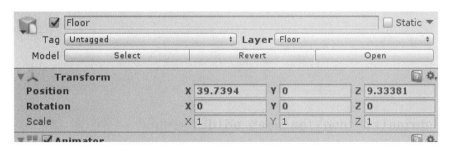

```
    void Update () {

        float h = Input.GetAxisRaw ("Horizontal");
        float v = Input.GetAxisRaw ("Vertical");

        Move (h, v);
        Rotate ();
    }
```

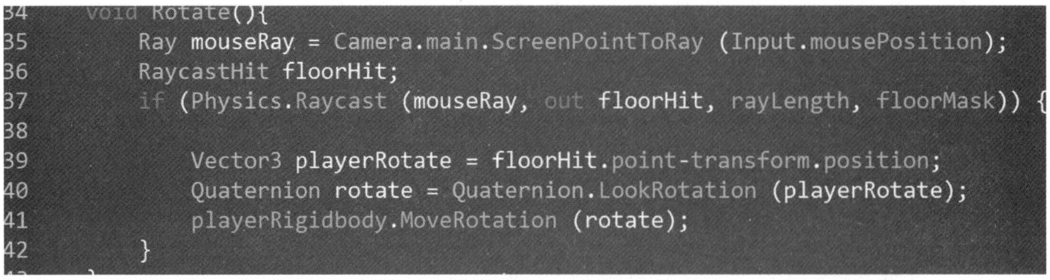

```
34    void Rotate(){
35        Ray mouseRay = Camera.main.ScreenPointToRay (Input.mousePosition);
36        RaycastHit floorHit;
37        if (Physics.Raycast (mouseRay, out floorHit, rayLength, floorMask)) {
38
39            Vector3 playerRotate = floorHit.point-transform.position;
40            Quaternion rotate = Quaternion.LookRotation (playerRotate);
41            playerRigidbody.MoveRotation (rotate);
42        }
```

图 8 - 160　地板 layer 设置

在上一节的代码中新增这些代码：

```
Ray mouseRay = Camera.main.ScreenPointToRay (Input.mousePosition);
RaycastHit floorHit;
Physics.Raycast (mouseRay,out floorHit,rayLength, floorMask);
```

第三个参数是射线的长度,第四个参数是一个标记。表示只有地板区域是可单击的范围,都是为了优化加入的设计。

```
Vector3 playerRotate = floorHit.point-transform.position;
Quaternion rotate = Quaternion.LookRotation (playerRotate);
```

旋转的方式有很多,这边选取四元数的方法来写。单击运行,可以看到主角可以随鼠标旋转了(见图 8 - 161)。

图 8 - 161　鼠标旋转

8.13　Survival Shooter(4)　角色动画

Animation 是 Unity 最早的动画系统,自 Unity 5 之后引入了 Animator,比起 Animation 前者更加简单,这个游戏我们用 Animator 来做角色动画。

首先创建一个文件夹 Animation 用来存放 GameController 文件,在文件夹内右击新建一个 Animator Controller(见图 8 - 162)。

图 8 - 162　创建 Animator Controller

双击，发现出现一个新的 Tab(见图 8 - 163)。

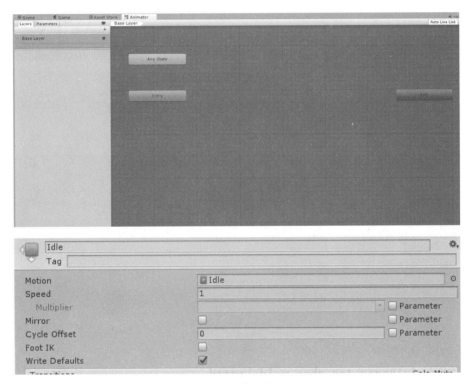

图 8 - 163　发现新 Tab

将 PlayerController 放到主角身上的 Animator 组件里面的 Controller(见图 8 - 164)。

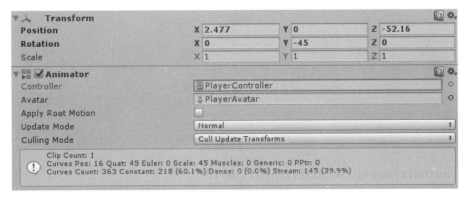

图 8 - 164　将 PlayerController 放到主角身上的 Animator 组件

单击播放按钮，可以看到此时主角已经有 Idle 状态(见图 8-165)。

图 8-165　主角有 Idle 状态

但是 Idle 状态动画只会播放一次，解决这个问题的方法如图 8-166 所示。

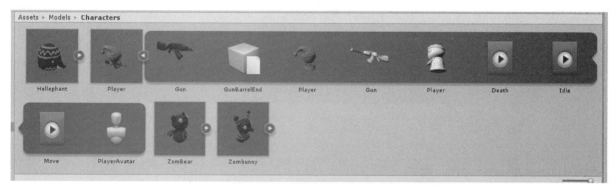

图 8-166　Idle 状态动画

找到主角动画，选中 Idle 状态(见图 8-167)。

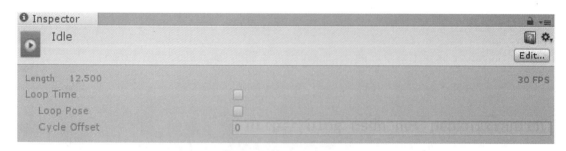

图 8-167　选中 Idle 状态

单击右上角 edit 图标(见图 8-168)。

选择 loopTime 选项，之后右下角 apply，加入角色移动动画，同 Idle 一样(见图 8-169)。

在 idle 上右击 Idle→Make Transition 按钮，连接到 Move 上(见图 8-170)。

选中 Parameters 标签页，添加一个 bool 变量 isMoving，选中连线(见图 8-171)。

取消 Has Exit Time，将 isMoving 变量添加到 Conditions。打开之前的代码(见图 8-172)。

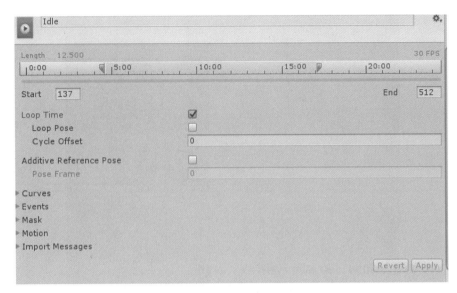

图 8 - 168　勾选 loopTime

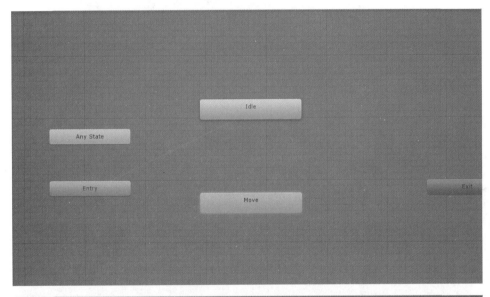

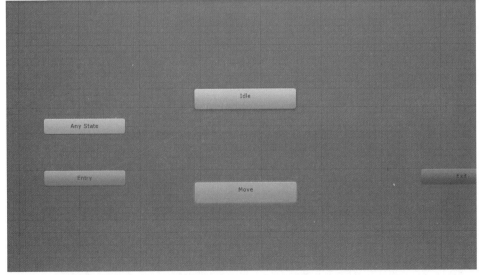

图 8 - 169　加入角色动画

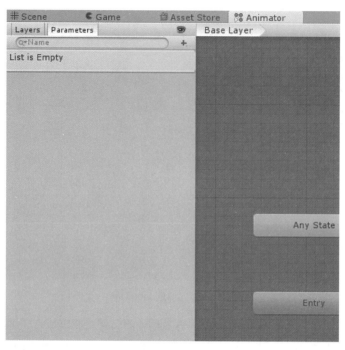

图 8 - 170　连接到 Move

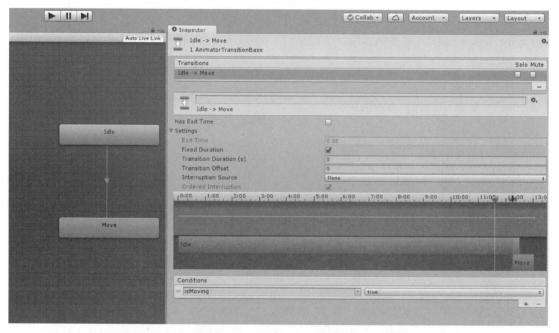

图 8 - 171　添加 bool 变量

```
11      Animator anim;
12      // Use this for initialization
13      void Start () {
14          playerRigidbody = GetComponent<Rigidbody> ();
15          floorMask = LayerMask.GetMask ("Floor");
16          anim = GetComponent<Animator> ();
17      }
```

图 8 - 172　Animator 脚本

同样定义变量得到组件,在 Update( )里面加入函数(见图 8 - 173)。

此时运行游戏,主角移动就会播放移动动画了(见图 8 - 174)。

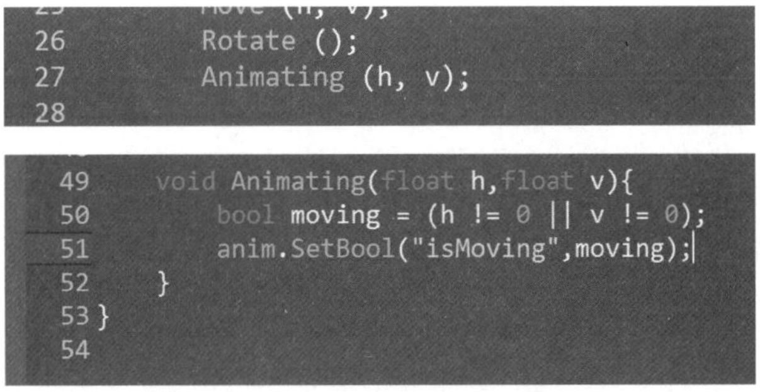

```
25          Move (h, v);
26          Rotate ();
27          Animating (h, v);
28
```

```
49    void Animating(float h,float v){
50        bool moving = (h != 0 || v != 0);
51        anim.SetBool("isMoving",moving);
52    }
53 }
54
```

图 8 - 173　加入函数到 Update( )

图 8 - 174　主角移动,播放 Move 动画

又一个 bug 出现,主角停下来时,还是播放 Move 动画,因为刚刚的 Animator 并没有设计从 Move 状态转为 Idle 状态的条件(见图 8 - 175)。

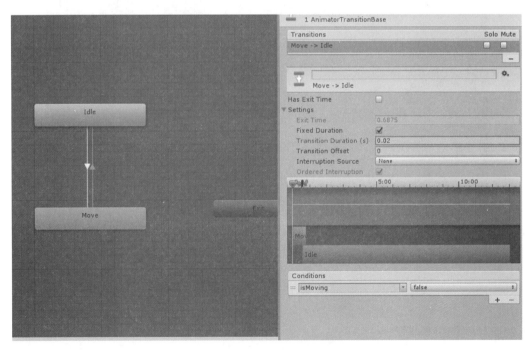

图 8 - 175　主动停止,仍在播放 Move 动画

isMoving 设置 false,再运行游戏,主角就正常的 Move 和 Idle 了。

8.14 Survival Shooter(5) 相机跟随主角移动

调整摄像机位置,如图 8-176 所示。

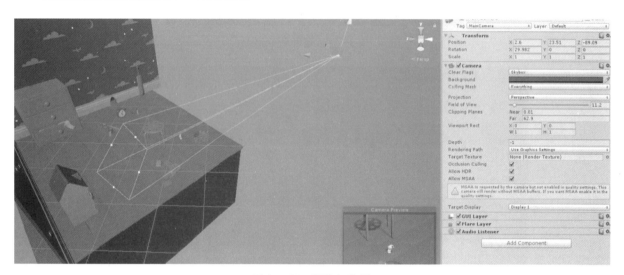

图 8-176　摄像机位置

新建一个 C#script:CameraFollow(见图 8-177)。

```csharp
1 using System.Collections;
2 using System.Collections.Generic;
3 using UnityEngine;
4
5 public class CameraFollow : MonoBehaviour {
6
7     public Transform target;
8
9     public float speed = 5f;
10
11     Vector3 offset;
12     // Use this for initialization
13     void Start () {
14         offset = transform.position - target.position;
15     }
16
17     // Update is called once per frame
18     void Update () {
19         Vector3 cameraPos = target.position + offset;
20         transform.position = Vector3.Lerp (transform.position, cameraPos,
21             Time.deltaTime * speed);
22     }
```

图 8-177　CameraFollow 脚本

offset 是相机初始时与主角之间的距离,speed 是相机移动的速度,target 设置为 public,待会直接拖动主角挂到这里。Lerp 是插值的概念,简单来说就是使相机平滑地移动而不是瞬间移位。再把这个脚本挂在相机上(见图 8-178)。此时运行游戏,可以看见相机随角色移动了。

1) 主角与场景物体

移动主角的时候你会发现主角会穿过场景物体,这个显然不符合常识,解决的方法有很多。

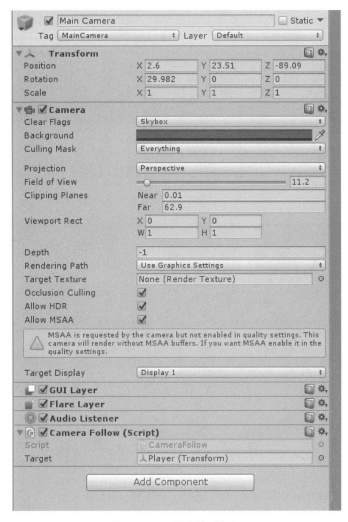

图 8-178　脚本挂到相机

（1）将游戏场景中的物体加入 BoxColider（见图 8-179）。

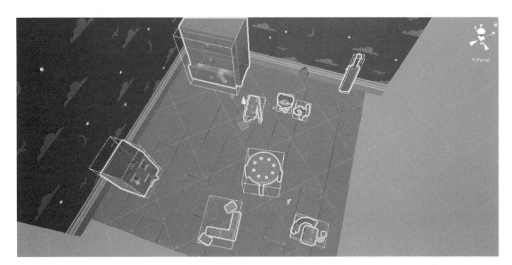

图 8-179　加入 BoxColider

（2）单击 Window→Navigation 自动寻路组件，Unity 只对静止的物体计算，选中所有的场景物体，选择 static 项（见图 8-180）。

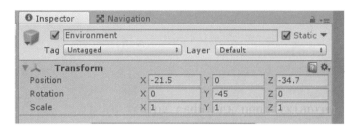

图 8-180　勾选 Static

接下来调整参数,单击 Bake 按钮,Unity 会烘焙出一张地图,地图中蓝色部分为可走的地方(见图 8-181)。

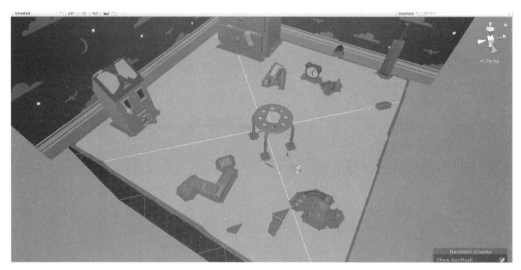

图 8-181　地图

制作怪物的预制体,新建一个文件夹 Prefabs,先将原先游戏素材中的怪物放到场景中,接着将场景中的怪物直接拖入文件夹 Prefabs 中,预制品就做好了。如法炮制,将三种怪物都做出预制品(见图 8-182)。

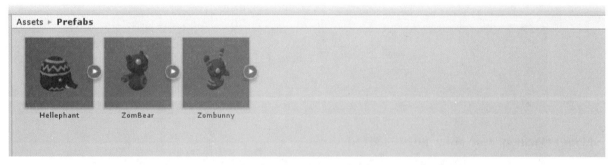

图 8-182　怪物预制品

将三种怪物都加入 NavMeshAgent 组件,这些都是在预制品上制作:新建脚本(见图 8-183);给主角加上 player 的标签(见图 8-184)。

2) 动态出生怪物

设置几个怪物的出生点,创建空物体、命名、设置位置,以及朝向,决定了怪物出生的地方和朝向(见图 8-185)。

新建脚本 EnemyManager(见图 8-186)。InvokeRepeating 表示:每隔一段时间,调用一个方法;Instantiate 表示:实例化一个物体,传入实例化的地点和朝向。

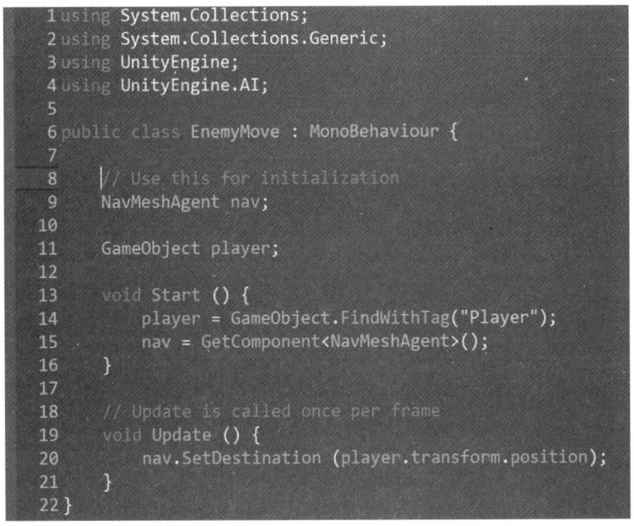

```
1 using System.Collections;
2 using System.Collections.Generic;
3 using UnityEngine;
4 using UnityEngine.AI;
5
6 public class EnemyMove : MonoBehaviour {
7
8     // Use this for initialization
9     NavMeshAgent nav;
10
11    GameObject player;
12
13    void Start () {
14        player = GameObject.FindWithTag("Player");
15        nav = GetComponent<NavMeshAgent>();
16    }
17
18    // Update is called once per frame
19    void Update () {
20        nav.SetDestination (player.transform.position);
21    }
22 }
```

图 8 - 183　加入 NavMeshAgent 组件

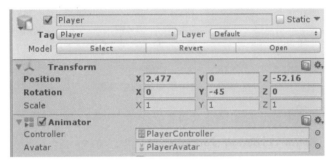

图 8 - 184　添加 Player 标签

图 8 - 185　怪物出生点设置

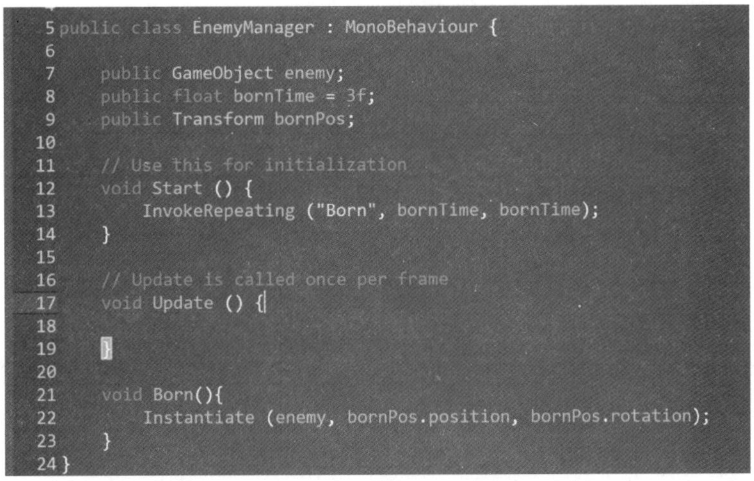

```
5 public class EnemyManager : MonoBehaviour {
6
7     public GameObject enemy;
8     public float bornTime = 3f;
9     public Transform bornPos;
10
11    // Use this for initialization
12    void Start () {
13        InvokeRepeating ("Born", bornTime, bornTime);
14    }
15
16    // Update is called once per frame
17    void Update () {
18
19    }
20
21    void Born(){
22        Instantiate (enemy, bornPos.position, bornPos.rotation);
23    }
24 }
```

图 8 - 186　新建脚本 EnemyManager

将这个脚本挂在一个空物体上（见图8-187）。注意：这里的enemy都是预制品里的怪物了。

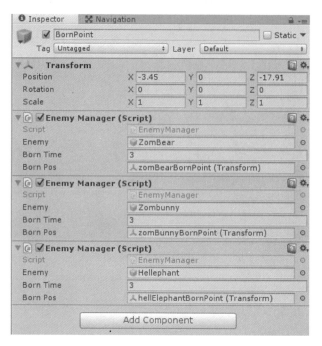

图8-187　脚本挂到空物体

运行，可以看到怪物自动生成并会追随主角了（见图8-188）。此时怪物还是鬼畜的平移，下一节解决这个问题。

图8-188　怪物自动生成

8.15　Survival Shooter（6）怪物动画

像之前主角的动画一样，给怪物添加Animator Controller（见图8-189）。tips：这个游戏里面的zoomBear和zoomBunny使用的是同一套动画。

可以看到zoomBear没有动画文件，因为和zoomBunny共用，所以需要做两个动画控制器：一个是zoomBunny；另一个是Hellephant（见图8-190）。

怪物一出生就自动寻找主角，当主角死亡的时候则进入idle状态。

将controller挂到预制体上（见图8-191）。

图 8-189　给怪物添加 Animator Controller

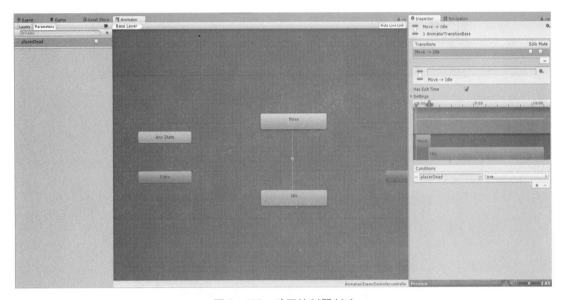

图 8-190　动画控制器创建

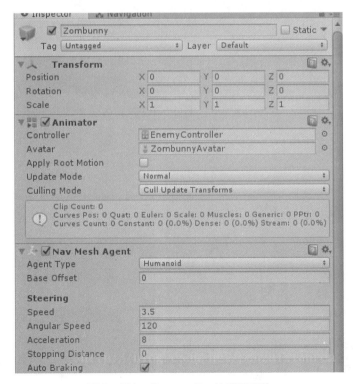

图 8-191　将 controller 挂到预制体

其余怪物也同样做法,然后运行,可以看到怪物移动的时候会播放动画了(见图8-192)。剩下的状态后期继续做,接下来处理怪物攻击。

图8-192　怪物移动时播放动画

怪物攻击

新建两个脚本 EnemyAttack 处理怪物攻击,PlayerHealth 处理角色的生命值。PlayerHealth 如图8-193所示。

```
5 public class PlayerHealth : MonoBehaviour {
6
7     // Use this for initialization
8     void Start () {
9
10    }
11
12    // Update is called once per frame
13    void Update () {
14
15    }
16
17    public void TakeDamage(int damage){
18        Debug.Log ("PlayerHurt!");
19    }
20 }
```

图8-193　PlayerHealth 脚本

EnemyAttack 如图8-194所示。

```
5 public class EnemyAttack : MonoBehaviour {
6     GameObject player;
7     PlayerHealth playerHealth;
8     bool playerInRange = false;
9     float timer;
10    public int attackDamage = 10;
11    public float attackTime = 1f;
12    // Use this for initialization
13    void Start () {
14        player = GameObject.FindWithTag ("Player");
15        playerHealth = player.GetComponent<PlayerHealth> ();
16    }
17    // Update is called once per frame
18    void Update () {
19        timer += Time.deltaTime;
20        if(timer>=attackTime&&playerInRange){
21            Attack ();
22        }
23    }

24    void OnTriggerEnter(Collider other){
25        if (other.tag == "Player") {
26            playerInRange = true;
27        }
28    }
29    void OnTriggerExit(Collider other){
30        if (other.tag == "Player") {
31            playerInRange = false;
32        }
33    }
34    void Attack(){
35        timer = 0;
36        playerHealth.TakeDamage (attackDamage);
37    }
38 }
39
```

图8-194　EnemyAttack 脚本

```
GameObject player;//表示主角
PlayerHealth playerHealth;//需要得到 PlayerHealth 脚本
bool playerInRange = false;//判断主角是否在攻击范围内,这个游戏的设定是怪物触碰到主角就开始攻击
float timer;//时间变量
public int attackDamage = 10; //每次攻击的伤害值
public float attackTime = 1f;//每次攻击的间隔时间
```

每一帧的 Update 都在判断：如果角色处于攻击范围且时间足够攻击,则调用攻击函数。

```
void OnTriggerEnter(Collider other){
    if (other.tag == "Player") {
        playerInRange = true;
    }
}
void OnTriggerExit(Collider other){
    if (other.tag == "Player") {
        playerInRange = false;
    }
}
```

这两个函数都是 Unity 自带的判断碰撞体的函数,函数名不可写错。

给三种怪物的预制体都加入碰撞体,为了编辑方便,可先将预制体拖到地图上,添加 SphereCollider（当然也可以用别的 Collider,根据怪物体型决定）,如图 8－195 所示。

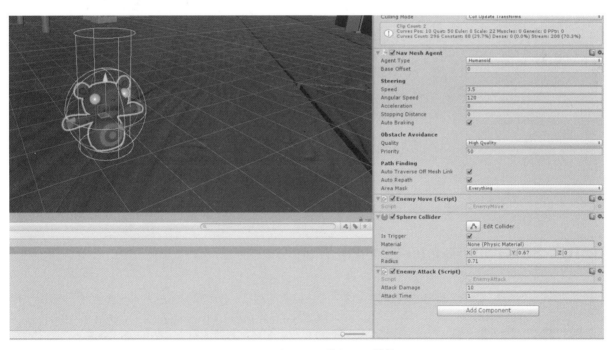

图 8－195　怪物预制体加入碰撞体

确定 isTrigger 的选项勾上（非常重要）,并将脚本挂在怪物身上（见图 8－196）。

调整好后单击右上角的 Apply,再删掉地图上的怪物就好,其余的怪物做法相同（见图 8－197）。

单击运行,打开 Console 面板,可以看到已经正确触发碰撞体了（见图 8－198）。

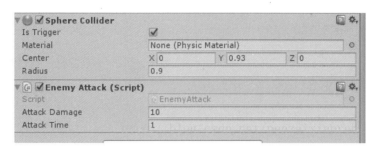

图 8 - 196　选择 isTrigger

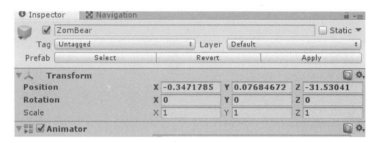

图 8 - 197　单击 Apply

图 8 - 198　触发碰撞体

8.16　Survival Shooter(7) UI 界面

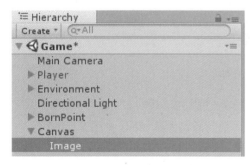

图 8 - 199　制作主角血条

主角血条的制作：选择 Create→UI→Image 选项(见图 8 - 199)
单击 SourceImage，选中爱心的图形(见图 8 - 200)。

在 RectTransform 选中锚点为左下角(见图 8 - 201)。

调整 Image 的位置和大小，可以选择 2D 视图下操作更
加方便(见图 8 - 202)。

右击 Canvas→UI→Slider 按钮，选择 Background 选项(见
图 8 - 203)。

更改 SourceImage(见图 8 - 204)。

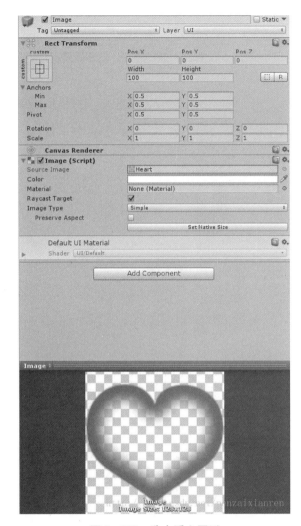

图 8－200　选中爱心图形

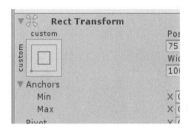

图 8－201　选中锚点

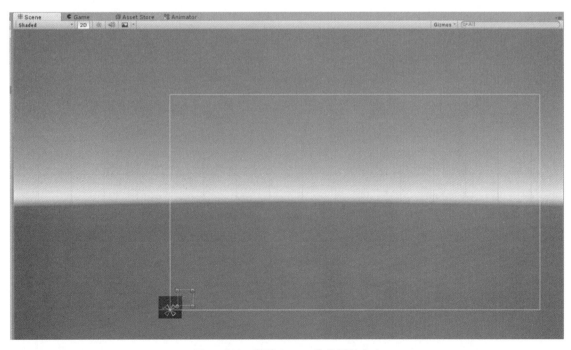

图 8－202　调整 Image 的位置及大小

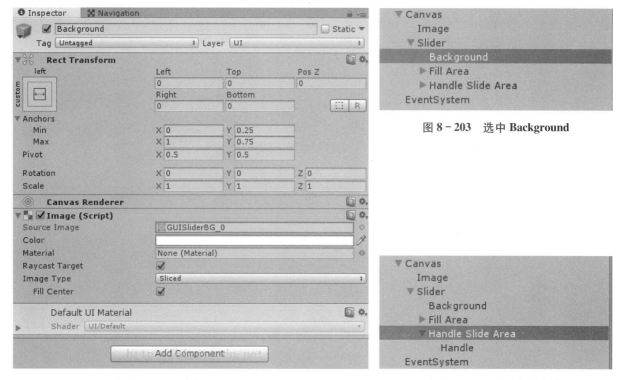

图 8 - 204 更改 SourceImage

图 8 - 203 选中 Background

图 8 - 205 删去白色小球

Slider 上的白色小球是不需要的,整个删去(见图 8 - 205)。

更改一些血条最大值的属性(见图 8 - 206)。

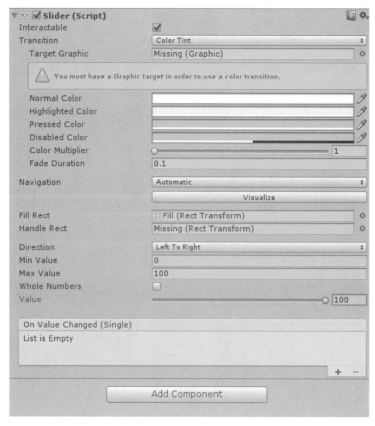

图 8 - 206 血条属性更改

血条的大小位置自行调整,做完大概如图 8 – 207 所示。

图 8 – 207 血条完整视图

打开 PlayerHealth 脚本(见图 8 – 208)。

```
1 using System.Collections;
2 using System.Collections.Generic;
3 using UnityEngine;
4 using UnityEngine.UI;
5
6 public class PlayerHealth : MonoBehaviour {
7
8     public Slider healthSlider;
9     public int startHealth=100;
10    int currentHealth;
11    // Use this for initialization
12    void Start () {
13        currentHealth = startHealth;
14    }
15    // Update is called once per frame
16    void Update () {
17
18    }
19    public void TakeDamage(int damage){
20        currentHealth -= damage;
21        healthSlider.value = currentHealth;
22        //Debug.Log ("PlayerHurt!");
23    }
24 }
```

图 8 – 208 PlayerHealth 脚本

```
public Slider healthSlider;//我们将传入刚刚做好的血条
public int startHealth=100;//初始的生命值设置为100
int currentHealth;//定义一个当前的生命值
public void TakeDamage(int damage){
    currentHealth -= damage;//每次扣血就减少当前生命值
    healthSlider.value = currentHealth;
```

```
//再把当前生命值赋给血条的value
//Debug.Log ("PlayerHurt!");
}
```

最后一步,将刚刚做好的血条赋给 PlayerHealth 里的血条变量(见图 8-209)。

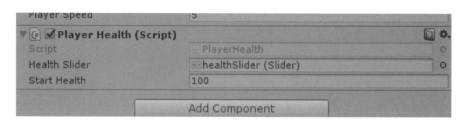

图 8-209　血条赋给 **PlayerHealth** 里的血条变量

单击运行,可以看到主角被扣血啦(见图 8-210)!

图 8-210　主角被扣血

8.17　Survival Shooter(8) 受伤飙红 & 攻击特效

在上一节的 Hierarchy 里选中 Canvas 右击 UI→Image 按钮,新建一个 image。将 image 拉伸到整个游戏界面一样大,将 color 的透明度 A 调成 0%(见图 8-211)

接着在代码中更改透明度,让主角被攻击时这个 image 的透明度瞬间到 100%。在 PlayerHealth 下加入代码(见图 8-212 和图 8-213):

```
public float flashTime = 5f;//flashTime是图片闪烁的时间值
public Color flashColor = new Color (1f,0f,0f,0.1f);
//flashColor是闪烁的颜色,0.1f表示以10%的红色闪烁
bool isDamaged = false;
```

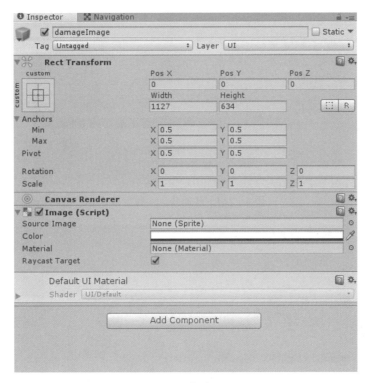

图 8-211 新建 image

```
10    int currentHealth;
11
12    public Image damageImage;
13    public float flashTime = 5f;
14    public Color flashColor = new Color (1f, 0f, 0f, 0.1f);
15    bool isDamaged = false;
16    // Use this for initialization
```

图 8-212 添加代码至 PlayerHealth(1)

```
21    void Update () {
22        if (isDamaged) {
23            damageImage.color = flashColor;
24        } else {
25            damageImage.color = Color.Lerp (damageImage.color, Color.clear,
26                flashTime*Time.deltaTime);
27        }
28        isDamaged = false;
29    }
30    public void TakeDamage(int damage){
31        currentHealth -= damage;
32        healthSlider.value = currentHealth;
33        isDamaged = true;
34        //Debug.Log ("PlayerHurt!");
35    }
36
```

图 8-213 添加代码到 PlayerHealth(2)

```
damageImage.color = Color.Lerp
(damageImage.color, Color.clear, flashTime * Time.deltaTime);
//这里再次用到插值的方法,让红色的 image 再次回归透明
```

把先前做好的 image 拖入到变量中(见图 8-214)。
运行,可以看到主角被攻击时屏幕飙红(见图 8-215)。

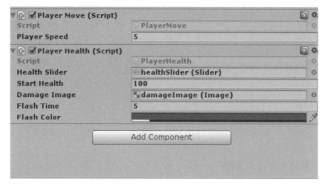

图 8 - 214　添加 image 到变量

图 8 - 215　主角被攻击时屏幕飘红

1) 主角攻击

枪口的火花:在 Hierarchy 里选中 Player 下的 GunBarrelEnd,右击 Light→PointLight 按钮,设置各项参数,颜色设置为(238,186,93)(见图 8 - 216)。

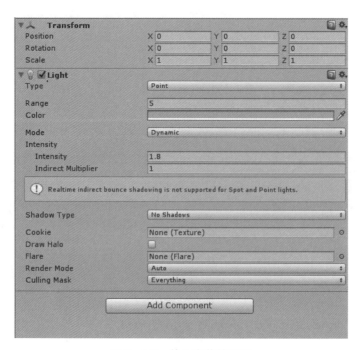

图 8 - 216　枪口火花的设置

将场景中原本的 Directional Light 调暗,具体亮度随意(见图 8 - 217)。

先看看灯光效果(见图 8 - 218)。

还行,接下来把 Point light 中 Light 先勾选掉,待会在主角攻击时再把枪口的火花亮起(见图 8 - 219)。

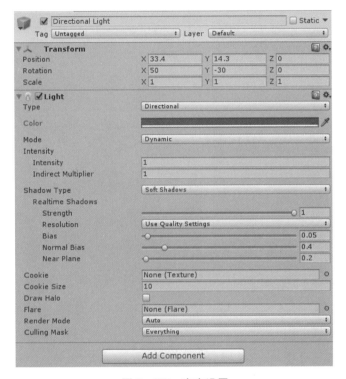

图 8 - 217 亮度设置

图 8 - 218 灯光效果

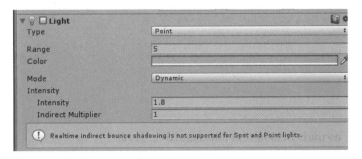

图 8 - 219 勾选 Light

选中 Player 下的 GunBarrelEnd 添加 Particle System 组件,粒子系统。开始填参数:颜色设置为 (249,232,0)(见图 8 - 220)。

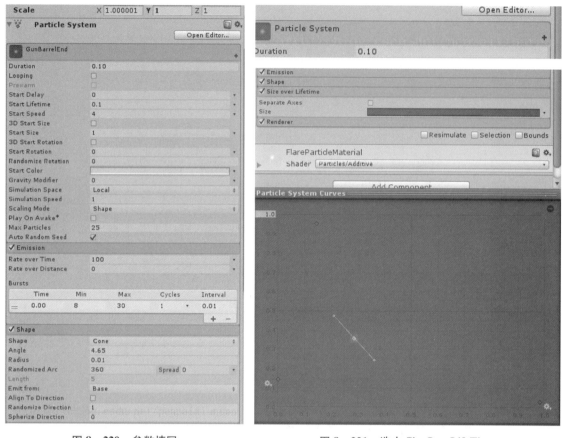

图 8 - 220 参数填写   图 8 - 221 选中 SizeOverLifeTime

选中 Particle System 右下角的+号,选中 SizeOverLifeTime(见图 8 - 221)。

同样选中 Particle System 右下角的+号,选中 ColorOverLifeTime,颜色可以根据自己的需要添加(见图 8 - 222)。

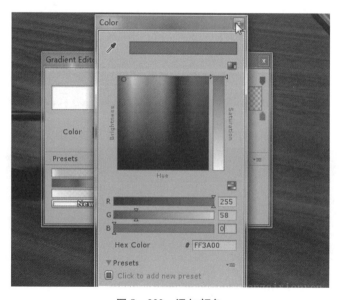

图 8 - 222 添加颜色

同样选中 Particle System 右下角的+号,选中 VelocityOverLifeTime,将 z 改一点(见图 8 – 223)。

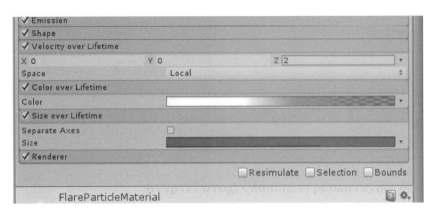

图 8 – 223 修改 z

把 Particle System 的 Looping 勾选掉。选中 Player 下的 GunBarrelEnd 添加 LineRenderer 组件,修改参数(见图 8 – 224)。

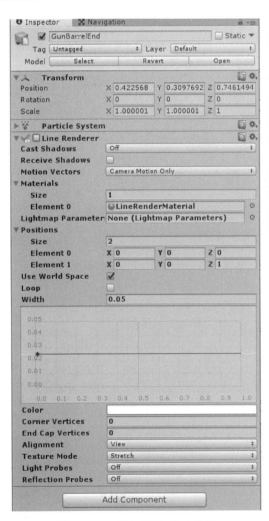

图 8 – 224 添加组件,修改参数

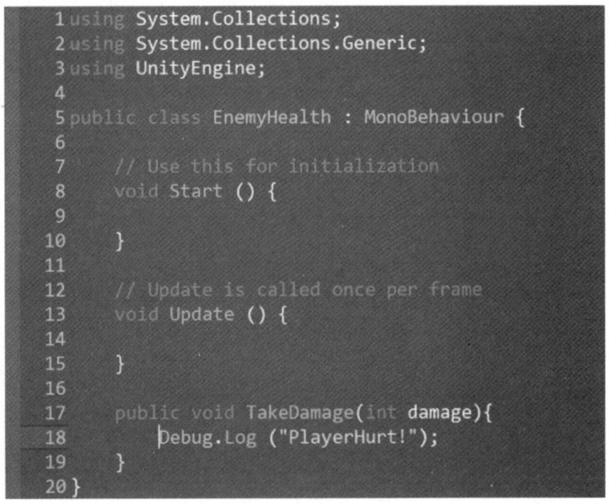

```
1 using System.Collections;
2 using System.Collections.Generic;
3 using UnityEngine;
4
5 public class EnemyHealth : MonoBehaviour {
6
7     // Use this for initialization
8     void Start () {
9
10    }
11
12    // Update is called once per frame
13    void Update () {
14
15    }
16
17    public void TakeDamage(int damage){
18        Debug.Log ("PlayerHurt!");
19    }
20 }
```

图 8 – 225 EnemyHealth 脚本

```
5 public class PlayerShoot : MonoBehaviour {
6
7     ParticleSystem gunParticle;
8     LineRenderer gunLine;
9     Light gunLight;
10
11    Ray shootRay;
12    int shootMask;
13    RaycastHit shootHit;
14    float timer;
15
16    public int range = 100;
17    public float timeBetweenLine=0.15f;
18    public int damage=20;
19
20    // Use this for initialization
21    void Start () {
22        gunParticle = GetComponent<ParticleSystem> ();
23        gunLine = GetComponent<LineRenderer> ();
24        shootMask = LayerMask.GetMask ("Shootable");
25    }
26
```

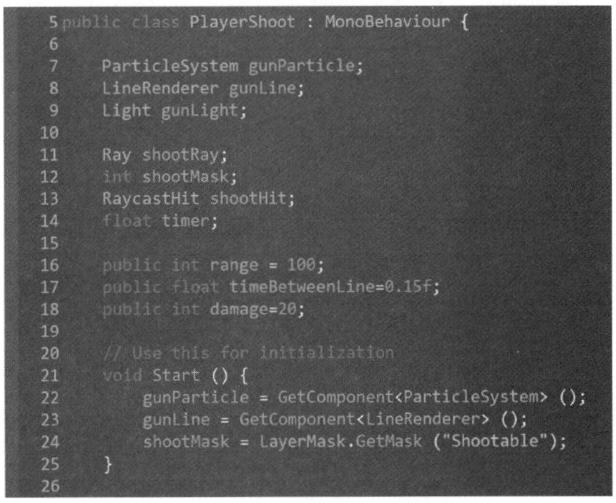

图 8 – 226 PlayerShoot 脚本

新建一个 script,EnemyHealth 如图 8 – 225 所示。

新建一个 script,PlayerShoot 如图 8 – 226 所示。程序代码如图 8 – 227 和图 8 – 228 所示。

```
//得到主角的各项组件
    ParticleSystem gunParticle;
    LineRenderer gunLine;
    Light gunLight;
//利用射线检测碰撞
    Ray shootRay;
    int shootMask;
    RaycastHit shootHit;
    float timer;//每次射击的时间
    public int range = 100;//射击的范围
    public float timeBetweenLine=0.15f;//射击冷却时间
    public int damage=20;//主角攻击力
```

```
27  void Update(){
28      timer += Time.deltaTime;
29      if (Input.GetButton ("Fire1")&&timer>=timeBetweenLine) {
30          Shoot ();
31      }
32      else if(timer>=timeBetweenLine){
33          timer = 0;
34          gunLine.enabled = false;
35      }
36  }
37  // Update is called once per frame
38  void Shoot () {
39      timer = 0;
40      gunLine.enabled = true;
41      gunLine.SetPosition (0, transform.position);
42      gunParticle.Stop ();
43      gunParticle.Play ();
44      shootRay.origin = transform.position;
45      shootRay.direction = transform.forward;
46      if (Physics.Raycast (shootRay, out shootHit, range, shootMask)) {
47          EnemyHealth enemyHealth = shootHit.collider.GetComponent<EnemyHealth> ();
48          if (enemyHealth != null)
```

图 8 - 227　利用射线检测碰撞

```
49          {
50              enemyHealth.TakeDamage (damage);
51          }
52          gunLine.SetPosition (1, shootHit.point);
53
54      } else
55          gunLine.SetPosition (1, shootRay.origin + shootRay.direction * range);
56
57
58      }
59  }
```

图 8 - 228　射线设置

```
Input.GetButton ("Fire1")//Unity 默认 Fire1 为左键
timer = 0;//每次射击时间清零
gunLine.enabled = true;//打开射线
gunLine.SetPosition (0, transform.position);//设置射线的起始位置,需要计算的是射线的方向
if (Physics.Raycast (shootRay, out shootHit, range,shootMask)) {
EnemyHealth enemyHealth = shootHit.collider.GetComponent<EnemyHealth> ();//得到怪物的生命值
if (enemyHealth ! = null)
{
```

```
enemyHealth.TakeDamage (damage);//扣血逻辑
}
gunLine.SetPosition (1, shootHit.point);//射线方向
} else
    gunLine.SetPosition (1, shootRay.origin + shootRay.direction * range);//射线方向
```

先添加一个 layer(见图 8 - 229)。

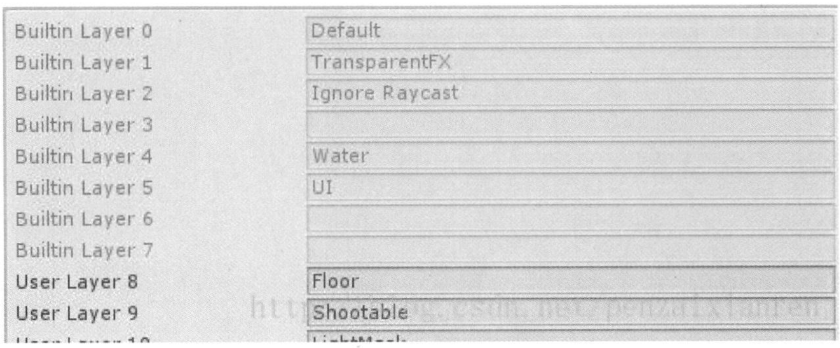

图 8 - 229　添加 layer

将怪物 Prefabs 的 layer 以及 Environment 除了 Floor 之外的物体的 layer 全部设置成 Shootable(见图 8 - 230)。

图 8 - 230　物体的 layer 设置为 Shootable

单击运行,可以看见线条了(见图 8 - 231)。

图 8 - 231　有线条的视图

2) 分数 Scroe

在 Hierarchy 里选中 Canvas,右击 UI→Text,新建一个 Text,调整位置和参数(见图 8 - 232)。

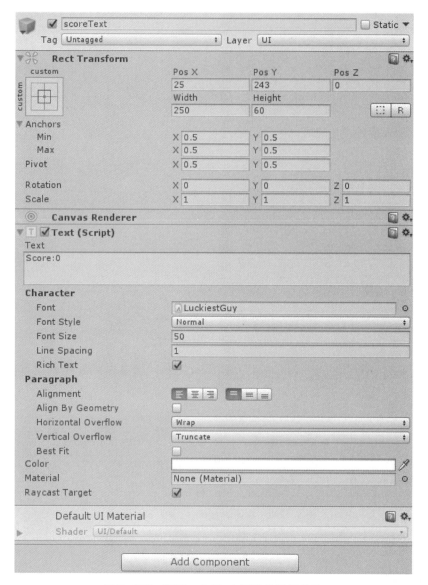

图 8-232　新建一个 Text、调整位置与参数

3）效果图（见图 8-233）

图 8-233　效果图

关于杀死怪物得分,将在下一节制作。

8.18　Survival Shooter(9) 完善功能及细节

1) 完善射击效果

新建一个空物体,作为被攻击到的效果点,添加 ParticleSystem 组件,参数如图 8 - 234 和图 8 - 235 所示。

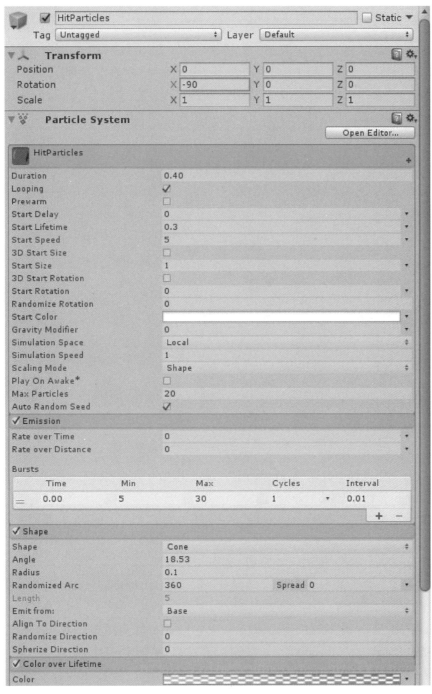

图 8 - 234　新建空物体

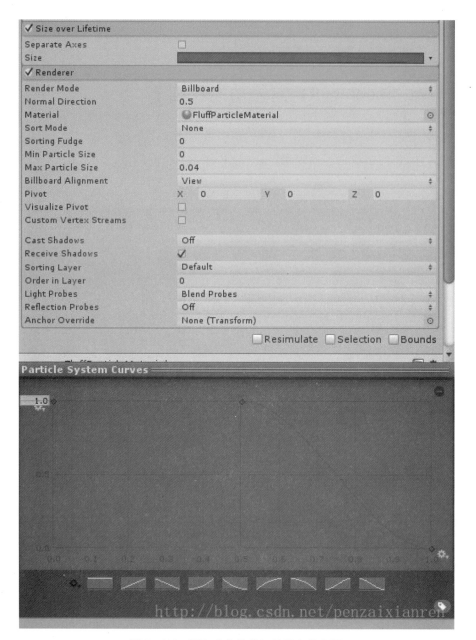

图8-235 添加空物体的组件及参数设置

从 Prefabs 文件夹中选择一只怪物,拉到场景中,将刚刚做好的空物体拖到怪物身上,调整位置好位置,完成后单击 Apply 按钮(见图8-236)。

其他的怪物做法相同,打开 EnemyHealth,代码与之前的 PlayerHealth 相似(见图8-237和图8-238)。

在先前的 PlayerShoot 中我们改变一句代码(见图8-239)。

其中 SetTrigger 类似之前的 SetBool,我们在 Animator 面板中添加变量,因为任何状态都有可能转换到死亡状态,所以我们如下设置(见图8-240):

设置好 Trigger,以及 Death 状态的动画,做法和先前的都一样(见图8-241)。

给每个怪物的 Prefab 加上 EnemyHealth 和刚体+碰撞体(见图8-242)。

做好之后运行,可以在生成的怪物看,打中怪物会有特效,怪物也可以被正常扣血了(见图8-243)。

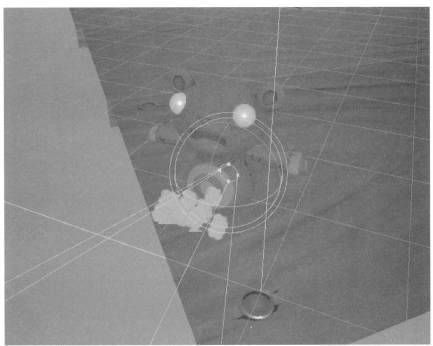

图 8 - 236　设置完成后 **Apply** 的效果

```
 1 using System.Collections;
 2 using System.Collections.Generic;
 3 using UnityEngine;
 4
 5 public class EnemyHealth : MonoBehaviour {
 6     |
 7     ParticleSystem hitParticle;
 8     public int startHealth = 100;
 9     public int currentHealth;
10     Animator anim;
11     // Use this for initialization
12     void Start () {
13         hitParticle = GetComponentInChildren<ParticleSystem> ();
14         currentHealth = startHealth;
15         anim = GetComponent<Animator> ();
16     }
17     // Update is called once per frame
18     void Update () {
19
20     }
21     public void TakeDamage(int damage ,Vector3 hitPoint){
22         hitParticle.transform.position = hitPoint;
23         hitParticle.Stop();
24         hitParticle.Play ();
25         currentHealth -= damage;
```

图 8 - 237　**EnemyHealth** 脚本(1)

```
26          if (currentHealth <= 0) {
27              Death ();
28          }
29      }
30      void Death(){
31          anim.SetTrigger ("Dead");
32      }
33  }
34
```

图 8 - 238　EnemyHealth 脚本(2)

```
52                  enemyHealth.TakeDamage (damage,shootHit.point);
```

图 8 - 239　PlayerShoot 代码修改

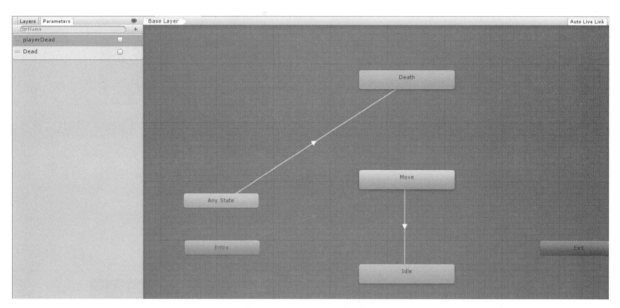

图 8 - 240　SetTrigger 设置

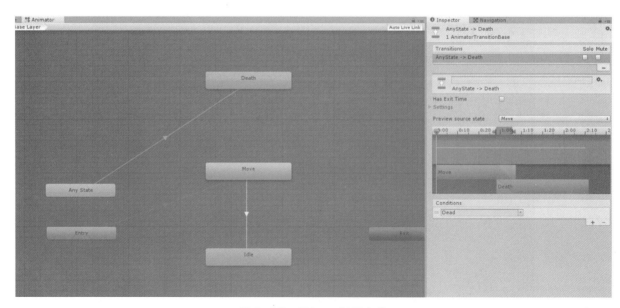

图 8 - 241　Trigger 设置完成

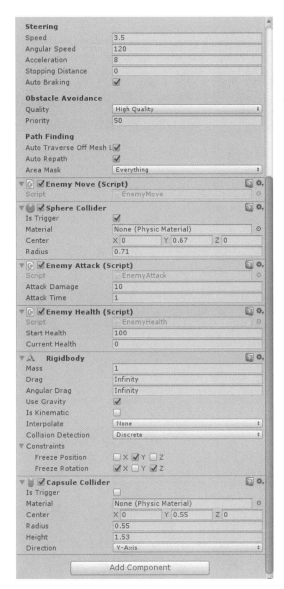

图 8-242 给怪物的 Prefab 添加 EnemyHealth 及刚体+碰撞体

图 8-243 怪物被扣血

2）动画事件

假如你在试验的时候发现报了类似这个错误（见图 8 - 244）。

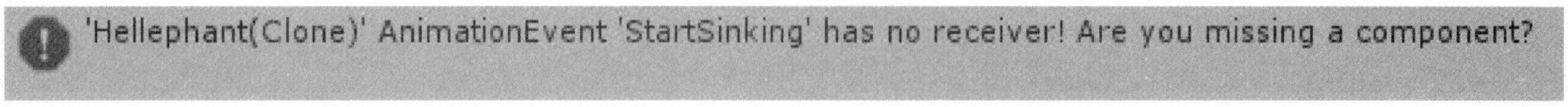

'Hellephant(Clone)' AnimationEvent 'StartSinking' has no receiver! Are you missing a component?

图 8 - 244 错误报告

这里就要提到"动画事件"这个概念了，选中怪物的 fbx，找到这个界面（见图 8 - 245）。

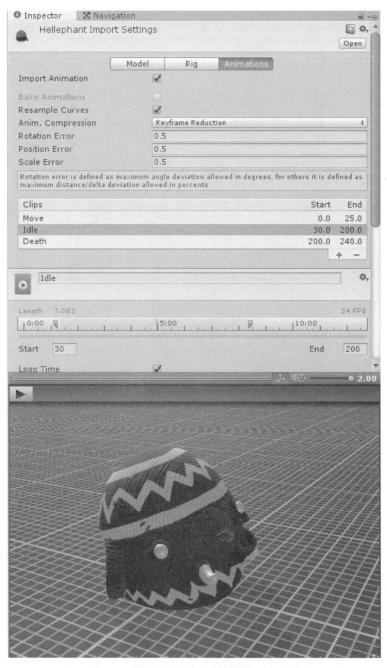

图 8 - 245 选中怪物的 fbx

因为这是 Unity 的官方教程样本，里面的资源已经制作好，所以有动画事件，选择 Death 动画，再选下面的 event（见图 8 - 246）。

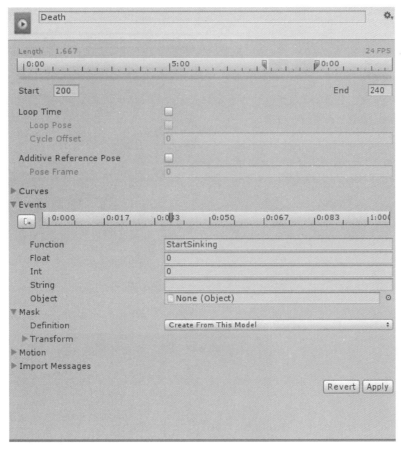

图 8 - 246　选择 Death 及其下的 event

可以看到这里有 StartSinking 这个事件,因为我们还没有写任何代码响应这个事件,所以报错。那么我们补全这个事件。

打开 EnemyHealth,添加代码。

先添加几个变量(见图 8 - 247)。

添加方法 StartSinking(注意名字不要写错),如图 8 - 248 所示。

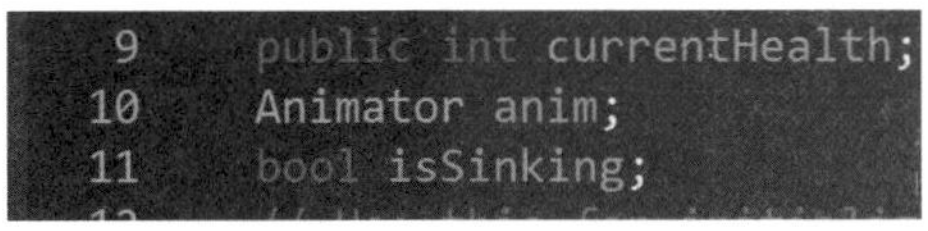

```
9    public int currentHealth;
10   Animator anim;
11   bool isSinking;
```

```
35    public void StartSinking(){
36        GetComponent<Rigidbody> ().isKinematic = true;
37        isSinking = true;
38        Destroy (gameObject, 2f);
39    }
```

图 8 - 247　添加变量 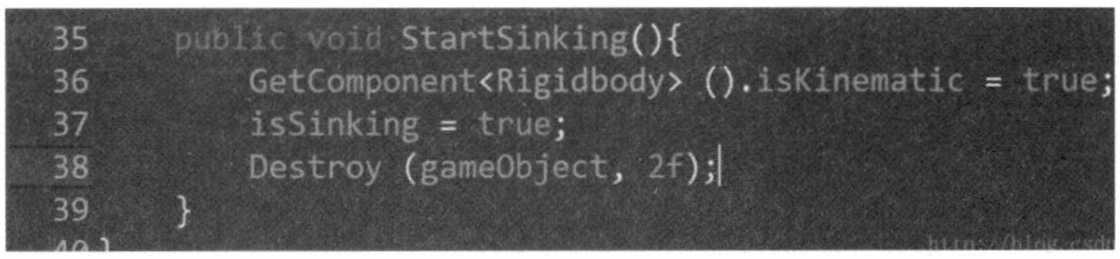　　　　　　　　图 8 - 248　StartSinking 方法的添加

这时候单击运行可以看见怪物死亡,并且下沉了(见图 8 - 249)。

发现了一个小 bug,有的时候怪物死亡还会滑动一段时间,这是在还没有被 destroy 时候,寻路组件还会起作用,加上一点代码,修补一下这个 bug,并且怪物死亡突然消失看起来也很奇怪,加上一个下沉的时间显得自然一些(代码见图 8 - 250)。

Tips:创建边界。有的时候一不小心就跑出了地图,这个明显是不行的,我们加入边界。创建一个 cube,并放到地图边界处,去除掉多余的 component(见图 8 - 251)。

四边都用这个方法做好(见图 8 - 252)。

运行,可以看到主角不会再掉下去啦。

· · · · · ·　285

图 8 - 249　怪物死亡并下沉

```
23  void Update () {
24      if (isSinking) {
25          transform.Translate (Vector3.down * Time.deltaTime * sinkSpeed);
26      }
27  }
28  public void TakeDamage(int damage ,Vector3 hitPoint){
29      if (isDead)
30          return;
31      hitParticle.transform.position = hitPoint;
32      hitParticle.Stop();
33      hitParticle.Play ();
34      currentHealth -= damage;
35      if (currentHealth <= 0) {
36          Death ();
37      }
38  }
39  void Death(){
40      isDead = true;
41      anim.SetTrigger ("Dead");
42      enemyMove.enabled = false;
43  }
```

```
6
7   ParticleSystem hitParticle;
8   public int startHealth = 100;
9   public int currentHealth;
10  Animator anim;
11  bool isSinking;
12  bool isDead;
13  public float sinkSpeed = 2f;
14  EnemyMove enemyMove;
15  // Use this for initialization
```

图 8 - 250　添加下沉时间脚本

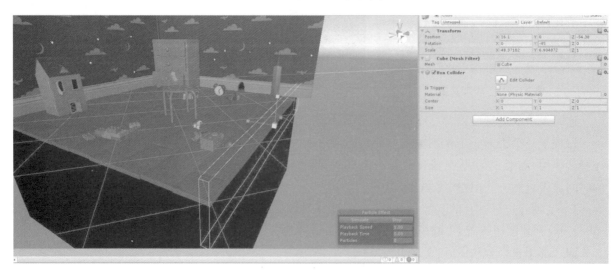

图 8 - 251　去除多余的 component

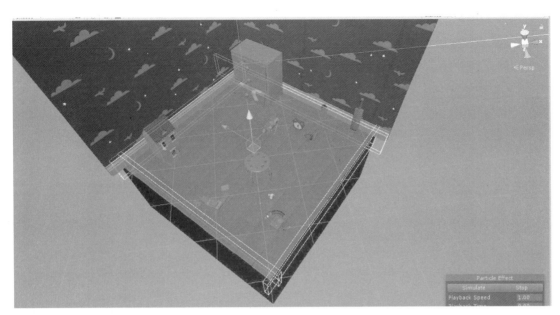

图 8 - 252　主角不会掉

8.19　Survival Shooter(10) 音效

我们开始添加音效。在 Assets→Audio 文件夹下,右击 Create→AudioMixer(见图 8 - 253)。

图 8 - 253　添加音效

在场景中创建一个空物体,BackGroundMusic,加上 AudioSource 组件(见图 8 - 254)。

此时运行项目,可以听到背景音乐了。

玩家开枪和受伤的声音添加于主角身上(见图 8 - 255)和放枪上(见图 8 - 256)。

在代码里调用(见图 8 - 257)。

只要在主角受伤时播放音效就可以了,开枪的声音同理。

```
playerHurt.Play();
```

刚刚制作的 AudioMixer 还没有用到,现在我们开始制作,双击 AudioMixer,添加一个 SoundEffect(见图 8 - 258)。

在 AudioMixer 添加一个 Music 用来控制背景音乐,SoundEffect 用来控制音效,Master 用来同时控制二者(见图 8 - 259)。

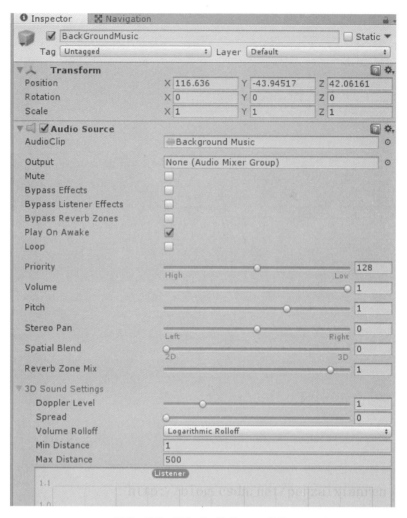

图 8 - 254　添加 AudioSource 组件

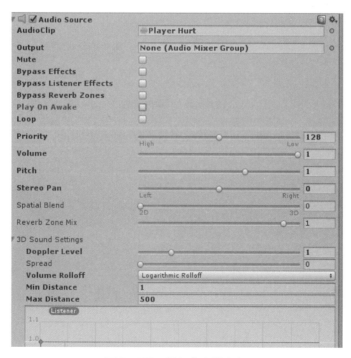

图 8 - 255　添加声音给主角

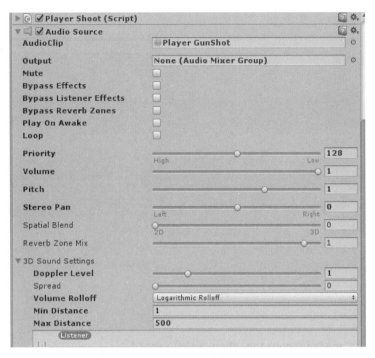

图 8 - 256　添加声音给枪

```
15    bool isDamaged = false;
16    AudioSource playerHurt;
17    // Use this for initialization
18    void Start () {
19        currentHealth = startHealth;
20        playerHurt = GetComponent<AudioSource> ();
21    }
```

```
32    public void TakeDamage(int damage){
33        currentHealth -= damage;
34        healthSlider.value = currentHealth;
35        isDamaged = true;
36        playerHurt.Play ();
37    }
38 }
```

图 8 - 257　添加声音的脚本调用

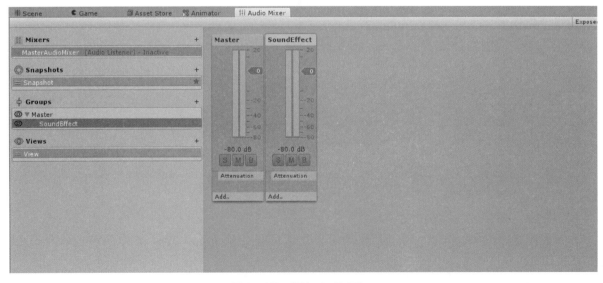

图 8 - 258　添加 AudioMixer

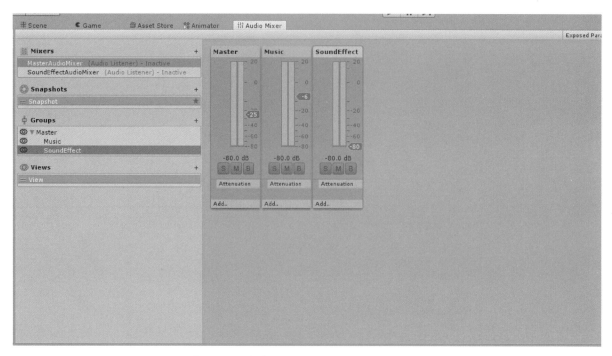

图 8 - 259　添加 Music、SoundEffect 及 Master

再新建一个 AudioMixer(见图 8 - 260)。

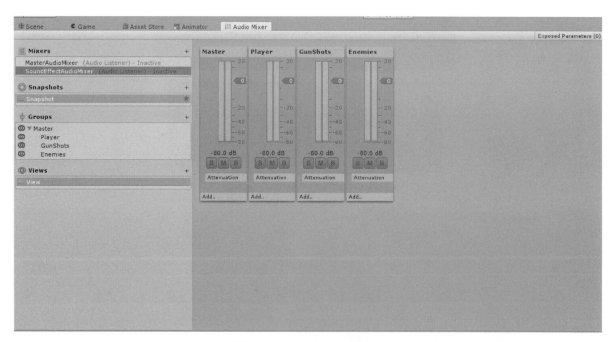

图 8 - 260　创建 AudioMixer

把 Player 放到角色的 AudioSource 的 output 中,GunShots 放到枪的 AudioSource 的 output 中(见图 8 - 261),enemies 放到怪物的 AudioSource 的 output 里(见图 8 - 262)。

怪物被攻击的声音播放与上面一样。

新建脚本 MixLevel,新建一个 UI 界面用来让玩家设定音量,UI 界面制作同前面一样(见图 8 - 263)。

做好后把代码放到这个 Canvas 上(见图 8 - 264)。

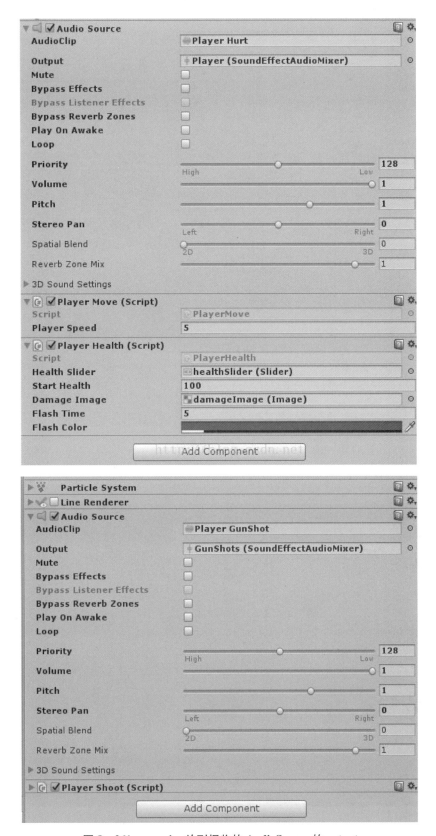

图 8－261　enemies 放到怪物的 AudioSource 的 output

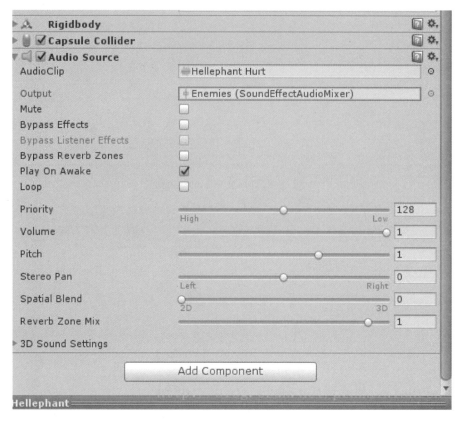

图 8 - 262　添加组件

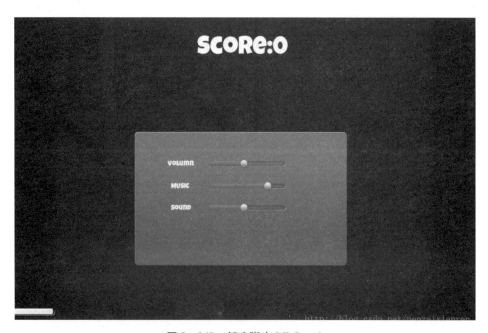

图 8 - 263　新建脚本 MixLevel

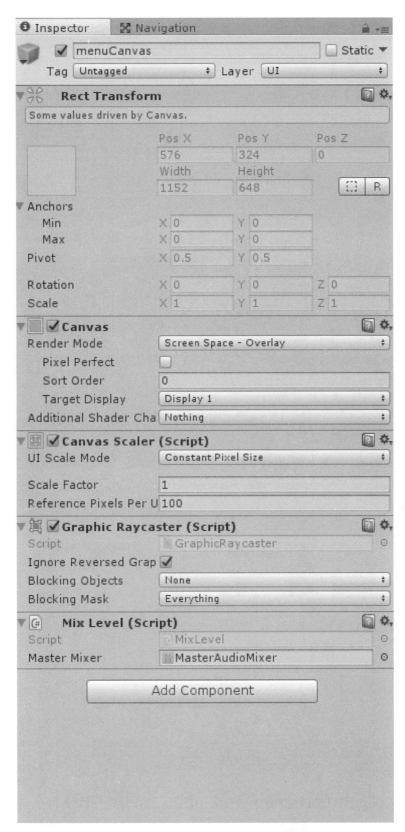

图 8 – 264　把代码放至 Canvas

回到 MasterMixer,单击 volumn,选择 exposed(见图 8 - 265)。

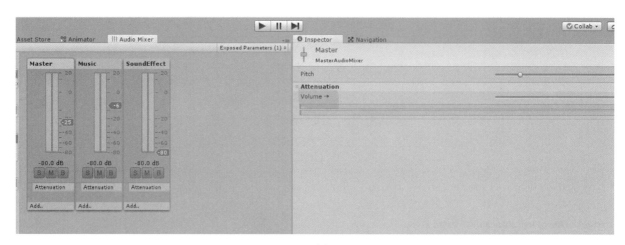

图 8 - 265　选择 exposed

此时变量列表已经暴露出来(见图 8 - 266)

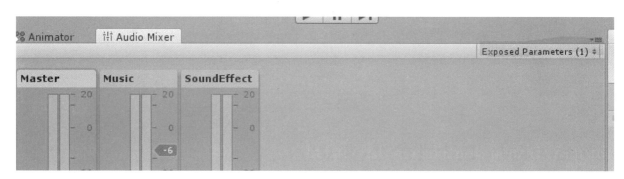

图 8 - 266　变量列表

依次选择 Music、SoundEffect 添加变量 music、sound,回到 MixLevel 添加代码(见图 8 - 267)。

```
1 using System.Collections;
2 using System.Collections.Generic;
3 using UnityEngine;
4 using UnityEngine.Audio;
5
6 public class MixLevel : MonoBehaviour {
7
8     public AudioMixer masterMixer;
9     // Use this for initialization
10    public void SetMusicLevel (float music) {
11        masterMixer.SetFloat ("music",music);
12    }
13
14    // Update is called once per frame
15    public void SetSoundLevel (float sound) {
16        masterMixer.SetFloat ("sound",sound);
17    }
18
19    public void SetVolumnLevel (float volumn) {
20        masterMixer.SetFloat ("volumn",volumn);
21    }
22 }
23
```

图 8 - 267　添加 music、sound 脚本代码

回到 UI 界面里面的 slider 条,按照不同的 slider 条功能添加不同的函数(见图 8 - 268)。

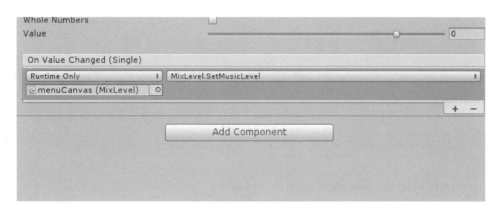

图 8 - 268　在 slider 条添加函数

运行,就可以手动调节音量了。

8. 20　Survival Shooter(11) 游戏打磨

1) 暂停界面

上一节介绍的音效界面应该是在单击暂停键之后打开的界面,那么暂停界面的基本逻辑就是:单击暂停键→暂停界面的 canvas. enabled = = true;

那么首先新建一个脚本:PauseManager(见图 8 - 269)。代码很简单应该很容易看懂。

```
1 using System.Collections;
2 using System.Collections.Generic;
3 using UnityEngine;
4
5 public class PauseManager : MonoBehaviour {
6
7     // Use this for initialization
8     private Canvas canvas;
9     void Start () {
10         canvas = GetComponent<Canvas> ();
11     }
12
13     // Update is called once per frame
14     void Update () {
15         if (Input.GetKeyDown (KeyCode.Escape)) {
16             canvas.enabled = !canvas.enabled;
17             Pause ();
18         }
19     }
20
21     void Pause(){
22         Time.timeScale = Time.timeScale == 0 ? 1 : 0;
23     }
24
25 }
```

图 8 - 269　创建 PauseManager

接着我们把脚本挂在当时的 menuCanvas 上,同时取消勾选 menuCanvas 默认的 enable 值(见图 8 - 270)。

运行就可以按下 Esc 键调出暂停菜单。

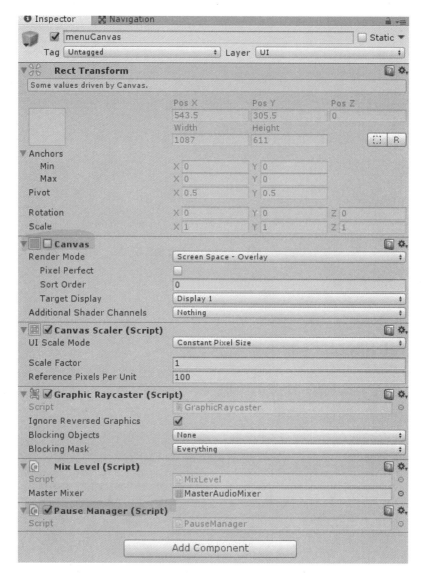

图 8 - 270　取消勾选 menuCanvas 的 enable 值

2）灯光

游戏中怪物身上都会自发光，这个我们也来美化一下怪物，打开三个怪物的 prefabs：加上 light 的 component，调一下相近的颜色（见图 8 - 271）。

另外两个怪物同样的做法。这时候运行游戏，就可以看见怪物身上的亮光了（见图 8 - 272）。

接下来是背景的小星星的自发光。未处理前如图 8 - 273 所示。

开始处理这部分的灯光，利用烘焙。打开 window→lighting→lighting setting（见图 8 - 274）。

单击烘焙后，右下角可以看到烘焙的进度条。烘焙完成的效果图（见图 8 - 275）。

3）分数

感觉做得差不多了，发现攻击怪物还没有增加得分。还是新建一个脚本 ScoreManager，添加代码（见图 8 - 276）。

在之前的 EnemyHealth 中添加成员变量（见图 8 - 277）。

在下沉函数里边添加一句增加分数的代码（见图 8 - 278）。

再把 ScoreManager 添加到分数的 Text 上（见图 8 - 279）。

完成，运行，击杀怪物就可以看到分数的增加啦（见图 8 - 280）！

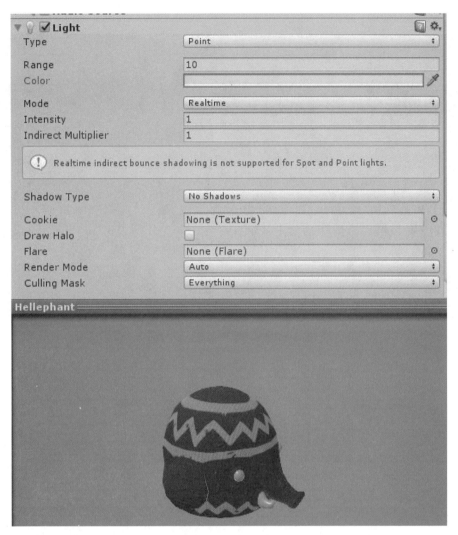

图 8 – 271　颜色调节

图 8 – 272　怪物上有亮光

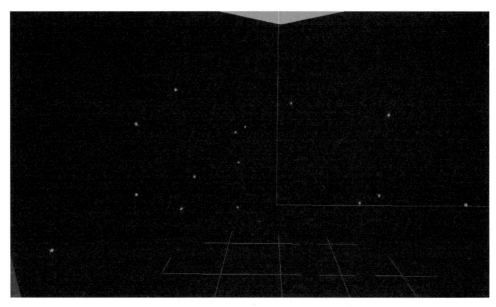

图 8 - 273　小星星的光（未处理）

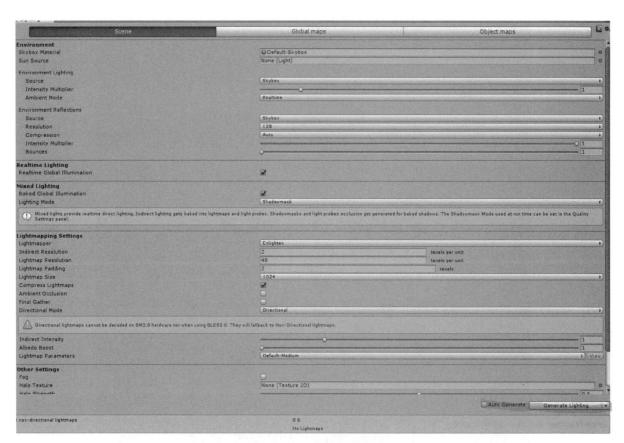

图 8 - 274　灯光参数设置

图 8 – 275　烘焙完成效果图

```
1 using UnityEngine;
2 using UnityEngine.UI;
3 using System.Collections;
4
5 public class ScoreManager : MonoBehaviour
6 {
7     public static int score;
8
9     Text text;
10
11    void Awake ()
12    {
13        text = GetComponent <Text> ();
14        score = 0;
15    }
16
17
18    void Update ()
19    {
20        text.text = "Score: " + score;
21    }
22 }
23
```

图 8 – 276　创建 ScoreManager

```
13    public float sinkSpeed = 2f;
14    public int scoreValue = 10;
15    EnemyMove enemyMove;
16    AudioSource hurtAudio;
17    // Use this for initialization
```

图 8 – 277　添加成员变量

```
49    public void StartSinking(){
50        GetComponent<Rigidbody> ().isKinematic = true;
51        isSinking = true;
52        ScoreManager.score += scoreValue;
53        Destroy (gameObject, 2f);
54    }
55 }
56
```

图 8 – 278　增加分数代码

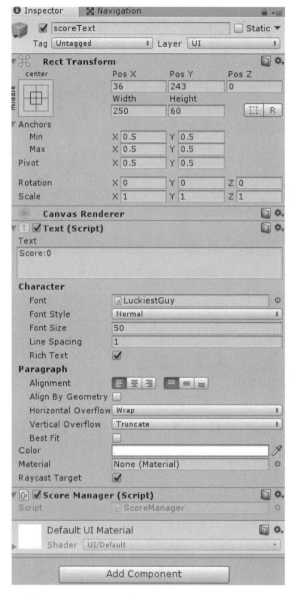

图 8 - 279　添加分数至 Text

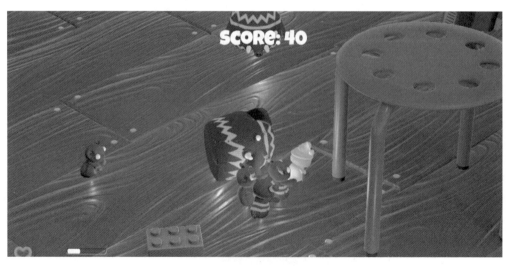

图 8 - 280　分数增加效果

第**9**章 虚拟现实课程大作业
——Viking Quest VR

在完整了解了虚拟现实的相关知识及相应例子,本章将给大家介绍课程中的大作业要求。

9.1 Viking Quest VR 项目概述

注意:这个项目的资源取材自 Asset Store,大多数都是品质较好的付费资源。因此,本项目所有素材只能适用于学习用途,不可应用在商业范围中。

VR 游戏项目本身也是 3D 游戏开发的项目,Viking Quest VR 拥有一个 3D 游戏雏形,学员通过一步步操作与代码实现,实现一个运用 Unity 开发的初级 VR 项目。

游戏的规则是:在有限时间内,控制维京人角色收集场景中的盾牌,一旦集满 4 个,即可走向终点获得胜利;如果超时,则游戏失败;如果没有收集齐 4 个,则无法走到终点。

这个项目涵盖 Unity 的知识面有:① Unity 编辑器基本操作;② 物理系统;③ 输入实现;④ 摄像机操作;⑤ 动画系统;⑥ 预制件;⑦ UI;⑧ 光照与烘焙;⑨ 音乐音效;⑩ 后期处理;⑪ VR 设置;⑫ 跨平台发布。

9.2 项目搭建

9.2.1 版本升级的情况

Unity 引擎的更新迭代速度很快,从 2017 年开始每个季度都会有次大版本的更新,比如 2017.1,2017.2 等,至今正式的大版本升级到了 2018.2 版本。而 Unity 大版本主要分成技术前瞻版本(Unity TECH 版本)和稳定支持版本(Unity LTS 版本)。

一般而言,Unity TECH 版本每年会有三次主要更新,它们会带来最新的功能与特性。Unity LTS 版本将从 TECH 版本每年最后一个版本开始,持续支持二年的时间。LTS 版本则不会有任何新功能、API 变更或改进。LTS 版本会用于解决崩溃、回归测试和对修复来自开发者反馈的问题,以及针对主机的 SDK/XDK,或者任何会对大多数人发布游戏产生阻碍的重大改变。如果开发者想要了解或者使用最新版 Unity 提供新功能,则可以选择 TECH 版本使用;如果开发者希望继续开发和发布已有游戏或内容,或者想要长时间保持使用一个稳定版本,LTS 版本是很好的选择。

本书选用的版本是较新面世的 2018.2.17,希望能及时帮助开发者了解 Unity 引擎最新的界面变化,让学习遇到更少的阻碍。如果读者实际准备发布上线的项目,为了稳定起见,建议使用 LTS 版本,即 2017.4 最新的版本,以保证项目最大限度地稳定运行。

如果开发者拥有的是个旧版本的项目,通过比较新版本 Unity 打开时,会出现相关升级提示(见图 9-1)。

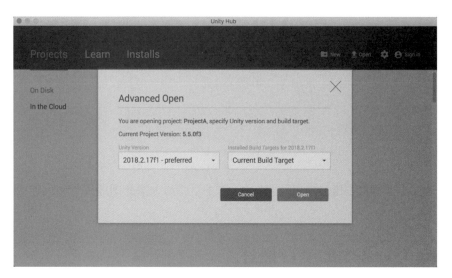

图 9-1 Unity 升级提示

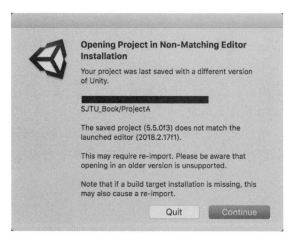

图 9-2 单击 Open 后出现的提示框

假使原 ProjectA 使用的 Unity 版本为 5.5.0f3,现在准备使用 Unity 2018.2.17f1 打开。

当单击"Open"后,会出现提示框(见图 9-2)。

提示开发者所打开项目与现有 Unity 引擎版本不符,可能会发生重新导入。希望开发者意识到其内容可能不支持,如果目标平台没有,还会导致重新导入。

可以单击"Continue"继续,开始正式导入(见图 9-3)。

当然,由于版本变化比较大,一定会涉及 API 升级的问题,如图 9-4 所示。

重要提示:升级可能会使原有项目不能正常使用,因此有必要时请先做好项目的备份工作。如果还没备份,可以单击"No Thanks"停止;或者已经有所准备的,单击"I Made a Backup. Go Ahead!"做 API 升级的工作(见图 9-5)。

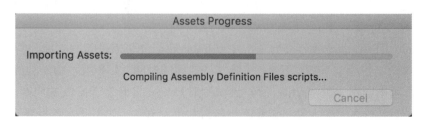

图 9-3 正式导入项目

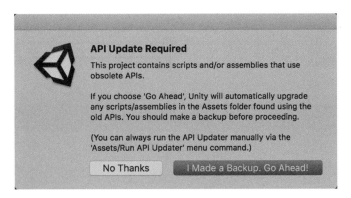

图 9 - 4 API 升级提示

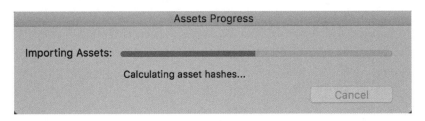

图 9 - 5 API 升级中

新一轮的导入继续开始(见图 9 - 6)。

如果发现没有红色报错信息,基本可以确定大部分版本升级是成功的。

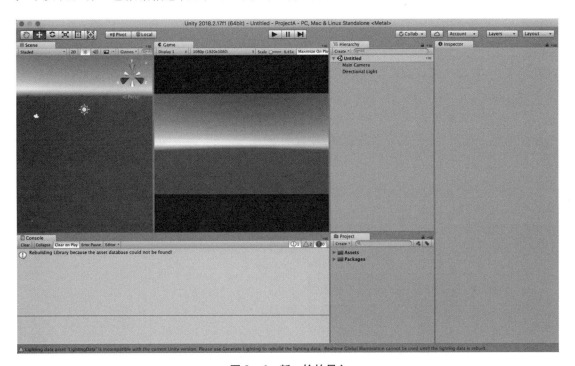

图 9 - 6 新一轮的导入

9.2.2 搭建基本项目

Viking Quest VR 已经准备好为 Unity 2018. 2. 17 版本,将压缩包解压后,得到初始项目 VikingQuestVR_ Start,可以通过 Unity Hub 直接打开(见图 9 - 7)。

图 9-7 通过 Unity Hub 打开项目

确定版本一致就可以单击"Continue"开始了(见图 9-8)。

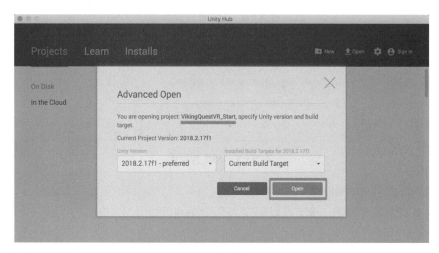

图 9-8 确定版本后继续打开

成功导入后,查看 Project 窗口(见图 9-9)。

其中,Animations:角色动画、UI 动画等;Audio:项目中可使用的音效和音乐;Fonts:UI 上的字体文件;Models:场景中各种资源模型,包括平台、角色、可收集的物体等;Particles:项目中会使用到的一些粒子效果的资源;Prefabs:预先制作好的一些预制体,项目中复用;Scenes:存放场景文件(. Scene),有初始场景 StartingScene 和摄像机操作对比用的 CameraZoomTesting;Scripts:存放项目中用到的脚本文件,有的是编辑器相关的,有的是游戏运行时用到的;Skyboxes:场景天空盒资源,用于增强氛围效果;Standard Assets:部分标准效果库,之后会用于与 Post Processing Stack(后期处理栈)对比;UI:项目中的 UI 资源。

在 Project 窗口展开 Scenes 目录,找到 StartingScene 场景文件,双击打开(见图 9-10)。

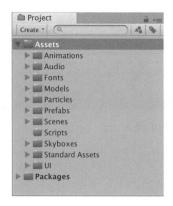

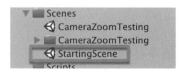

图 9-9 成功导入后,查看 Project 窗口　　　图 9-10 Scenes 目录

在 StartingScene 场景中已经预先放置好了游戏环境的基本美术资源(见图 9-11)。

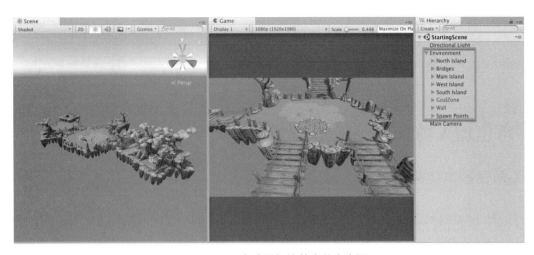

图 9-11　预先放置好的基本美术资源

其中 Environment 的子节点就是环境美术资源,除了有几个浮空岛屿(Island)之外,还有 GoalZone、Wall 和 Spawn Points 这几个特殊用途的资源。

GoalZone 是目标终点,它有一个光圈状的粒子效果,之后需要添加脚本做胜负判定(见图 9-12)。

图 9-12　GoalZone 效果

Wall 是终点前的阻挡物,后续步骤中会有添加功能,实现是否允许角色通过的逻辑(见图 9-13)。

图 9-13　Wall 效果

Spawn Points 是位于场景中几个生成可收集物(盾牌)的刷新点(见图 9-14)。

基本介绍完之后,就可以开始添加游戏角色的步骤了。

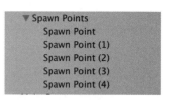

图 9-14　Spawn Points 视图

9.3　角色加入场景

9.3.1　角色基本功能需求

角色取材于"Mini Viking"资源包(在 Project 窗口,Models→Mini Viking→Viking_Sword 模型),模型、绑定、动画、材质等基本完备,符合这个大作业项目的需求(见图 9-15)。

图 9-15　角色材料

角色在游戏中需要做到:

第一,可以通过 WASD 在场景中水平方向移动,后面的步骤中会有转换为 VR 相关操作控制移动。

第二,角色在场景中行走、跳跃时,不能飞出浮空岛屿,即场景平台。

9.3.2　维京人角色添加

将 Models→Mini Viking→Viking_Sword 模型直接拖到 Scene 视图中(见图 9-16)。

放置在中间圆盘上面,位置在(-2.3,0,-5)(见图 9-17)。

在 Inspector 窗口,单击 Add Component→Physics→Capsule Collider,添加胶囊碰撞体(见图 9-18)。

设置 Center 为(0,1,0),Height 为 2(见图 9-19)。

为什么人形角色要使用胶囊碰撞体(Capsule Collider)?

直立生物,尤其是人形角色躯干比较接近圆柱体,头部与身体一起接近于半圆体。相对于网格碰撞器(Mesh Collider),胶囊碰撞器面数要少很多,效率和性能会好很多。如果对于物理要求不是特别细致,胶囊碰撞器是不错的选择。因而,Unity 官方的角色控制器(Character Controller)就使用胶囊碰撞器辅助物理检测。

继续单击 Add Component→Physics→Rigidbody,添加刚体组件(见图 9-20)。

如果说碰撞器是给 GameObject 添加碰撞检测或触发检测的话,那么刚体就是赋予 GameObject 真正物理世界的功能,即符合宏观世界经典力学的牛顿运动定律。刚体可以接受外力(Force)和扭矩

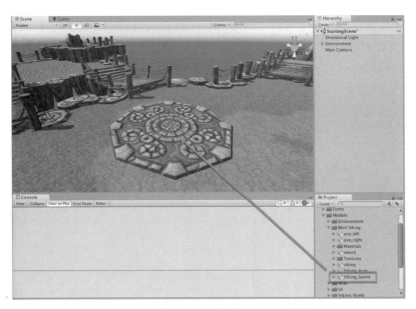

图 9 - 16　将 Viking 模型拖到 Scene 视图

图 9 - 17　模型放置

图 9 - 18　添加胶囊碰撞体

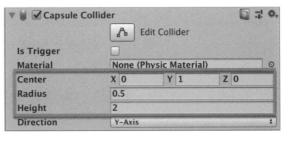

图 9 - 19　Center,Height 设置

(Torque)影响,使物体以逼真的方式移动。GameObject 可以通过脚本在外力下行动,或者通过 NVIDIA PhysX 物理引擎与其他对象交互。

打开约束(Constraints),勾选冻结旋转(Freeze Rotation)的 *XYZ* 三个选项(见图 9-21)。

勾选这些选项目的在于,一旦角色产生倾斜,不会受到外力或重力影响而"跌倒",如图 9-22 的情况。

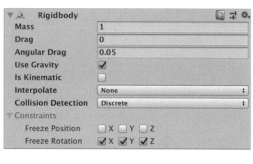

图 9-20 添加 **Rigidbody** 组件　　　图 9-21 勾选冻结旋转的 *XYZ* 选项

图 9-22 角色受外力或重力影响而跌倒

9.3.3　角色移动控制

图 9-23 新建 **Player_FullControl** 脚本

为了方便开发,先使用键盘上的 WASD 来调试角色的移动控制,再之后可以把 VR 操作接入。

在 Project 窗口,右键 Scripts 文件夹 Create→C# Script 新建 Player_FullControl 脚本(见图 9-23)。

新建参数程序段如下：

```
[SerializeField] float movementSpeed = 5.0f;
[SerializeField] float turnSpeed = 1000f;
[SerializeField] float jumpForce = 6f;
[SerializeField] LayerMask whatIsGround;

Animator anim;
Rigidbody rigidBody;
Vector3 playerInput;
bool grounded = true;
```

其中，movementSpeed：玩家的移动速度；turnSpeed：玩家的转向速度；jumpForce：推动角色跳跃的外力；whatIsGround：定义构成地面层的层蒙版；anim：角色动画控制器（Animator）的引用；rigidbody：角色刚体的引用；playerInput：三维向量（Vector3），用于存储控制器给角色的三维输入值；grounded：角色是否当前在地面上的布尔值；[SerializeField]：强制 Unity 序列化私有字段，使得该字段可以在 Inspector 中被编辑。

修改 Start 函数程序段如下

```
void Start()
{
    //获取角色游戏对象上的刚体和动画控制器引用
    rigidBody = GetComponent<Rigidbody> ();
    anim = GetComponent<Animator> ();
}
```

修改 Update 函数程序如下：

```
void Update()
{
    //检测玩家是否按下"跳转"按钮并且他们是否在地面上
    //注意: 这里在 Update 里面检测 GetButtonDown 方法而不是在 FixedUpdate
    //因为 FixedUpdate 运行会比较慢,有可能会错过输入操作的获取
        if (Input.GetButtonDown ("Jump") && grounded)
    {
        //给角色添加一个 Y 轴上的外力 jumpForce
        rigidBody.AddForce (new Vector3 (0f, jumpForce, 0f), ForceMode.Impulse);
        //通知动画控制器播放"跳跃"动画
        anim.SetTrigger ("Jump");
        //角色离开地面
        grounded = false;
    }

    //通过 grounded 更新动画控制器动画状态
    anim.SetBool ("Grounded", grounded);
}
```

添加 FixedUpdate 函数程序段如下：

```
void FixedUpdate()
{
    //在角色的脚上生成一个假想的球体,看它是否与地面层上的任何物体碰撞
    //如果是,角色就在地上;否则就在空中
    if (Physics.CheckSphere (transform.position, .1f, whatIsGround))
        grounded = true;
    else
        grounded = false;

    //[预留失败判定动画处理]

    //获取水平和垂直输入(上/下/左/右箭头,WASD键,控制器模拟杆等)
    //将输入存储到playerInput变量中(不包含Y轴输入)
    playerInput.Set(Input.GetAxis("Horizontal"), 0f, Input.GetAxis ("Vertical"));

    //根据矢量的大小(矢量的数值"值")告诉动画控制器我们运动的"速度"
    anim.SetFloat ("Speed", playerInput.sqrMagnitude);

    //如果玩家没有输入,我们就在这里完成并可以离开
    if (playerInput == Vector3.zero)
        return;

    //现在将输入归一化后乘以角色移动速度,然后乘以Time.deltaTime
    //接着把这个值添加到当前位置从而获得新位置值
    //注意:1、我们特地"归一化"输入值,以便玩家不会移动很突兀
    //注意:2、我们将值与Time.deltaTime相乘为了确保在不同设备上运行都能得到相同的结果
    Vector3 newPosition = transform.position + playerInput.normalized * movementSpeed * Time.deltaTime;

    //使用刚体让角色移动到新位置
    //这种方法比用Transform.Translate更好,因为这是通过物理方法而不是"传送"到新位置
    rigidBody.MovePosition (newPosition);

    //使用"四元数"类来获得角色要"面向"的旋转值
    Quaternion newRotation = Quaternion.LookRotation (playerInput);

    //如果需要将角色转到新方向上,使用RotateTowards实现快速转动,但不是直接修改结果
    if(rigidBody.rotation != newRotation)
        rigidBody.rotation = Quaternion.RotateTowards(rigidBody.rotation, newRotation, turnSpeed
 * Time.deltaTime);
}
```

图9-24　What Is Ground 设置

在Hierarchy中选中Viking_Sword,在Inspector窗口单击Add Component输入Player_FullControl单击添加脚本。

设置What Is Ground为Ground(见图9-24)。

运行游戏,通过WASD可以控制角色移动,按Space键角色跳跃(见图9-25)。

现在发现角色可以移动、跳跃,但是角色没有相关动画动作,而且角色还可以跳出平台,这些会在后面章节的内容进一步实现。

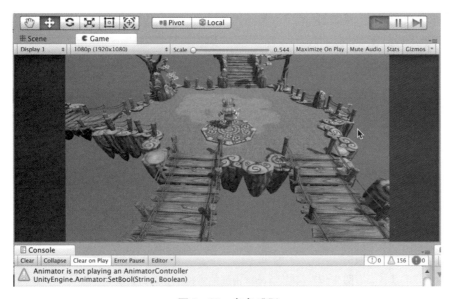

图 9 - 25　角色跳跃

9.4　世界边界实现

现在我们要解决角色会跳出平台的问题,解决思路就是将角色可以行径的区域限定在平台之上,解决方案就是使用不可见的碰撞区域包围住平台。

9.4.1　添加边界盒

将 Prefabs 文件夹中 WorldColliders 拖到 Hierarchy 中(见图 9 - 26)。

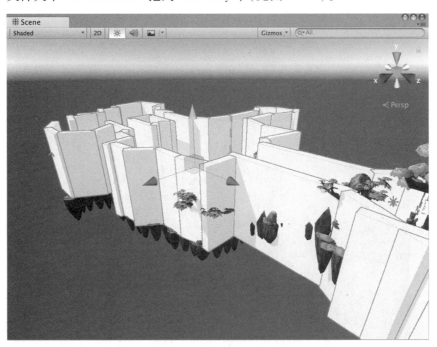

图 9 - 26　拖拽 WorldColliders 到 Hierarchy 中

场景中间出现白色的包围墙体,展开 WorldColliders 可以发现每个子 WorldCollider 都包含 Box Collider 组件,用于进行碰撞判定。

单击 Scene 视图中的透视观察,使之转变为正交观察(见图 9 - 27)。

图 9 - 27　转变 Scene 视图的透视观察为正交观察

单击 y 的绿色轴,将视角转变为俯视模式(见图 9 - 28)。

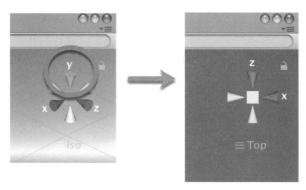

图 9 - 28　将视角转为俯视模式

这样就可以观察到 WorldCollider 的全貌了,所有的子 WorldCollider 都包围这个平台(见图 9 - 29)。

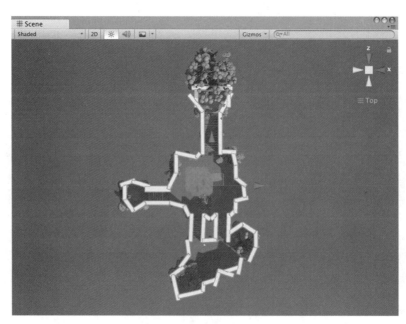

图 9 - 29　WorldCollider 全貌

但是在 Game 视图中,这些 Collider 却遮挡住了视线(见图 9 – 30)。

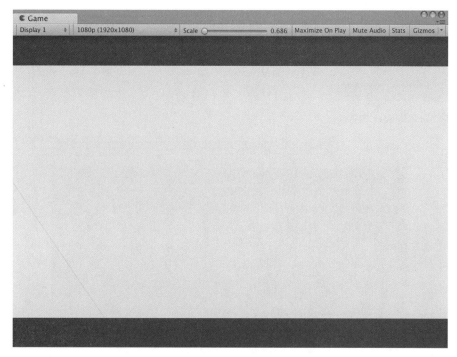

图 9 – 30 **Collider 在 Game 视图中挡住视线**

9.4.2 "隐形"边界盒

通过 Layer 的操作,将这个视线上的遮挡物"隐形",而不影响正常的物理操作。选中其中一个 WorldCollider,观察 Inspector 的具体信息可以发现(见图 9 – 31)。

这些碰撞盒都是属于 WallCollider 层(见图 9 – 32)。

通过单击右上角 Layers 按钮,在下拉列表中,单击 WallCollider 旁的"眼睛",将其状态从"睁眼"状态变为"闭眼"状态。如此,WorldCollider 就在 Scene 窗口中"隐形"了。

但是在 Game 窗口中还会显示,需要找到 Hierarchy 中的 Main Camera 并选中,找到其 Camera 组件(见图 9 – 33)。

图 9 – 31 **Inspector 具体信息**

图 9 – 32 **碰撞盒属于 WallCollider 层**

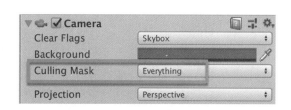

图 9 – 33 **Main Camera 中的视图**

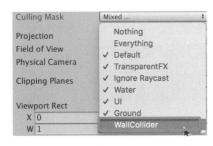

图 9-34　取消 WallCollider 勾选

可以发现其 Culling Mask 为 Everything,即所有层都可视。单击 Everything,展开下拉列表,再单击 WallCollider 去取消该项的勾选(见图 9-34)。

Culling Mask 的值就变为 Mixed . . .,这样场景就正常显示出来了(见图 9-35)。

运行游戏,角色靠近"隐形"边界的时候不会离开平台(见图 9-36)。

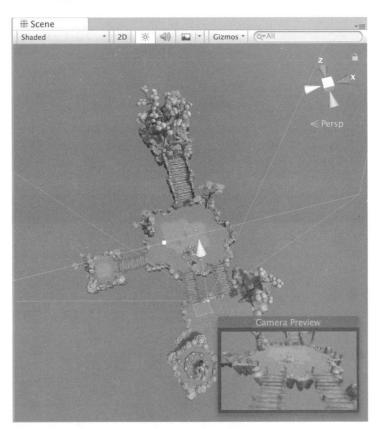

图 9-35　场景显示

图 9-36　角色靠近"隐形"边界时不会离开平台

角色即使是向平台外跳跃,也会是缓缓落下,这是什么原因呢?

在 WorldCollider 上的 Box Collider 组件有一个参数,叫做 Material(见图 9 - 37)。

Box Collider 的 Material 实际指的是 Physic Material,即物理材质(见图 9 - 38)。

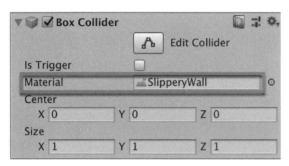

图 9 - 37　Box Collider 设置

图 9 - 38　Box Collider 的 Material 设置

物理材质主要由动态摩擦力(Dynamic Friction)、静态摩擦力(Static Friction)、弹力(Bounciness)、摩擦力混合(Friction Combine)和弹力混合(Bounce Combine)这几个参数组成。通过在 WorldCollider 上使用的 SlipperyWall 物理材质的设置可以发现,这是个"平滑的墙",没有任何的摩擦力和弹力影响。

9.5　跟随摄像机设置

在给角色添加动画之前,先调整摄像机,一方面实现摄像机跟随角色移动,另一方面为后续 VR 功能实现做准备。

9.5.1　VR 基准摄像机

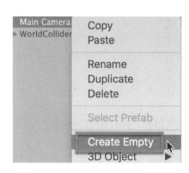

在 Hierarchy 中找到 Main Camera,右键单击选择 Create Empty(见图 9 - 39)。

重命名 Camera Control Rig。将 Camera Control Rig 拖出,解除其与 Main Camera 的层级关系(见图 9 - 40)。

再将 Main Camera 拖到 Camera Control Rig 上,作为其子节点。然后将 Camera Control Rig 的 Transform→Rotation 清零(见图 9 - 41)。

图 9 - 39　Main Camera 中选择 Create Empty

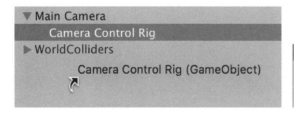

图 9 - 40　重命名 Camera Control Rig

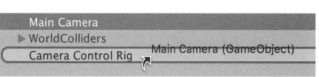

图 9 - 41　Rotation 清零

这样操作的目的在于给 Main Camera 指定一个父节点,因为 VR 会获取主 Camera 的控制权限,操作摄像机的 Transform,用父节点进行额外逻辑处理。

9.5.2 跟随功能添加

在 Project 窗口,右键 Scripts 文件夹 Create→C# Script 新建 CameraFollow 脚本。

```
public class CameraFollow : MonoBehaviour
{
    public Transform target;      //指定摄像机跟随的对象
    public float speed = 5f;      //摄像机的跟随速度

    Vector3 offset;               //从摄像机到角色的初始偏移值

    void Start ()
    {
        //记录摄像机初始位置与对象位置偏移值
//摄像机会在跟随过程中维持这个偏移值
        offset = transform.position - target.position;
    }

    void FixedUpdate ()
    {
        //通过将偏移量添加到目标的当前位置,找出摄像机想要的位置
        Vector3 targetCamPos = target.position + offset;

//在摄像机的当前位置和目标位置之间做插值,表现平滑移动的效果
        transform.position = Vector3.Lerp (transform.position, targetCamPos, speed * Time.
deltaTime);
    }
}
```

选中 Camera Control Rig,在 Inspector 单击 Add Component,输入 Camera Follow,单击添加 Camera Follow 组件(见图 9 – 42)。

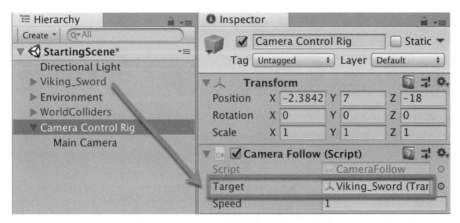

图 9 – 42 添加 Camera Follow 组件

将 Target 指定为 Viking_Sword,设置 Speed 值为 1。运行游戏,可以看到摄像机比较平滑地跟随角色移动。

9.6　角色动画添加

角色虽然能够平滑移动,但是没有相关动画,因此会显得不太自然,这一节将指导给维京人添加动画及相关动画状态转换。

9.6.1　添加动画

在 Project 窗口中,展开 Animations 文件夹,在文件夹内右键 Create→Animator Controller,重命名 Viking_Sword_Move(见图 9-43)。

图 9-43　重命名 Viking_Sword_Move

找到 Hierarchy 中 Viking_Sword 的 Animator 组件,设置 Controller 为 Viking_Sword_Move(见图 9-44)。

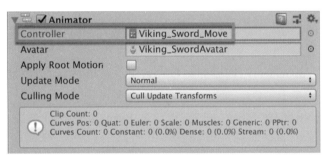

图 9-44　设置 Controller 为 Viking_Sword_Move

在 Project 窗口中,展开 Models 文件夹下 Mini Viking 中的 Viking_Sword,将 Idle、Jump 和 Run 动画,直接拖到 Hierarchy 中的 Viking_Sword 上(见图 9-45)。

这个操作是将这些动画添加到 Viking_Sword 的 Animator Controller 上。

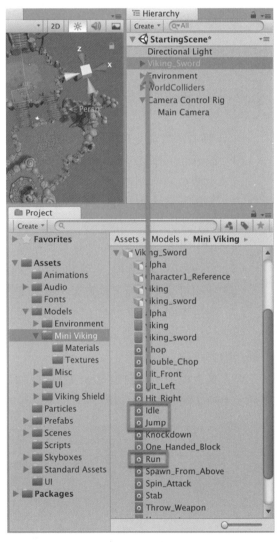

图 9-45　将 Idle、Jump、Run 动画拖至 Viking_Sword

9.6.2　设置动画过渡

双击 Viking_Sword_Move 打开 Animator 窗口,准备编辑动画状态转换(见图 9-46)。

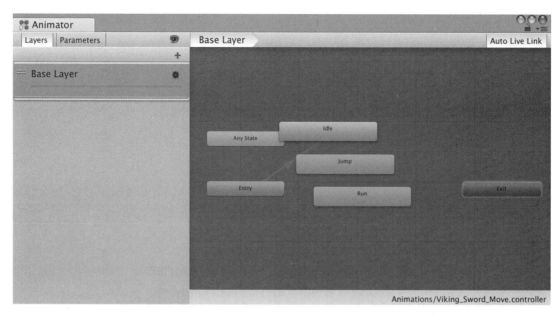

图 9 - 46　编辑状态转换

从图 9 - 46 中可以看到,上一节操作拖入的 Idle、Jump 和 Run 动画都已经加入了 Viking_Sword_Move 中了。

Unity 拥有丰富而复杂的动画系统(也被称作"Mecanim"),它提供了:

(1) 简单的工作流程和 Unity 所有元素的动画设置,包括对象、角色和属性。

(2) 支持在 Unity 中创建导入动画片段和动画。

(3) 支持人形动画(Humanoid)的重定向,即将动画从一个角色模型应用到另一个角色模型的能力。

(4) 用于对齐动画片段的简化工作流程。

(5) 方便预览动画片段,过渡和它们之间的交互。

(6) 使用可视化编程工具管理动画之间复杂的交互。

(7) 通过不同的逻辑控制不同身体部位的动画。

(8) 分层(Layer)和蒙版(Mask)功能。单击"Parameters",切换到参数标签页。点单+号可以添加不同类型的参数(见图 9 - 47)。

(9) 依次单击+号,创建 Float 参数,重命名 Speed;创建 Trigger 参数,重命名 Jump;创建 Bool 参数,重命名 Grounded(见图 9 - 48)。

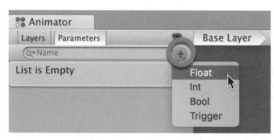

图 9 - 47　添加不同类型参数

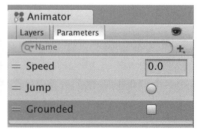

图 9 - 48　重命名 Grounded

注意:每个参数的大小写必须与图中一致,因为在代码中会直接通过 Set 方法,查找该参数的字符串值,并设置对应类型的数值。

调整 Idle、Jump 和 Run 三个状态块的位置如图 9 - 49 所示。

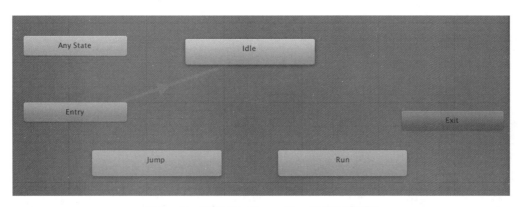

图 9 - 49 调整 Idle、Jump、Run 的状态块位置

右键 Idle 状态块选择"Make Transition",连接到 Jump(见图 9 - 50)。

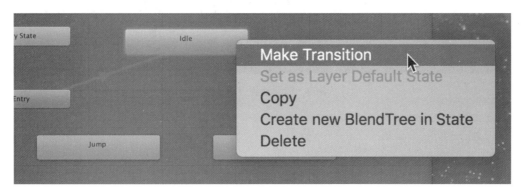

图 9 - 50 连接 Idle 状态块到 Jump

同样的操作,在三个状态块之间两两连接,如图 9 - 51 所示。

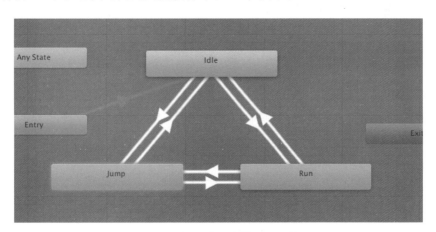

图 9 - 51 三个状态块两两连接

单击 Idle→Run 过渡,在 Inspector 中取消 Has Exit Time 的勾选,目的在于一旦触发动画过渡的时候,动画系统将不会未播放完现有动画后才完成切换,而是立即生效动画过渡(见图 9 - 52)。

找到最下面的 Condition(条件)选项,添加条件判断用于控制动画过渡的时机。单击+号,选择 Speed,设置 Greater,值为 0.01(见图 9 - 53)。

选择 Run→Idle 过渡,同样取消 Has Exit Time 勾选。在 Condition 选项,添加 Speed,设置 less,值为 0.01(见图 9 - 54)。

选择 Idle→Jump 过渡,取消 Has Exit Time 勾选。在 Condition 选项,添加 Jump(见图 9 - 55)。

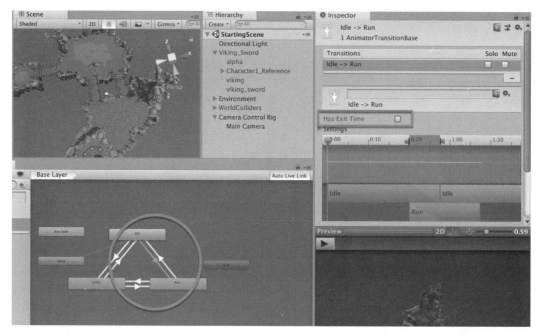

图 9 - 52　动画过渡生效

图 9 - 53　动画过渡时机设置

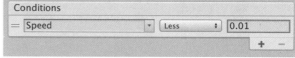

图 9 - 54　添加 Speed

选择 Jump→Idle 过渡,取消 Has Exit Time 勾选。在 Condition 选项,添加 Speed,设置 less,值为 0.01;添加 Grounded,值为 True(见图 9 - 56)。

图 9 - 55　添加 **Jump**,实现 **Idle→Jump** 过渡

图 9 - 56　添加 **Grounded**,实现 **Jump→Idle** 过渡

选择 Run→Jump 过渡,取消 Has Exit Time 勾选。在 Condition 选项,添加 Jump(见图 9 - 57)。

图 9 - 57　添加 **Jump**,实现 **Run→Jump** 过渡

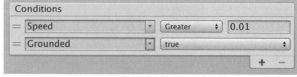

图 9 - 58　添加 **Grounded**,实现 **Jump→Run** 过渡

选择 Jump→Run 过渡,取消 Has Exit Time 勾选。在 Condition 选项,添加 Speed,设置 Greater,值为 0.01;添加 Grounded,值为 True(见图 9 - 58)。

运行游戏,通过 WASD 和 Space 键检测 Idle、Jump 和 Run 的切换,并观察动画之间过渡是否自然(见图 9 - 59)。

确认完之后,选中 Viking_Sword,在 Inspector 中设置 Tag 为 Player,然后将 Viking_Sword 游戏对象,拖到 Project 窗口的 Prefabs 文件夹下,保存为 prefab(见图 9 - 60)。

图 9 - 59　运行游戏

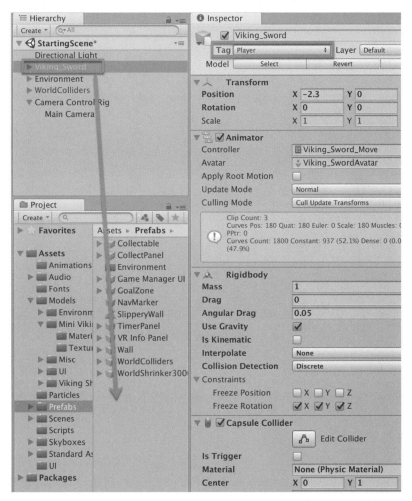

图 9 - 60　Viking_Sword 设置

9.7 收集物实现

在游戏场景中的某个地方需要生成一个可收集物品(盾牌),维京人可以将其拾取。

9.7.1 制作收集物

将 Project 窗口中 Prefabs 文件夹下的 Collectable 对象,拖到 Scene 窗口中,基本位于维京人角色前方的位置上,Position 值为(-2,1,1)(见图 9-61)。

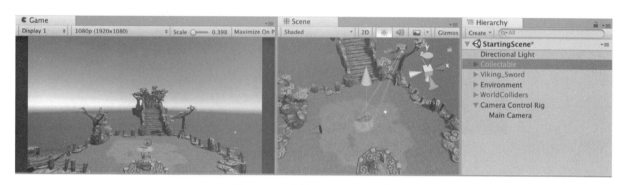

图 9-61 设置 Collectable 对象

展开 Collectable 层级之后,可以发现其包含一个称为 Lights 的粒子效果(见图 9-62)。

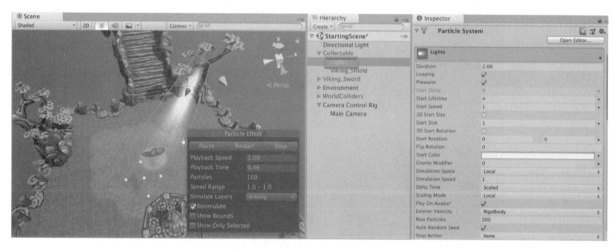

图 9-62 Lights 的粒子效果

可以在 Scene 窗口中单击 Pause(暂停)、Restart(重新开始)和 Stop(停止),以及其他相关参数来预览或调整粒子的效果。

9.7.2 收集物逻辑实现

在 Scripts 文件夹内右键 Create→C# Script,重命名 Collectable,创建收集物的逻辑脚本。这个脚本的主要目的在于控制收集物的拾取,它控制收集物的特效,并拥有当收集物被拾取时的逻辑处理。

```csharp
using UnityEngine;

public class Collectable : MonoBehaviour
{
    public CollectableSpawner spawner;    //收集物生成器的引用(稍后会实现)
    public float disapearDuration = 3f;   //当物体被拾取时,完全消失所需时间
    public float lightFadeAmount = 2f;    //当物体被拾取时,聚光灯效果消失所需时间

    MeshRenderer shield;         //收集物网格渲染器的引用
    ParticleSystem particles;    //收集物粒子系统的引用
    Light skyLight;              //收集物光源组件的引用
    AudioSource audioSource;     //收集物音效的引用
    bool isActive = true;        //收集物是否激活状态的标志位

    void Awake()
    {
        //获取所需组件的引用,在后面处理做准备
        shield = GetComponentInChildren<MeshRenderer> ();
        particles = GetComponentInChildren<ParticleSystem> ();
        skyLight = GetComponentInChildren<Light> ();
        audioSource = GetComponent<AudioSource> ();
    }


    void Update()
    {
        //如果收集物已经被拾取了
        if (! isActive)
        {
            //随时间降低光源的光强
            skyLight.intensity -= lightFadeAmount * Time.deltaTime;
        }
    }


    //当某个对象碰到这个收集物,开始触发的阶段
    void OnTriggerEnter(Collider other)
    {
        //如果收集物被非玩家对象(Player)所触发,离开此函数
        if (! isActive ||! other.CompareTag("Player"))
            return;

        //物体已被拾取,准备关闭其激活状态
        isActive = false;
        //关闭盾牌的显示
        shield.enabled = false;
        //停止粒子发射,现有粒子也会随时间消散
        particles.Stop ();

        //如果收集物包含音效,播放音效
        if(audioSource ! = null)
```

```
            audioSource.Play ();

            //如果收集物有其生成器,告知其已经被拾取
            if (spawner ! = null)
                spawner.CollectableTaken ();

            //根据 disapearDuration 时间延迟销毁收集物对象
                //这样我们可以看到消失特效,而不是突然物体消失
            Destroy (gameObject, disapearDuration);
        }
    }
```

9.7.3 生成收集物

在 Scripts 文件夹内右键 Create→C# Script,重命名 CollectableSpawner,创建收集物生成器的逻辑脚本。这个脚本的逻辑是将收集物生成到场景中,在后续的章节中,还会补充告知游戏管理器(Game Manager)玩家得分的功能。

```
using UnityEngine;

public class CollectableSpawner : MonoBehaviour
{
    public GameObject collectablePrefab;      //生成目标对象:收集物

    Transform[] spawnPoints;     //生成点的集合
    int lastUsedIndex = -1;      //最后次使用生成点的索引

    void Start ()
    {
        //从子节点中获取生成点的 Transform 组件引用
        spawnPoints = GetComponentsInChildren<Transform> ();

        //生成第一个收集物
        SpawnCollectable ();
    }

    void SpawnCollectable()
    {
        //选择一个随机生成点,i 代表索引序号
        int i = Random.Range (0, spawnPoints.Length);

        //如果选择的索引与前一次使用的索引相同,继续获取新索引,直到出现不同的
        //这样的目的在于收集物不会在同一位置生成两次,让玩家得到更多分
        while(i == lastUsedIndex && spawnPoints.Length > 1)
            i = Random.Range (0, spawnPoints.Length);

        //在生成点位置实例化(创建)一个收集物,并使用其原有的旋转值
```

```
    GameObject obj = Instantiate (collectablePrefab, spawnPoints [i].position, spawnPoints
[i].rotation) as GameObject;

    //将'this'作为生成的收集物所引用的生成器
    obj.GetComponent<Collectable> ().spawner = this;

    //记录生成的索引序号
    lastUsedIndex = i;
}

//当维京人拾取收集物时,可以从 Collectable 脚本调用此方法
public void CollectableTaken()
{
    //[预留 GameManager 部分]

    //由于拾取了收集物,再生成一个新的
    SpawnCollectable ();
}
```

在 Hierarchy 中找到 Collectable 游戏对象,在 Inspector 中单击 Add Component,输入 Collectable,单击添加组件(见图 9 - 63)。

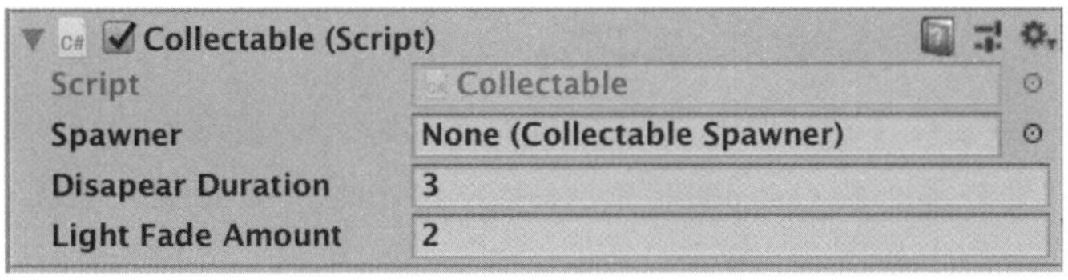

图 9 - 63　在 Collectable 游戏对象中添加组件

运行游戏,发现当维京人触碰到盾牌时,盾牌被立即拾取,但是聚光灯特效会渐渐消失(见图 9 - 64)。

图 9 - 64　聚光灯特效消失效果

选中 Hierarchy 中的 Collectable 游戏对象,单击 Inspector 中的 Apply 按钮,应用之前的修改(见图 9 - 65)。

然后,右键 Collectable 选择 Delete 删除游戏对象。找到 Hierarchy 中,Environment→Spawn Points,从

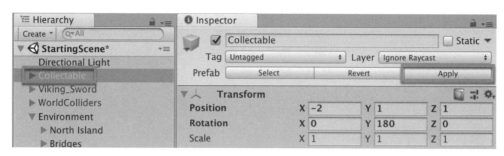

图 9-65　应用修改

Scripts 文件夹中拖动 CollectableSpawner 脚本到 Spawn Points 上,为其添加改组件。将 Prefabs 文件夹下的 Collectable 预制件指定到 Collectable Prefab 选项上(见图 9-66)。

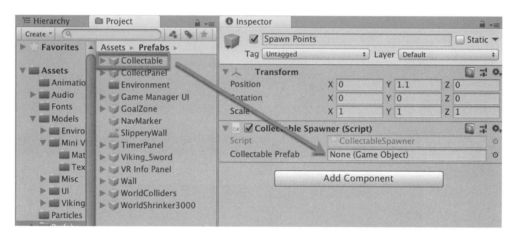

图 9-66　将 Collectable 预制件指定到 Collectable Prefab 选项

　　运行游戏,查看收集器生成器实际的创建收集物的效果,再控制维京人角色去拾取收集物,查看是否会在不同位置生成新的收集物(见图 9-67)。

图 9-67　查看是否会在不同位置生成新的收集物

9.8　游戏管理器

　　游戏管理器很重要,一般管理游戏的主要生命周期,如胜负结果和 UI 控制等。提到 UI,在这个项目使用的 UI 主要是 World Space(世界空间)UI。因为在 VR 的场景中,悬浮在 3D 世界里的 UI 是很便利做交互的,而且在体验上比传统 2D 的 UI 好很多。

9.8.1 创建游戏管理器 UI

将 Project 窗口中,Prefabs 文件夹下的 Game Manager UI,拖到 Hierarchy 中(见图 9-68)。

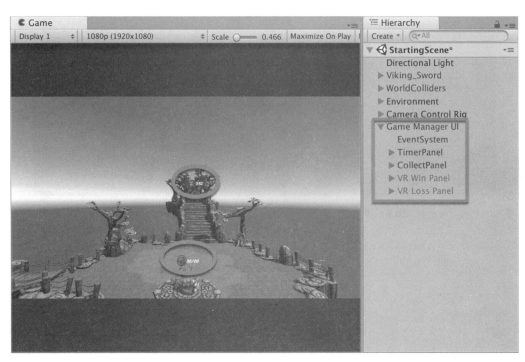

图 9-68 将 Game Manager UI 拖到 Hierarchy

展开 Game Manager UI 层级之后,可以看到主要有 TimerPanel(倒计时面板)、CollectPanel(收集状态面板)、VR Win Panel(胜利结果面板)和 VR Loss Panel(失败结果面板)(见图 9-69)。这些 UI 都在场景中

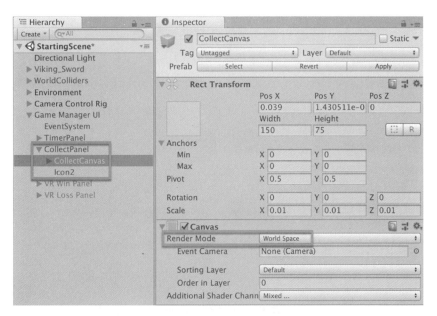

图 9-69 Game Manager UI 中包含的面板

不同的位置,而且从各个面板的 Canvas 可知。它们的 Render Mode(渲染类型)都是 World Space 的。

运行游戏,可以发现:第一,倒计时没有效果,时间一直停在 0:30;第二,维京人移动时候,收集状态面板就停留在空间中的某一处位置,不随角色移动而变化(见图 9-70)。这些都不是理想的。

图 9-70　倒计时没有效果,收集状态面板不随角色移动

9.8.2　游戏胜负逻辑

Assets ► Scripts
CameraFollow
Collectable
CollectableSpawner
GameManager
Player_FullControl

图 9-71　创建游戏管理器的逻辑脚本

游戏胜负逻辑是与 GameManager 等脚本关联起来的。在 Scripts 文件夹内右键 Create→C# Script,重命名 GameManager,创建游戏管理器的逻辑脚本(见图 9-71)。

GameManager 脚本的图标也与其他普通的脚本不太一样,表示其重要的作用。这个脚本会控制玩家角色有多少可用的时间、玩家得分多少以及检测玩家胜负的情况。

```csharp
using UnityEngine;
using UnityEngine.UI;            //使用 Unity 的 UI 系统
using UnityEngine.SceneManagement;  //使用 Unity 的场景管理器

public class GameManager : MonoBehaviour
{
    //该类包含对其自身的公共静态引用(设计模式-单例模式)
    //这意味着全局中其他类可以访问它,即使没有引用或链接
    public static GameManager instance;

    [Header("Game Properties")]
    public int scoreToWin = 4;        //玩家获胜所需得分的值
    public float timeAmount = 60f;    //玩家必须在多少时间内完成的胜利条件
    public WallMover wall;            //移动墙的引用(后续实现)
    public Camera wallCamera;         //用于显示第二个摄像机的引用,用于显示墙降低,可选项

    [Header("UI Elements")]
```

```
public Text timeText;         //显示时间的 UI 元素
public Text collectText;      //显示玩家得分的 UI 元素
public GameObject winPanel;   //玩家获胜时出现的面板
public GameObject lossPanel;  //玩家失败时出现的面板

int score;        //玩家当前得分
bool gameover;    //游戏是否结束

void Awake()
{
    //如果当前没有 GameManager,设自身为游戏管理器
    //否则,销毁此对象,因为全局只需要一个 GameManager
    if (instance == null)
        instance = this;
    else if (instance != this)
        Destroy(gameObject);
}

void Start ()
{
    //设置用于显示得分的初始 UI 文本和时间
    collectText.text = score + " / " + scoreToWin;
    timeText.text = ((int)timeAmount).ToString();
}

void Update ()
{
    //始终检测运行时是否按下 Cancel 键(退出)。如果是,退出游戏
    if (Input.GetButtonDown ("Cancel"))
        ExitGame ();

    //如果游戏已经结束,不做任何操作
    if (gameover)
        return;

    //倒计时玩家的生存时间
    timeAmount -= Time.deltaTime;

    //如果玩家的生存时间小于或等于 0
    if (timeAmount <= 0f)
    {
        //设置生存时间为 0
        timeAmount = 0f;
        //记录状态为游戏结束
        gameover = true;
        //显示游戏失败面板
        lossPanel.SetActive (true);
    }
```

```csharp
        //更新玩家剩余的生存时间
        timeText.text = ((int)timeAmount).ToString();
    }


    //当玩家拾取收集物时,从 CollectableSpawner 调用此方法
    public void PlayerScored()
    {
        //当玩家获得足够胜利得分时,退出该函数
        //这样可以防止分数高于实际所需,比如只要 4 分实际却得了 5 分的情况
        //可以防止反复控制降低城墙(胜利判定)
        if (score >= scoreToWin)
            return;


        //增加玩家的得分并在 UI 中显示
        score++;
        collectText.text = score + " / " + scoreToWin;


        //如果玩家得分不足以胜利,退出函数
        if (score < scoreToWin)
            return;


        //降低城墙
        wall.LowerWall ();


        //如果有个额外的城墙摄像机
        if (wallCamera ! = null)
        {
            //打开该摄像机
            wallCamera.enabled = true;
            //延时三秒后,隐藏这个额外的摄像机
            Invoke ("HideDoorCamera", 3f);
        }
    }


    //当玩家进入胜利区域时,调用此方法
    public void PlayerEnteredGoalZone()
    {
        //设置游戏结束标志位
        gameover = true;
        //显示游戏胜利面板
        winPanel.SetActive (true);
    }


    //从 Player 脚本调用该方法。如果游戏未结束,只希望玩家还能移动
    public bool IsGameOver()
    {
        //返回游戏是否结束的标志位
        return gameover;
    }
```

```
    //这个扩展方法,可以用于增加玩家的生存时间
    public void AddMoreGameTime(float amount)
    {
        //根据输入时间参数增加玩家的生存时间
        timeAmount += amount;

        //如果游戏已经结束,修改判定继续开始
        if (gameover)
            gameover = false;
    }


    void HideDoorCamera()
    {
        //关闭额外摄像机的功能
        wallCamera.enabled = false;
    }


    //单击 UI 中的"Play Again"所调用的方法
    public void ReloadScene()
    {
        //重载当前 Scene 场景文件
        SceneManager.LoadScene(SceneManager.GetActiveScene().buildIndex);
    }


    //这个方法通过玩家按键或者从 UI 退出游戏来结束
    public void ExitGame()
    {
        //宏定义方法,如果运行环境是编辑器,通过编辑器标志位修改结束进程
        //但是这个不适用于所有发布平台,因此使用 Application.Quit 用于其他平台结束
        #if UNITY_EDITOR
            UnityEditor.EditorApplication.isPlaying = false;
        #else
            Application.Quit();
        #endif
    }
}
```

找到 Player_FullControl 脚本中 FixedUpdate 方法中,为胜负处理预留的位置,添加以下代码:

```
//如果 GameManager 存在,且游戏已经结束
if (GameManager.instance != null && GameManager.instance.IsGameOver())
{
    //将速度设置为 0,返回到空闲动画状态
    anim.SetFloat("Speed", 0f);
    return;
}
```

找到 CollectableSpawner 脚本中 CollectableTaken 方法,在开头添加以下代码:

```
//如果 GameManager 存在,通知玩家得分
```

```
if (GameManager.instance ! = null)
    GameManager.instance.PlayerScored ();
```

在 Scripts 文件夹内右键 Create→C# Script，重命名 WallMover，控制胜利时移动城墙的逻辑脚本。

```csharp
using UnityEngine;

public class WallMover : MonoBehaviour
{
    public float moveDistance = 3f;  //城墙的移动距离
    public float moveSpeed = 2f;     //城墙的移动速度
    public bool raised = true;       //城墙是否到达升起的位置

    AudioSource audioSource;      //城墙音效的引用
    Vector3 targetPosition;       //希望城墙移动到的目标位置量
    bool moving = false;          //城墙是否正在移动

    void Start()
    {
        //获取城墙上的音效组件引用
        audioSource = GetComponent<AudioSource> ();
    }

    void Update()
    {
        //如果城墙不再移动,退出方法
        if (! moving)
            return;

        //逐渐将城墙从当前位置移动到新的目标位置
        transform.position = Vector3.Lerp (transform.position, targetPosition, moveSpeed * Time.deltaTime);

        //如果城墙距离最终目标位置非常近(比如小于0.001米)
        //考虑其已经到达,关闭移动标志位,防止城墙不自然地抖动
        if (Vector3.Distance (transform.position, targetPosition) <= .001f)
            moving = false;
    }

    //可以调用此方法来抬高较低位置的城墙
    public void RaiseWall()
    {
        //如果城墙已经升起或正在移动,退出此方法
        if (raised || moving)
            return;

        //通过将移动距离加当前位置的Y值来计算新位置
        targetPosition = transform.position + new Vector3 (0f, moveDistance, 0f);
```

```
        //设置城墙正在移动
        moving = true;

        //如果有音效,立即播放
        if(audioSource ! = null)
            audioSource.Play ();
    }

    //游戏管理器调用此方法来降低城墙
    public void LowerWall()
    {
        //如果城墙已经降低或正在移动,退出此方法
        if (! raised || moving)
            return;

        //通过将移动距离减当前位置的 Y 值来计算新位置
        targetPosition = transform.position - new Vector3 (0f, moveDistance, 0f);

        //设置城墙正在移动
        moving = true;

        //如果有音效,立即播放
        if(audioSource ! = null)
            audioSource.Play ();
    }
}
```

将 Game Manager UI 下的 TimerPanel 拖到 Environment 下作为子节点(见图 9 - 72)。

接着会提示"Break the prefab"选择 Continue。将 CollectPanel 拖到 Viking_Sword 下作为子节点(见图 9 - 73)。

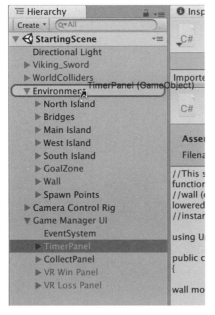

图 9 - 72 拖拽 TimerPanel 至 Environment

图 9 - 73 拖拽 CollectPanel 至 Viking_Sword

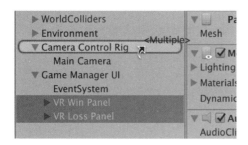

图 9-74 拖拽 VR Win Panel 和 VR Loss Panel 至 Camera Control Rig

将 VR Win Panel 和 VR Loss Panel 都拖到 Camera Control Rig 下作为子节点(见图 9-74)。

重新调整 UI 布局之后,运行游戏查看效果(见图 9-75)。

收集物状态面板已经与维京人角色一同移动了,但是它会跟随角色的角度一起旋转,需要一个方式让 UI 始终朝向摄像机。

在 Scripts 文件夹内右键 Create → C# Script,重命名 LookAtTarget,控制 UI 朝向的逻辑脚本。

图 9-75 运行游戏的效果

```
using UnityEngine;

public class LookAtTarget : MonoBehaviour
{
    Transform target;  //摄像机的 Transform

    void Start()
    {
        //将 Target 设置为场景中的主摄像机
        target = Camera.main.transform;
    }

    //在所有 Update 运行结束之后调用
    void LateUpdate()
    {
        //将本身的旋转值设置为面向摄像机
        //注意:由于将 UI 文本指向摄像机会使其显示向后
        //因此实际将此对象直接指向远离相机的方向
        transform.rotation = Quaternion.LookRotation (transform.position - target.position);
    }
}
```

选择 Viking_Sword→CollectPanel,添加 Look At Target 组件(见图 9-76)。

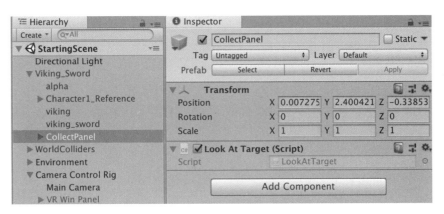

图 9-76 添加 Look At Target 组件

运行游戏,发现收集物状态 UI 已经可以正常显示,面向摄像机了(见图 9-77)。

图 9-77 收集物状态正常显示

找到 Environment → Wall, 添加 Wall Mover 组件(见图
9-78)。

找到 Game Manager UI 游戏对象,添加 Game Manager 组件,
分别将 Environment → Wall、Environment → TimerPanel →
TimerCanvas → Time Text、Viking _ Sword → CollectPanel →
CollectCanvas→Collect Text、Camera Control Rig→VR Win Panel
和 Camera Control Rig→VR Loss Panel 关联到 Game Manager 的选项上(见图 9-79)。

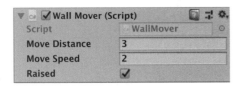

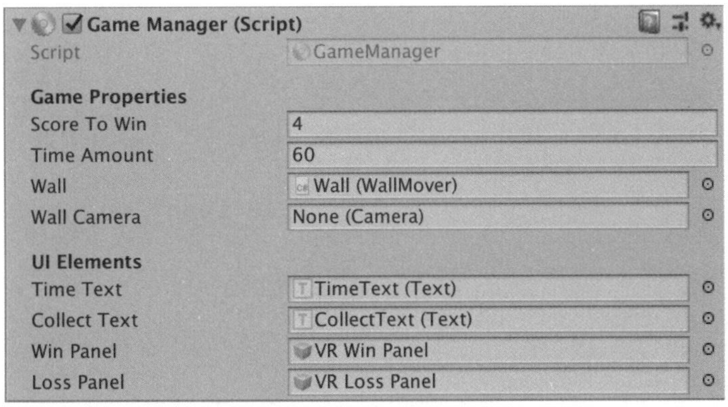

图 9-78 添加 Wall Mover 组件

图 9-79 组件关联

在 Scripts 文件夹内右键 Create→C# Script,重命名 GoalZone,用于处理到达终点的逻辑。

```csharp
using UnityEngine;

public class GoalZone : MonoBehaviour
{
    bool isActive = true; //终点是否激活

    void OnTriggerEnter(Collider other)
    {
        //如果终点未激活或进入的不是玩家,退出方法
        if (! isActive ||! other.CompareTag("Player"))
            return;

        //由于玩家到达终点,关闭激活状态。防止玩家多次尝试判定胜负
        isActive = false;

        //如果 GameManager 存在,通知玩家已经进入终点
        if(GameManager.instance ! = null)
            GameManager.instance.PlayerEnteredGoalZone();
    }
}
```

在 Hierarchy 中,找到 Environment→GoalZone,通过 Add Component 添加 GoalZone 组件。

在 Scripts 文件夹内右键 Create→C# Script,重命名 VRUIPanel,用于控制 VR 浮空 UI 的逻辑。

```csharp
using UnityEngine;
using System.Collections;
using UnityEngine.UI;

public class VRUIPanel : MonoBehaviour
{
    public float appearSpeed = 10f;      //对象缩放的速度
    public Button preSelectedButton;       //第一个被选中的按钮(对于 VR 控制器很必要)

    Vector3 initialScale;   //对象的初始尺寸
    Vector3 targetScale;      //对象的目标尺寸

    //当游戏对象激活时,调用该方法
    void OnEnable()
    {
        //记录对象初始尺寸
        initialScale = transform.localScale;
        //设置尺寸为 0
        transform.localScale = Vector3.zero;
        //将目标尺寸设置为原始尺寸,以便之后可以缩放到初始大小
        targetScale = initialScale;

        //启动缩放效果协程
```

```
        StartCoroutine (Zoom ());
    }


#if UNITY_ANDROID
    void Update()
{
        //[移动 VR]控制器或单触发键重启游戏
        if( Input.touches.Length > 0 && GameManager.instance.IsGameOver())
        {
            GameManager.instance.ReloadScene();
        }
    }
#endif

    //这个协程作用是缩放对象
    //协程允许方法随时间进行调用,而不是立即调用
    IEnumerator Zoom()
    {
        //当游戏对象还未达到目标大小
        while (Vector3.Distance (transform.localScale, targetScale) > .01f)
        {
            //使用 Lerp 随时间推移缩放游戏对象尺寸
            transform.localScale = Vector3.Lerp (transform.localScale, targetScale, appearSpeed
* Time.deltaTime);
            //离开这段代码直到下一帧之前
            yield return null;
        }

        //一旦缩放完成,就选择指定按钮
        preSelectedButton.Select ();
    }
}
```

找到 Hierarchy 中,VR Win Panel 和 VR Loss Panel,添加组件 VRUI Panel(见图 9-80)。

图 9-80　添加组件 VRUI Panel

指定 Pre Selected Button 为各自子节点 Play Again Button 按钮。

找到 VR Win Panel→Play Again Button 上的 Button 组件,设置 On Click 事件调用为 Game Manager UI→GameManager.ReloadScene 方法(见图 9-81)。

找到 VR Win Panel→Exit Game Button 上的 Button 组件,设置 On Click 事件调用为 Game Manager UI→GameManager.ExitGame 方法(见图 9-82)。

在 VR Loss Panel 上做同样的操作。运行游戏,时限一到就会弹出 VR Loss Panel 的 UI(见图 9-83)。

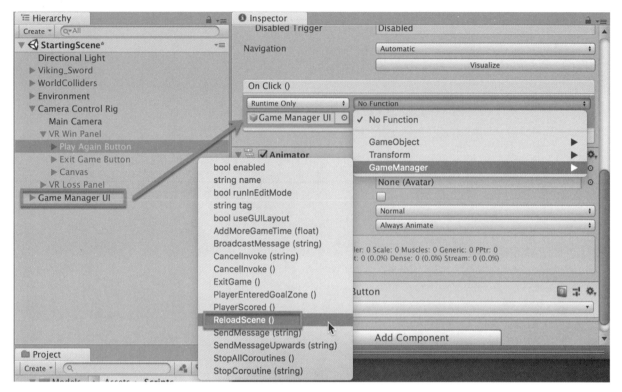

图 9-81 设置 Button 组件(1)

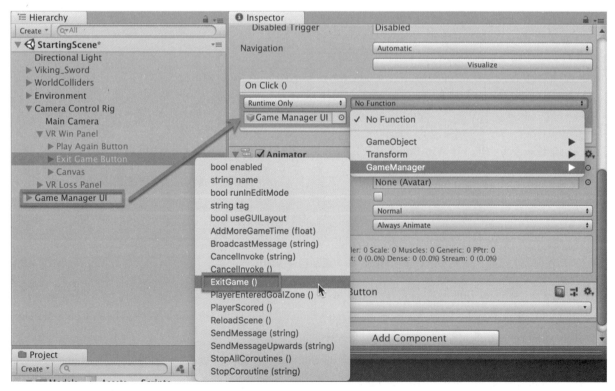

图 9-82 设置 Button 组件(2)

图 9 - 83　设置 VR Loss Panel

可以通过键盘上下键移动按钮的选中状态,按回车选择功能(见图 9 - 84)。

图 9 - 84　设置完成的效果显示

成功拾取到 4 个盾牌收集物到达 GoalZone,也会弹出 VR Win Panel 的 UI,可以进行一样的操作。

9.9　音乐与音效

游戏不会缺少背景音乐和各种音效,这里会指导添加与 3D 空间无关的背景音乐,以及与 3D 空间位置相关的立体音效。

9.9.1　背景音乐实现

在 Hierarchy 中找到 Camera Control Rig→Main Camera,通过 Add Component 添加 Audio Source(见图

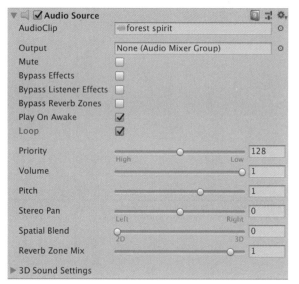

图 9-85　添加 Audio Source

9-85）。

设置 AudioClip 为 forest spirit，勾选 Loop。这里 Spatial Blend 的值为 0，即播放的是 2D 音乐音效，因此声音效果不随角色和目标的位置变化而变化。

9.9.2　城墙和收集物音效添加

找到 Hierarchy 中 Environment→Wall，添加 Audio Source，设置 AudioClip 为 Spell_02，并取消 Play On Awake 勾选，作为移动城墙的音效（见图 9-86）。

这里将 Spatial Blend 设置为 1，就实现了 3D 空间的音效，这样音效的音量等都会随 Audio Listener 与之空间距离的不同而变化。

在 Project 窗口中，找到 Prefabs→Collectable，通过 Add Component 添加 Audio Source（见图 9-87）。

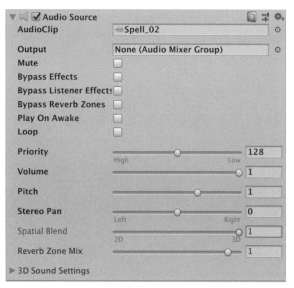

图 9-86　设置移动 Wall 的声效

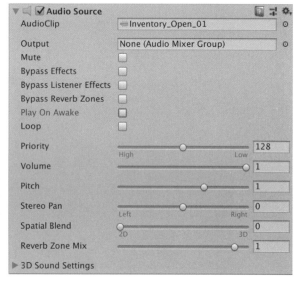

图 9-87　设置 Collectable 里组件的声效

设置 AudioClip 为 Inventory_Open_01，取消勾选 Play On Awake。这样收集物的音效也添加完毕。可以运行游戏，测试背景音乐与音效的效果。

9.10　提升画面效果

现在场景中的基础效果还一般，可以通过更新天空盒和摄像机后期处理效果来提升画面品质。

9.10.1　天空盒设置

在 Project 窗口中找到 Skyboxes→Sunny 03B noSun 材质（见图 9-88）。

通过所使用的 Shader 可知,这是一个支持移动平台的天空盒材质,基于六个面的 Cubemap。天空盒材质的赋予可以通过将天空盒材质直接拖拽到 Scene 窗口中,天空方向的方式来实现(见图 9－89)。

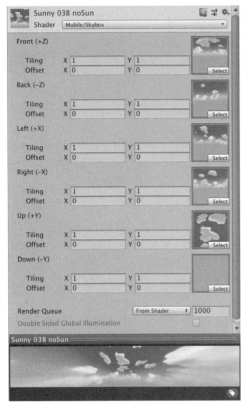

图 9－88　Sunny 03B noSun 材质寻找

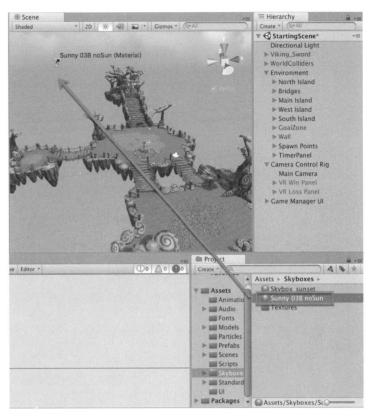

图 9－89　天空盒材质

而且从 Game 窗口中发现,Sunny 03B noSun 已经成功应用到这个游戏中了(见图 9－90)。

图 9－90　Sunny 03B noSun 成功应用

单击顶部菜单 Window→Rendering→Lighting Settings 打开光照设置窗口(见图 9－91)。

在“Environment”光照环境中,Skybox Material 天空盒材质已经是之前赋予的 Sunny 03B noSun 了。指定 Sun Source 为场景中的 Directional Light(见图 9－92)。

图 9-91　打开光照设置窗口

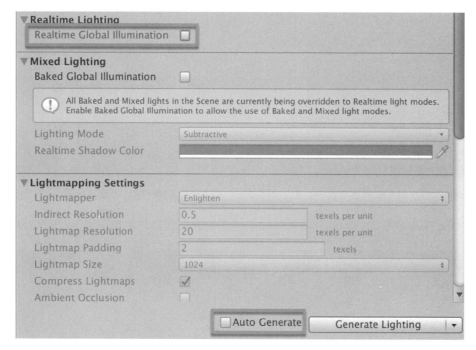

图 9-92　指定 Sun Source 为场景中的 Direction Light

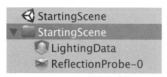

图 9-93　光照信息的生成

取消 Realtime Global Illumination 实时全局光照的勾选，取消 Auto Generate 自动生成光照信息的勾选，单击 Generate Lighting 进行手动光照信息的生成（见图 9-93）。

在 Scenes 目录中，会生成一个与现有场景 StartingScene 同名的文件夹，其中包含的 LightingData 就是新生成的光照信息文件。另一个 ReflectionProbe-0 文件就是一个反射探针信息的文件，因为场景中没有其他的反射探针，所以系统会默认以天空盒为基础反射探针生成反射探针信息文件。

9.10.2　通过 PPS 改善画面

PPS 全称 Post Processing Stack，是由 Unity 官方开发的摄像机后期处理栈工具（见图 9-94）。

开发者可以通过 PPS 工具，无需撰写代码似非常便利地改善画面表现效果。并且 PPS 可以无缝地与 Timeline、Cinemachine 等 Unity 影视级工具链结合使用，获得好莱坞大片的画面品质，屡获殊荣的《Adam》系列、《死者之书》等就是极佳的证明。

在 Unity 2018.2 中，可以通过 Package Manager 获得最新的 PPS 工具。单击顶层菜单 Window → Package Manager，打开 Package Manager 窗口（见图 9-95）。

在 All 标签栏中找到 Post Processing，选择并单击 Install 安装（见图 9-96）。

图 9-94　PPS

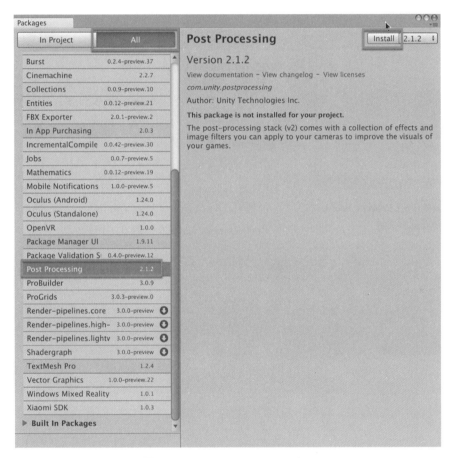

图 9-95　Packager Manager 窗口

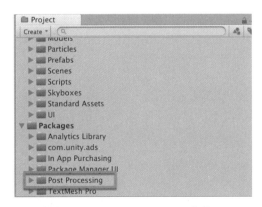

图 9-96　Post Processing 安装

安装成功之后，可以在 Project 窗口的 Packages 目录中找到 Post Processing 文件夹。

在 Hierarchy 空白处右键 Create Empty，重命名 Post Process Volumes，通过 Add Component 添加 Post Process Volumes 组件（见图 9-97）。

勾选 Is Global 之后，单击 New 创建新的 Post Process Profile 后期处理配置文件（见图 9-98）。

新生成的 Post Process Volumes Profile 文件会生成在 StartingScene 场景文件的同级目录中，放置在 StartingScene_Profiles 文件夹下。

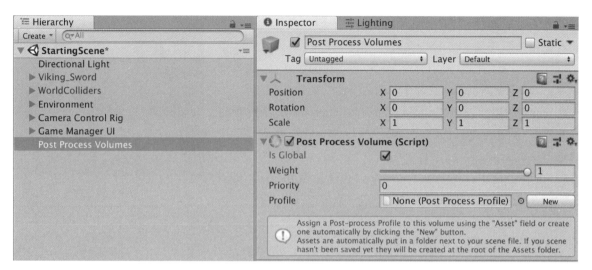

图 9-97　添加 **Post Process Volumes** 组件

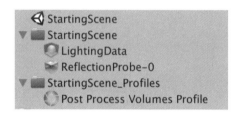

图 9-98　创建新的 **Post Process Profile**
后期处理配置文件

选中 Post Process Volumes 游戏对象,单击 Inspector 上面的 Layer 旁下拉列表,选择 Add Layer ... 在 User Layer 10 添加 Postprocessing(见图 9-99)。

指定 Post Process Volumes 的 Layer 为 Postprocessing(见图 9-100)。

回到 Camera Control Rig→Main Camera,通过 Add Component 添加 Post Process Layer(见图 9-101)。

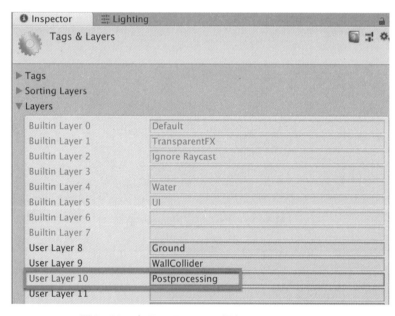

图 9-99　在 **User Layer 10** 添加 **Postprocessing**

设置 Layer 为 Postprocessing,Anti-aliasing 抗锯齿模式设置为 FXAA,适用于全平台,包括移动设备。回到 Post Process Volumes 游戏对象(见图 9-102)。

单击 Add effect,分别添加 Unity→Bloom 和 Unity→Color Grading 两个效果。单击 Bloom 展开参数设定表(见图 9-103)。

勾选 Intensity 光强选项,将数值调整为 8,发现天空盒中白云部分就明显有光亮的效果,很接近真实

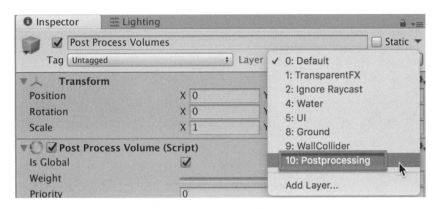

图 9-100 指定 Post Process Volumes 的 Layer 为 Postprocessing

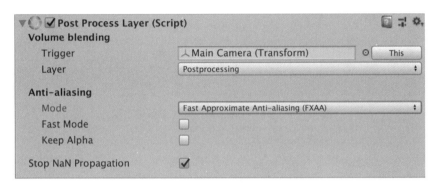

图 9-101 添加 Post Process Layer

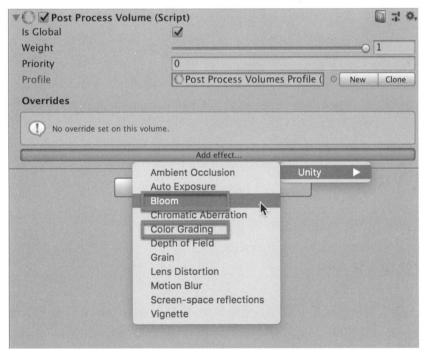

图 9-102 回到 Post Process Volumes 游戏对象

世界中白云的感觉。单击 Color Grading 展开参数设定表(见图 9-104)。

勾选 Mode,选择 Low Definition Range 主要针对低端显示效果的调整(见图 9-105)。

勾选 Trackballs 下的 Lift 选项,调整圆形中的圆圈控制器到中心的右上位置,Game 窗口中的摄像机画面效果就偏紫色。这个效果与实际运行游戏的效果是一致的。

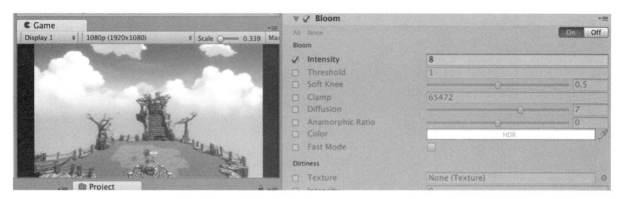

图 9-103　展开 Bloom 参数设定表

图 9-104　展开 Color Grading 参数设定表

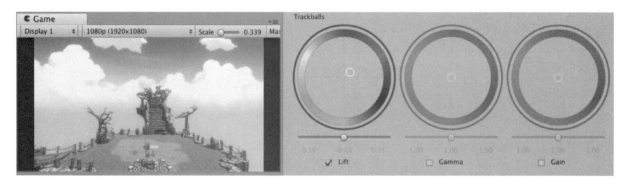

图 9-105　勾选 Mode,选择 Low Definition Range

9.11　集成 VR

3D 部分的搭建基本结束,现在可以加入 VR 的集成。

9.11.1　创建快捷 VR 开关

这个开关是只会在编辑器模式下生效的便捷操作,因此先在 Scripts 文件夹下新建一个文件夹(右键 Create→Folder),重命名 Editor。然后右键 Create→C# Script,重命名 VREditorToggle。

```
sing UnityEngine;
using UnityEditor;      //Unity 编辑器功能
using UnityEngine.XR;   //Unity XR 设置及功能,包括 VR


public class VREditorToggle
{
```

```
const string ONNAME = "VR/Enable VR";        //"启用"功能按钮显示
const string OFFNAME = "VR/Disable VR";       //"禁用"功能按钮显示


//此方法创建"启用"菜单项
//单击菜单项时,将执行此方法中的代码
[MenuItem(ONNAME)]
static void EnableVR()
{
    //打开 VR 功能支持
    PlayerSettings.virtualRealitySupported = true;
}


//此方法"验证"Enable 菜单项
//编辑器使用它来为我们格式化菜单项
[MenuItem(ONNAME, true)]
static bool EnableValidate()
{
    //如果启用了"VR 支持",请在此菜单项旁边添加复选标记
    Menu.SetChecked (ONNAME, PlayerSettings.virtualRealitySupported);
    //返回与是否支持 VR 相反的情况
    //因此,如果启用了"VR 支持",则返回"false"
    //结果 True,如果启用了 VR 支持,则此菜单项将显示为灰色,无法再次选择
    return ! PlayerSettings.virtualRealitySupported;
}


//此方法创建"禁用"菜单项
//单击菜单项时,将执行此方法中的代码
[MenuItem(OFFNAME)]
static void DisableVR()
{
    //关闭 VR 功能支持
    PlayerSettings.virtualRealitySupported = false;
}


//此方法"验证"Disable 菜单项
//编辑器使用它来为我们格式化菜单项
[MenuItem(OFFNAME, true)]
static bool DisableValidate()
{
    //如果禁用 VR 支持,请在此菜单项旁边添加复选标记
    Menu.SetChecked (OFFNAME, ! PlayerSettings.virtualRealitySupported);
    //返回与是否支持 VR 相反的情况
    //因此,如果禁用 VR 支持,则返回"true"
    //结果 True,如果禁用 VR 支持,则此菜单项将显示为灰色,无法再次选择
    return PlayerSettings.virtualRealitySupported;
}
}
```

单击顶层菜单 Edit→Project Settings→Player,找 XR Settings(见图 9-106)。

发现 VR 支持的功能没有勾选上。单击顶层菜单新生成的按钮 VR→Enable VR(见图 9-107)。

图 9-106　Player 菜单下的 XR Settings

图 9-107　勾选 VR 支持的功能

图 9-108　XR Settings 设置变化

在 Inspector 中可以发现,XR Settings 马上发生变化了(见图 9-108)。

9.11.2　实现 PC VR 功能

实现 PC VR 功能之前,这里先实现在编辑器环境内通过鼠标模拟 VR 头盔的操作。在 Scripts 文件夹内右键 Create → C # Script,重命名 CameraEditorControl。

```csharp
using UnityEngine;

public class CameraEditorControl : MonoBehaviour
{
    [SerializeField] bool m_MouseControl = true;      //是否使用鼠标进行 VR 控制的开关
    [SerializeField] float m_Speed = 5f;              //摄像机的移动速度

    void Awake()
    {
        //如果运行时不是编辑器环境,将会自动销毁这个组件
#if ! UNITY_EDITOR
        Destroy (this);
#else
        //如果是让鼠标控制摄像机,锁定鼠标
        if(m_MouseControl)
            LockCursor();

#endif
    }

    //检测鼠标移动并相应地移动摄像机
    void Update()
    {
        //如果不是鼠标控制摄像机,退出方法
        if (! m_MouseControl)
            return;
```

```
    //获取鼠标的移动信息
    float horizontal = Input.GetAxis("Mouse X") * m_Speed;
    float vertical = Input.GetAxis("Mouse Y") * m_Speed;
    //相应地旋转摄像机
    transform.Rotate(0f, horizontal, 0f, Space.World);
    transform.Rotate(-vertical, 0f, 0f, Space.Self);
    //如果按了退出键(Escape),解除鼠标的锁定
    if (Input.GetButtonDown("Cancel"))
        UnlockCursor();
}


void LockCursor()
{
    //将鼠标光标锁定在屏幕中间,然后将其隐藏
    Cursor.lockState = CursorLockMode.Locked;
    Cursor.visible = false;
}


void UnlockCursor()
{
    //接触鼠标光标的锁定,并显示
    Cursor.lockState = CursorLockMode.None;
    Cursor.visible = true;
}
}
```

找到 Hierarchy 中 Camera Control Rig,通过 Add Component 添加 Camera Editor Control。运行游戏,检测效果(见图 9-109)。

图 9-109　添加 Camera Editor Control 的效果

鼠标可以正常"替代"VR 头显的功能。通过顶层菜单 Edit→Project Settings→Player,打开 Player 设置窗口,找到最下面的 XR Settings(见图 9-110)。

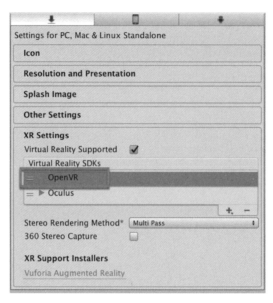

图 9-110　Player 设置窗口的 XR Settings

在 Enable VR 的前提下,单击+号添加 OpenVR,即支持 SteamVR 的 HTC Vive 硬件。

为了便利 PC VR 控制器的输入操作,创建一个键盘与控制器通用的角色控制脚本。在 Scripts 文件夹内右键 Create→C# Script,重命名 Player_ControllerMove。

```
using UnityEngine;

public class Player_ControllerMove : MonoBehaviour
{
    [SerializeField] float movementSpeed = 5.0f;     //角色的速度
    [SerializeField] float turnSpeed = 1000f;        //角色转弯的速度

    Animator anim;           //角色动画控制器 Animator 的引用
    Rigidbody rigidBody;     //角色刚体的引用
    Vector3 playerInput;     //存储角色输入的 x, y 和 z

    void Start()
    {
        //获取角色刚体和动画控制器的引用
        rigidBody = GetComponent<Rigidbody>();
        anim = GetComponent<Animator>();
    }


    void FixedUpdate()
    {
        //如果存在 GameManager 并且游戏结束,退出方法
        if (GameManager.instance != null && GameManager.instance.IsGameOver())
        {
            //设置角色动画的 Speed 参数值为 0
```

```
        anim.SetFloat ("Speed", 0f);
        return;
    }


    //获取水平和垂直输入(上/下/左/右箭头,WASD 键,控制器模拟棒等)
    //将该输入存储在我们的 playerInput 变量中(不会有任何"y"输入)
    playerInput.Set(Input.GetAxis("Horizontal"), 0f, Input.GetAxis ("Vertical"));

    //根据矢量的大小(矢量的数值),通知动画控制器"Speed"值
    anim.SetFloat ("Speed", playerInput.sqrMagnitude);

    //如果玩家没有输入,则退出方法
    if (playerInput == Vector3.zero)
        return;


    //接受输入,乘以速度,然后乘以 Time.deltaTime
    //现在将输入归一化后乘以角色移动速度,然后乘以 Time.deltaTime
    //接着把这个值添加到当前位置从而获得新位置值
    //注意:1、我们特地"归一化"输入值,以便玩家不会移动很突兀
    //注意:2、我们将值与 Time.deltaTime 相乘为了确保在不同设备上运行都能得到相同的结果
     Vector3 newPosition = transform.position + playerInput.normalized * movementSpeed *
Time.deltaTime;

    //使用刚体让角色移动到新位置
    //这种方法比用 Transform.Translate 更好,因为这是通过物理方法而不是"传送"到新位置
    rigidBody.MovePosition (newPosition);

    //使用"四元数"类来获得角色要"面向"的旋转值
    Quaternion newRotation = Quaternion.LookRotation (playerInput);

    //如果需要将角色转到新方向上,使用 RotateTowards 实现快速转动,但不是直接修改结果
    if(rigidBody.rotation ! = newRotation)
        rigidBody. rotation = Quaternion. RotateTowards ( rigidBody. rotation, newRotation,
turnSpeed * Time.deltaTime);
    }
}
```

找到 Hierarchy 中的 Viking_Sword,添加 Player_Controller Move 组件(见图 9-111)。

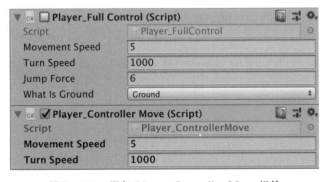

图 9-111　添加 Player_Controller Move 组件

取消勾选 Player_Full Control。运行游戏检测,在鼠标"VR 头盔"的控制下,角色能够正常移动,就是没有了按 Space 键跳跃的效果(见图 9 - 112)。

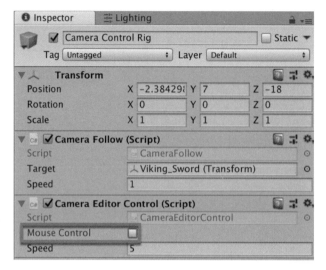

图 9 - 112　取消勾选 Player_Full Control

找到 Camera Control Rig,取消 Camera Editor Control 的 Mouse Control 项目的勾选。

(Windows 环境下)连接 VR 头显就可以获得维京人游戏的 VR 体验了。如果使用的是 HTC Vive,就可以通过控制器移动角色,进行操作。

图 9 - 113 中 2 号的控制圆盘就能进行上下左右的移动,以及 UI 的操作。

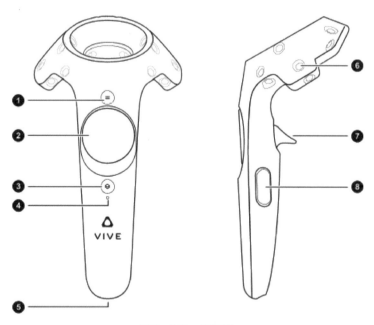

图 9 - 113　控制器

9.11.3　实现移动 VR 功能

这里我们选用最简便的移动 VR 设备 Cardboard 来做移动 VR 端的实现。移动 VR 一般受到一些设备的限制,操作方式比较有限。这个大作业中的解决方案就是通过 Navigation 导航系统简化移动输入。

单击顶层菜单 Window→AI→Navigation 打开导航窗口,找到 Agents 代理标签页(见图 9 - 114)。

自动生成的 Humanoid 代理类型基本符合这款游戏的需要。回到 Hierarchy 中 Viking_Sword 游戏对象,通过 Add Component 添加新组件 Nav Mesh Agent,这样角色就可以使用 Unity 自带导航系统在场景中游走(见图 9 - 115)。

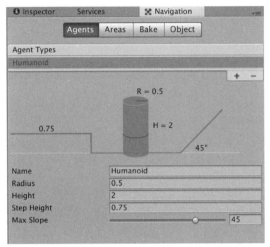

图 9 - 114　Agents 代理标签页

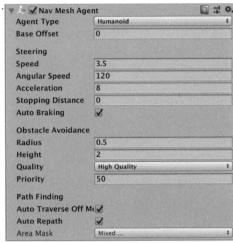

图 9 - 115　添加 Nav Mesh Agent 组件

默认参数基本符合要求。

找到 Environment→Wall 游戏对象,通过 Add Component 添加新组建 Nav Mesh Obstacle,为了是建立一个可以控制的障碍物(见图 9 - 116)。

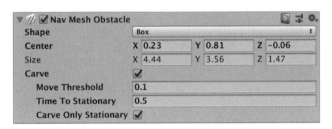

图 9 - 116　添加 Nav Mesh Obstacle 组件

设置 Shape 为 Box,盒状包围障碍物城墙,Center 设置为(0.23,0.81,-0.06),Size 为(4.44,3.56,1.47),勾选 Carve。设定完之后,Hierarchy 中选中 Environment,选择 Navigation→Bake 标签页,单击 Bake 进行导航数据的烘焙(见图 9 - 117)。

从 Scene 场景窗口中,可以发现导航信息烘焙完的结果(见图 9 - 118)。

烘焙好的导航网格数据会保存在场景文件的同名文件夹内(见图 9 - 119)。

现在需要添加移动 VR 专属的角色控制脚本。在 Scripts 文件夹内右键 Create→C# Script,重命名 Player_ClickToMove。

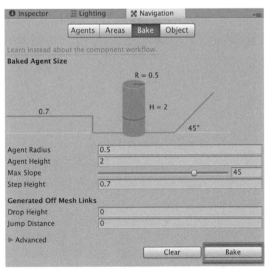

图 9 - 117　设置完成,单击 Bake

图 9-118　烘焙效果

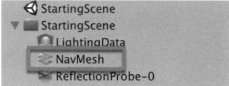

图 9-119　烘焙完成的文件位置情况

```
using UnityEngine;
using UnityEngine.AI; //Unity 导航系统的隶属于 AI

public class Player_ClickToMove : MonoBehaviour
{
    public LayerMask whatIsGround;      //判断用于是否在场景地面的层
    public GameObject navMarker;        //导航标记的 prefab 引用
    public float turnSmoothing = 15f;   //角色转弯的速度


    NavMeshAgent agent;       //角色导航网格代理组件的引用
    NavMeshHit navHitInfo;    //确认角色朝向哪个导航网格
    Animator anim;            //角色动画控制器的引用
        float screenHalfW;
        float screenHalfH;


    void Start ()
    {
        //获取导航网格代理和动画控制器的引用
        agent = GetComponent<NavMeshAgent> ();
        anim = GetComponent<Animator> ();

        //实例化导航标记并将其禁用
        navMarker = Instantiate (navMarker) as GameObject;
        navMarker.SetActive (false);
```

354 ••••••

```
        screenHalfW = Screen.width /2.0f;
        screenHalfH = Screen.height /2.0f;
    }

    void Update ()
    {
        //如果 GameManager 存在且游戏结束,退出方法
        if (GameManager.instance != null && GameManager.instance.IsGameOver ())
        {
            //通过将动画控制器的 Speed 参数设置为 0,回到 Idle 动画状态
            anim.SetFloat ("Speed", 0f);
            return;
        }


        //否者,移动角色
        CheckForMovement ();
        //更新动画动过
        UpdateAnimation ();
    }


void CheckForMovement()
{
    //通过主摄像机发射射线
    Ray ray = new Ray(Camera.main.transform.position, Camera.main.transform.forward);
    //定义一个射线触点
    RaycastHit hit;


    //如果射线在 Ground 层发生射线触点
    if (Physics.Raycast(ray, out hit, 1000, whatIsGround))
    {
        //在 navmesh 中查看射线是否在 5 个单位内
        //我们只能将玩家发送到导航网格上的点,如果是:
        if (NavMesh.SamplePosition (hit.point, out navHitInfo, 5, NavMesh.AllAreas))
        {
            //让触点为代理移动的终点
            agent.SetDestination (navHitInfo.position);
            //先将导航标识移动过去
            navMarker.transform.position = navHitInfo.position;
            //显示出来
            navMarker.SetActive (true);
        }
    //}
    }
}


void UpdateAnimation()
{
    //记录代理的速度
    float speed = agent.desiredVelocity.magnitude;
    //设置动画控制器 Speed 参数
```

```
anim.SetFloat("Speed", speed);
//如果角色发生移动
if (speed > 0f)
{
    //计算角色的朝向
    Quaternion targetRotation = Quaternion.LookRotation(agent.desiredVelocity);
    //通过 Lerp 让角色平滑朝向目标方向
    transform.rotation = Quaternion.Lerp(transform.rotation, targetRotation, turnSmoothing
* Time.deltaTime);
}
    //如果代理的剩余距离小于等于停止距离
if (agent.remainingDistance <= agent.stoppingDistance + .1f)
    {
        //禁用导航标识
        navMarker.SetActive(false);
    }
}
}
```

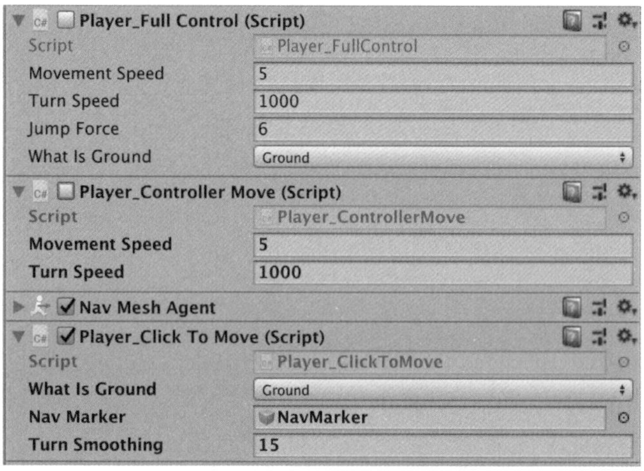

找到 Viking_Sword,通过 Add Component 添加 Player_Click To Move 组件(见图 9-120)。

设置 What Is Ground 为 Ground 层,将 Prefabs→NavMarker 拖到 Nav Marker 选项上,取消 Player_Controller Move 组件的勾选。

重新确认 Camera Control Rig 的 Camera Editor Control→Mouse Control 是否已经勾选上(见图 9-121)。如果没有就勾选上。

运行游戏,检测移动 VR 的编辑器模拟模式(见图 9-122)。

角色可以顺利跟随导航标识移动到目标位置。

图 9-120 添加 Player_Click To Move 组件

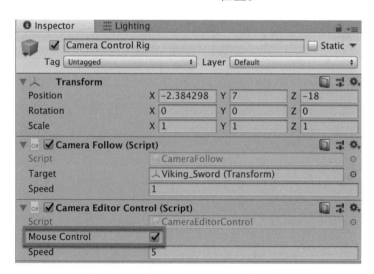

图 9-121 确定 Mouse Control 是否勾选

图 9 - 122 检测移动 VR 的编辑器模拟模式

在 VRUIPanel 中有这么一段代码:

```
#if UNITY_ANDROID
    void Update()
    {
        //[移动VR]控制器或单触发键重启游戏
        if(Input.touches.Length > 0 && GameManager.instance.IsGameOver())
        {
            GameManager.instance.ReloadScene();
        }
    }
#endif
```

主要就是为了 Cardboard 而实现的(见图 9 - 123)Cardboard 输入操作就是通过这个 Input. GetTouch (0)来实现的。

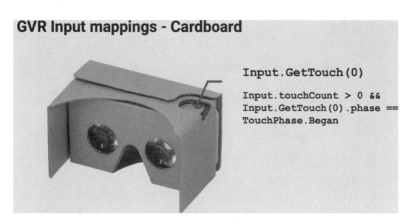

图 9 - 123 Cardboard

9. 12 构建与发布

构建之前保存所有修改过的 Prefab 预制件和 Scene 场景。

针对 PC VR,Hierarchy 中需要做以下调整(见图 9-124)

图 9-124 针对 PC VR,调整 Hierarchy 中的参数

确认 Viking_Sword 中 Player 开头的组件只勾选 Player_Controller Move(见图 9-125)。

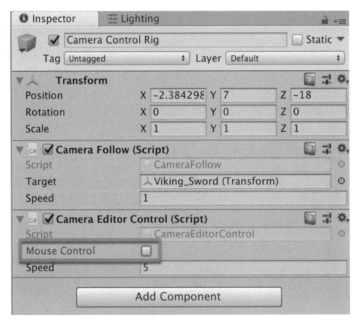

图 9-125 确认 Player_Controller Move 的勾选

确认 Camera Control Rig 的 Camera Editor Control 组件,取消勾选 Mouse Control。

通过顶层菜单 File→Build Settings,打开构建菜单(见图 9-126)。

确保 Scenes In Build 中有当前的 StartingScene,Target Platform 一般使用 PC(Windows)平台。最后 Build And Run 就可以在 PC VR 上运行游戏,并会生成 exe 运行程序。

图 9 - 126 构建菜单

针对移动 VR,Hierarchy 中需要做以下调整(见图 9 - 127)

图 9 - 127 针对 VR,调整 Hierarchy 中的参数

确认 Viking_Sword 中 Player 开头的组件只勾选 Player_Click To Move。同样的,确认 Camera Control Rig 的 Camera Editor Control 组件,取消勾选 Mouse Control。

通过顶层菜单 File→Build Settings,打开构建菜单(见图 9 - 128)。

图 9-128　打开构建菜单

确认已安装 Android Supported。

通过顶层菜单 Unity→Perferences→External Tools，打开外部工具设置菜单（见图 9-129）。

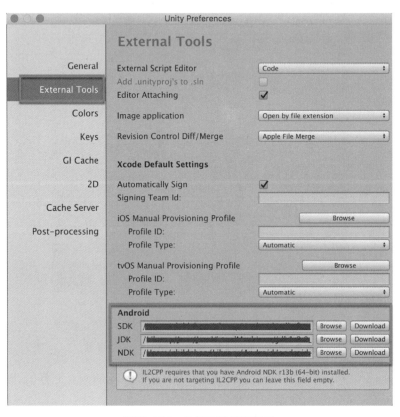

图 9-129　外部工具设置菜单

确认已经安装好 Android SDK 和 JDK,如果想使用 IL2CPP 还需要另外安装 NDK。

通过顶层菜单 Edit→Project Settings→Player,打开 Player 设置菜单(见图 9-130)。

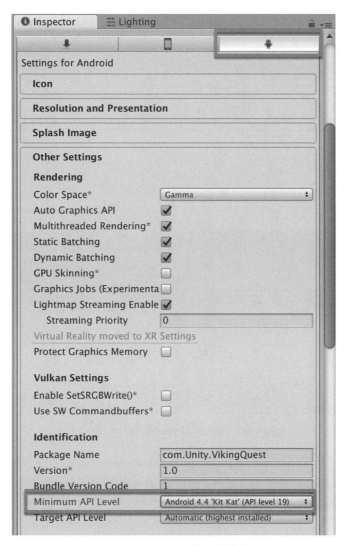

图 9-130 Player 的设置菜单

切换到 Android 图标标签页,从 Other Settings 进行 Cardboard 的基本设置,比如 Minimun API Level 最低 Android 版本为 4.4 版本。

在 XR Settings 部分(见图 9-131)。

图 9-131 XR Settings

单击+号,添加 Cardboard 的 VR SDK 支持。

通过顶层菜单 File→Build Settings,回到构建菜单(见图 9 - 132)。

图 9 - 132 添加 Cardboard 的 VR SDK 支持

在 Platform 列表中,选择 Android 项目,单击 Switch Platform 切换平台。然后设置 Build System 为 Internal,即 Unity 编辑器环境自身使用 Android SDK 和 JDK 构建 apk 的模式。最后单击 Build 生成安卓的 apk 包,安装到支持 Cardboard 的安卓手机上测试效果即可。

附录 基于 HTCVive 的 VR 环境搭建

在开始前,你必须需要拥有 Unity 和 HTC Vive 设备。

(1) 在 Asset Store 中搜索 Steam VR Plugin(见图 1)。

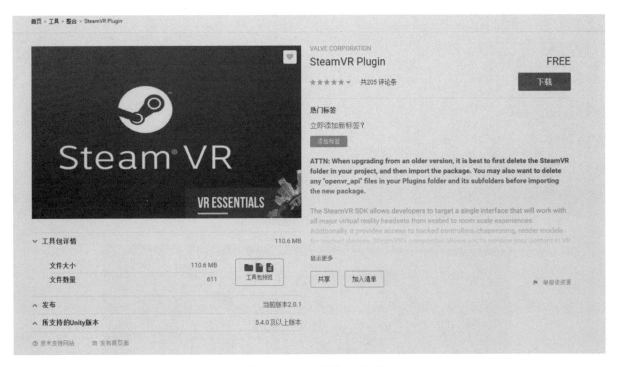

图 1 在 Asset Store 中搜索 VR Plugin

(2) 下载并导入插件(见图 2)。

(3) 打开 SteamVR 文件夹,查看 Prefabs(图 3)。

(4) 将其中的[CameraRig][SteamVR]拖入 scene 中,效果如图 4 所示。

(5) 上图中蓝色区域就是你可以活动的区域,[SteamVR] 所在的位置就是头盔初始化所在的地方。

(6) 单击顶层菜单 Edit→Project Settings→Player,找 XR Settings(见图 5)。

勾选 VR 支持的功能。至此,HTC Vive 的 VR 环境搭建完成。

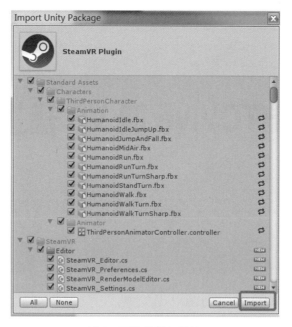

图2　下载并导入插件

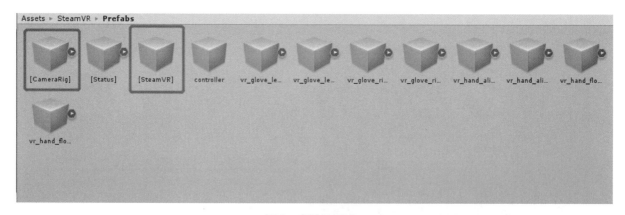

图3　查看 Prefabs

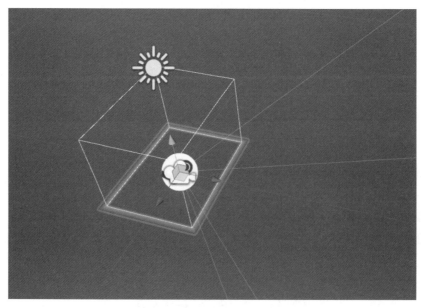

图4　将 CameraRig、SteamVR 拖入 scene 中

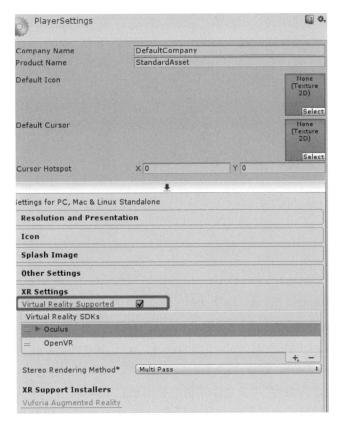

图 5 XR Settings

参考文献

［1］ 张菁.虚拟现实技术及应用[M].清华大学出版社,2011.

［2］ N. Badler. Animation 2000++[J]. IEEE Computer Graphics and Applications, 2000, 20(1): 28 – 29.

［3］ D. Sturman. A brief history of motion capture for computer character animation[J]. In Proc. of SIGGRAPH, 1994, Course 9.

［4］ 赵伟峰.运动捕捉高级教程[M].北京希望电子出版社,2002.

［5］ 陈坚.单目视频人体运动跟踪和获取技术研究[D].中国科学院研究生院(软件研究所)博士论文,2005.

［6］ I. Mikic, M. Trivedi, E. Hunter, P. Cosman. Articulated body posture estimation from multi-camera voxel data[J]. Proceedings of the IEEE Conference on Computer Vision and Pattern Recognition, Kauai, Hawaii, 2001: 455 – 460.

［7］ I. Mikic, M. Trivedi, E. Hunter, P. Cosman. Human body model acquisition and motion capture using voxel data[J]. Proceedings of the Second International Workshop on Articulated Motion and Deformable Objects, 2002, 104 – 118.

［8］ C. Theobalt, M. Magnor, P. Schuler, H. Seidel. Combining 2D feature tracking and volume reconstructions for online video-based human motion capture[J]. Proceedings of the 10th Pacific Conference on Computer Graphics and Applications, Beijing, China, 2002, 96 – 103.

［9］ C. Theobalt, J. Carranza, M. Magnor, H. P. Seidei, Enhancing Silhouette-based Human Motion Capture with 3D Motion Fields, Proceedings of the 1 lth Pacific Conference on Computer Graphics and Applications, Canmore, Canada. 2003, 185 – 193.

［10］ 张翀.真实感3D人脸建模及表情动画技术的研究[D].西北工业大学,硕士学位论文:2004.

［11］ Guenter, Cindy Grimm, Daniel Wood, Henrique Malvar, Fredrick Pighin. Making Faces. In: Computer Graphics Proceedings, Annual Conference Series, ACM SIGGRAPH. 1998. 55 – 66.

［12］ Takaaki Akimoto, Yasuhito Suenaga, Richard S. Wallace. Automatic Creation of 3D Facial Models [J]. IEEE Computer Graphics & Applications, 1993, 13(5): 16 – 22.

［13］ Ming-Hsuan Yang, David J K, and Narendra A. Detecting Faces in Images: A Survey. IEEE Trans. PAMI, Vol. 24, No. 1, pp. 34 – 58, Jan. 2002.

［14］ G. Yang, T. S. Huang. Human Face Detection in Complex Background. Pattern Recognition, Vol. 27, No. 1, pp. 53 – 63, 1994.

[15] C. Kotropoulos, I. Pital. Rule-Based Face Detection in Frontal Views. In Proc. of ICASSP'97, Vol. 4, pp. 2537 - 2540, 1997.

[16] K. C. Yow, R. Cipolla. Feature-based Human Face Detection. Image and Vision Computing, Vol. 15, No. 9, pp. 713 - 735, 1997.

[17] R. L. Hsu, M. A. Mottaleb, and A. K. Jain. Face Detection in Color Images. IEEE Trans. PAMI, Vol. 24, No. 5, pp. 696 - 706, May. 2002.

[18] S. Mckenna, S. Gong, and Y. Rgja. Modeling Facial Colour and Identity with Gaussian Mixtures. Pattern Recognition, Vol. 31, No. 12, pp. 1883 - 1892, 1998.

[19] Y. Dai, Y. Nakano. Face-Texture Model Based on SGLD and Its Application in Face Detection in a Color Scene. Pattern Recognition, Vol. 29, No. 6, pp. 1007 - 1017, 1996.

[20] N. Ahuja. A Transform for Multiscale Image Segmentation by Integrated Edge and Region Detection. IEEE Trans. PAMI, Vol. 18, No. 9, pp. 1211 - 1235, Sep. 1996.

[21] M-H. Yang, N. Ahuja. Detecting Human Faces in Color Images. In Proc. of ICIP'98, Vol. 1, pp. 127 - 130, 1998.

[22] K. Hotta, T. Kurita, and T. Mishima. Scale Invariant Face Detection Method Using Higher-Order Local Autocorrelation Features Extracted from Log-Polar Images. In Proc. of AFGR'98, pp. 70 - 75, 1998.

[23] 李华胜,杨桦,袁保宗. 人脸识别系统中的特征提取. 北京交通大学学报,Vol. 25, No. 2, pp. 18 - 21, 2001.

[24] I. Craw, H. Ellis, and J. Lishman. Automatic Extraction of Face Features. Pattern Recognition Letters, Vol. 5, pp. 183 - 187, 1987.

[25] J. Miao, B. Yin, K. Wang, L. Shen, and X. Chen. A Hierarchical Multiscale and Multiangle System for Human Face Detection in a Complex Background Using Gravity-Center Template. Pattern Recognition, Vol. 32, No. 7, pp. 1237 - 1248, 1999.

[26] A. Yuille, P. Hallinan, and D. Cohen. Feature Extraction from Faces Using Deformable Templates. IJCV, Vol. 8, No. 2, pp. 99 - 111, 1992.

[27] A. Lanitis, C. J. Taylor, and T. F. Cootes. An Automatic Face Identification System Using Flexible Appearance Models. Image and Vision Computing, Vol. 13, No. 5, pp. 393 - 401, 1995.

[28] F. Samaria, S. Young. HMM Based Architecture for Face Identification. Image and Vision Computing, Vol. 12, pp. 537 - 583, 1994.

[29] H. Rowley, S. Baluja, and T. Kanade. Neural Network-Based Face Detection. IEEE Trans. PAMI, Vol. 20, No. 1, pp. 23 - 38, Jan. 1998.

[30] E. Osuna, R. Freund, and F. Girosi. Training Support Vector Machines: An Application to Face Detection. In Proc. of CVPR'97, pp. 130 - 136, 1997.

[31] H. Schneiderman, T. Kanade. Probabilistic Modeling of Local Appearance and Spatial Relationships for Object Recognition. In Proc. of CVPR'98, pp. 45 - 51, 1998.

[32] Sung K, Poggio T. Example-based learning for viewing based human face detection. IEEE Trans. PAMI, Vol. 20, No. 1, pp. 39 - 51, Jan. 1998.

[33] P. Viola, M. Jones. Rapid Object Detection using a Boosted Cascade of Simple. In Proc. of CVPR'01, Vol. 1, pp. 511 - 518, Dec. 2001.

[34] Xiaomao Wu, Lizhuang Ma, Zhihua Chen and Yan Gao. A 12-DOF analytic inverse kinematics solver

for human motion control. Journal of Information & Computational Science, Vol. 1, No. 1, pp. 137 - 141, 2004.

[35] 杨熙年, 张家铭, 赵士宾. 基于骨干长度比例之运动重定目标算法. 中国图象图形学报. 2002, 7(9): 871 - 875.

[36] A. Balestrino, L. Sciavicco. Robust control of robotic manipulators. In Preprints of the 9th [PAC World Congress, Budapest, 1984, 6: 80 - 85.

[37] Y. Tsai, D. Orin. A strictly convergent real-time solution for inverse kinematics of robot manipulators. Journal of Robot System, 1987, 4(4), 477 - 501.

[38] L. Sciavicco, B. Siciliano. A dynamic solution to the inverse kinematic problem for redundant manipulators. In Proc. of the 1987 IEEE International Conference on Robotics and Automation, 1987, 1081 - 1087.

[39] J. Zhao, N. Badler. Inverse kinematics positioning using nonlinear programming for highly articulated figures. ACM Transactions on Graphics, 1994, 13(4), 313 - 336.

[40] K. Choi, H. Ko. On-line motion retargetting. In Proc. of International Pacific Graphics, Seoul Korea, 1999, 32 - 42.

[41] M. Gleicher, P. Litwinowicz. Constraint-based motion adaptation. The Journal of Visualization and Computer Animation, 1998, 9(2), 65 - 94.

[42] M. Oshita, A. Makinouchi. Motion Tracking with Dynamic Simulation. Computer Animation and Simulation, 2000, 59 - 71.

[43] S. Tak, O. Song, H. Ko. Motion balance filtering. Computer Graphics Forum, 2000, 19(3), 437 - 446.

[44] K. Pullen, C. Bregler. Motion capture assisted animation: Texturing and synthesis. In Proc. of SIGGRAPH, ACM Press, 2002, 501 - 508.

[45] Z. Popovic, A. Witkin. Physically based motion transformation. In Proc. of SIGGRAPH, ACM Press, 1999, 11 - 20.

[46] N. Pollard. Simple machines for scaling human motion. Eurographics workshop on Animation and Simulation, 1999, 3 - 11.

[47] A. Safonova, 7. Hodgins, N. Pollard. Synthesizing physically realistic human motion in low-dimensional, behavior-specific spaces. ACM Tran. on Graphics, 2004, 23(3), 514 - 521.

[48] J. Monzani, P. Baerlocher, P. Boulic, etc. Using an Intermediate skeleton and inverse kinematics for motion retargeting. Computer Graphics Forum, 2000, 19(3), 11 - 19.

[49] M. J. Park, S. Y. Shin, Example-based motion cloning, Computer Animation and Virtual Worlds, Vol. 15, No. 3, pp. 245 - 257, 2004.

[50] Xiaomao Wu, Lizhuang Ma, Can Zheng, Yanyun Chen and Ke-Sen Huang. On-line motion style transfer. Lecture Notes in Computer Science. Vol. 4161, pp. 268 - 279, 2006.

[51] M. Gleicher. Comparative analysis of constraint-based motion editing methods. Graphical Models, 2000, 63(2), 107 - 134.

[52] A. Bruderlin and L. Williams. Motion signal processing. In proceedings: SIGGRAPH 95, Aug. 1995, pp. 97 - 104.

[53] S. Lee, G. Wolberg, S. Shin. A hierarchical approach to interactive motion editing for human-like figures. In Proc. of SIGGRAPH, ACM Press, 1999, 39 - 48.

［54］ A. Witkin, Z. Popovic. Motion warping. In Proc. of SIGGRAPH, ACM Press, 1995, 105 - 108.

［55］ M. Gleicher. Motion path editing. In Proc. of 2001 ACM Symposium on Interactive 3D Graphics, Providence, Rhode Island,USA, 2001, 139 - 148.

［56］ Zhihua Chen, Lizhuang Ma, Shuangjiu Xiao, Xiaomao Wu, Yan Gao. Cloning human motion to a new path. Shanghai. IEEE MMSP'05, IEEE Computer Society, 177 - 180, 2005.

［57］ S. Theodore. Understanding animation blending. Game Developer, 2002, 9(5), 30 - 35.

［58］ G. Ashraf, K. Wong. Generating consistent motion transition via decoupled framespace interpolation. Computer Graphics Forum, 2000, 19(3), 45 - 52.

［59］ Yan Gao, Lizhuang Ma, Zhihua Chen, Xiaomao Wu. Motion normalization: the Preprocess of Motion Data, ACM VRST 2005, pp. 253 - 256.

［60］ M. Unuma, K. Anjyo, R. Takeuchi. Fournier principles for emotion-based human fi gu re animation. In Proc. of SIGGRAPH, ACM Press, 1995, 91 - 96.

［61］ C. Rose, B Guenter, B Bodenheimer, etc. Efficient generation of motion transitions using spacetime constraints. Computer Graphics, 1996, 30, 147 - 154.

［62］ J. Park, H. Chung. ZMP Compensation by on-line trajectory generation for biped robot. In Proc. of IEEE SMC'99 Conference, 1999, 4: 960 - 965.

［63］ C. Rose, B. Bodenheimer, M. Cohen. Verbs and Adverbs: Multidimensional Motion Interpolation. IEEE Computer Graphics and Applications, 1998, 18(5), 32 - 41.

［64］ Lucas Kovar, Michael Gleicher. Flexible automatic motion blending with registration curves. In Proceedings: SIGGRAPH 2003, San Diego, California, 2003, pp. 214 - 224.

［65］ P. Glardon, R. Boulic, D. Thalmann. PCA-based walking engine using motion-capture data. In Proc. of the Computer Graphics International (CGI'04), 292 - 298.

［66］ S. Grunvogel, T. Lange, J. Piesk. Dynamic motion models. In Proc. Of Eurographics, 2002, 196 - 175.

［67］ Lucas Kovar, Michael Gleicher and Frédéric Pighin. Motion graphs. In proceedings: SIGGRAPH 2002, San Antonio, Texas, 2002, pp. 473 - 482.

［68］ Y. Li, T. Wang, H. Shum. Motion texture: A two-level statistical model for character motion synthesis. In Procceedings of SIGGRAPH, ACM Press, 2002, 465 - 472.

［69］ Matthew Brand and Aaron Hertzmann. Style machine. In proceedings: SIGGRAPH 2000, New Orleans, 2000, pp. 183 - 192.

［70］ Michael Gleicher, Hyun Joon Shin, Lucas Kovar, Andrew Jepsen. Snap-Together Motion: Assembling Run-Time Animations. Proceedings of the ACM SIGGRAPH 2003.

［71］ Liming Zhao, Aline Normoyle, Sanjeev Khanna, Alla Safonova Automatic construction of a minimum size motion graph. August 2009, SCA'09: Proceedings of the 2009 ACM SIGGRAPH/Eurographics Symposium on Computer Animation.

［72］ Liming Zhao, Alla Safonova. Achieving good connectivity in motion graphs. July 2008 SCA'08: Proceedings of the 2008 ACM SIGGRAPH/ Eurographics Symposium on Computer Animation.

［73］ Lee, J., and Lee, K. H. 2004. Precomputing avatar behavior from human motion data. In ACMSIG GRAPH/Eurographics Symp. On Comp. Animation, 79 - 87.

［74］ Park, S. I., Shin, H. J., Shin, S. Y. 2002. On-line locomotion generation based on motion blending. In ACMSIG-GRAPH/Eurographics Symp. On Comp. Animation, 105 - 112.

［75］ Park，S. I.，Shin，H. J.，Kim，T. H.，and Shin，S. Y. 2004. On-line motion blending for real-time locomotion generation. Computer Animation and Virtual Worlds 15(3－4)：125－138.

［76］ Kwon，T.，Shin，S. Y. 2005. Motion modeling for on-line locomotion synthesis. In ACMSIG GRAPH/Eurographics Symp. On Comp. Animation，29－38.

［77］ Shin，H. J.，OH，H. S. 2006. Fat graphs：Constructing an interactive character with continuous controls. In ACMSIG GRAPH/Eurographics Symp. On Comp. Animation，291－298.

［78］ 高岩. 基于内容的运动检索与运动合成［D］. 上海：上海交通大学，2006，10.

［79］ Arikan，O.，and Frosyth，D. A. 2002. Interactive motion generation from examples. ACM Trans. On Graphics21，3，483－490.

［80］ Lee，J.，Chai，J.，Reitsma，P. S. A.，Hodgins，J. K.，and Pollard，N. S. 2002. Interactive control of avatars animated with human motion data. ACM Trans. On Graphics，21，3，491－500.

［81］ Alla Safonova，Jessica K. Hodgins，Construction and Optimal Search of interpolated Motion Graphs. ACM Transactions on Graphics，Vol. 26. July 2007.

［82］ Y. Li，T. Wang，H. Shum. Motion texture：A two-level statistical model for character motion synthesis. In Procceedings of SIGGRAPH，ACM Press，2002，465－472.

［83］ R. Urtasun，P. Glardon，R. Boulic，etc. Style Based Motion Synthesis. Computer graphics forum，2004，23(4)，799－812.

［84］ Y. Li，M. Greicher，Y. Xu，etc. Stylizing Motion with Drawings. In Proc. of Eurographics SIGGRAPH Symposium on Computer Animation，ACM Press，2003，309－319.

［85］ S. Amkraut，K. Girardm，Motion studies for a work in progress entitled "Eurnythmy"［EB/OL］. ［2009－04－20］. http：// libra. msra. cn/Paper/1280362. aspx.

［86］ CW. Reynolds，Flocks，herds，and schools：A distributed behavioral model［C］// SIGGRAPH 87：Proceedings of the 14th Annual Conference on Computer Graphics and Interactive Techniques. New York：ACM Press，1987：25－34.

［87］ X. Tu，D. Terzopoulos，Artificial fishes：Physics，locomotion，perception，behavior［C］// SIGGRAPH 94：Proceedings of the 21st Annual Conference on Computer Graphics and Interactive Techniques. New York：ACM Press，1994：43－50.

［88］ J. Funge，X. Tu，D. Terzopoulos，Cognitive modeling：Knowledge，reasoning and planning for intelligent characters［C］，SIGGRAPH 99：Proceedings of the 26th Annual Conference on Computer Graphics and Interactive Techniques. New York：ACM Press，1999，29－38.

［89］ W. Shao，D. Terzopoulos，Autonomous pedestrians［C］，SCA 05：Proceedings of the 2005 ACM SIGGRAPH/Eurographics Symposium on Computer Animation. New York：ACM Press，2005：19－28.

［90］ S. R. Musse，D. Thalmann，A hierarchical model for real time simulation of virtual human crowds ［J］. IEEE Transactions on Visualization and Computer Graphics，2001，7(2)：152－164.

［91］ C. Niederberger，M. H. Gross，Hierarchical and Heterogenous Reactive Agents for Real-Time Applications. Computer Graphics Forum，2003，22(3)：323－331.

［92］ B. Ulicny，D. Thalmann，Towards Interactive Real-time Crowd Behavior Simulation. Computer Graphics Forum，2003，21(4)：767－775.

［93］ R. L. Hughes，The flow of human crowds. Annu. Rev Fluid Mech.，35：169－182，2003.

［94］ A. Treuille，S. Cooper，Z. Popovic，Continuum crowds. ACM Transactions on Graphics 25

（SIGGRAPN 2006），3：1160－1168，2006.

[95] N. Badler, Lecture Notes for course CIS560: Computer Graphics, Fall, 2002.

[96] J. M. Airey, J. H. Rohlf, F. P. Brooks, Towards image realism with interactive update rates in complex virtual building environments, Computer Graphics (1990 Symposium on Interactive 3D Graphics), vol. 24, pp. 41－50,（Mar. 1990）.

[97] S. J. Teller, C. H. Sequin, Visibility preprocessing for interactive walkthroughs, Computer Graphics (SIGGRAPH'91 Proceedings), vol. 25, pp. 61－69,（July 1991）.

[98] F. Tecchia, C. Loscos, Y. Chrysanthou, Real time rendering of populated urban environments. ACM Siggraph Technical Sketch, August 2001.

[99] A. Aubel, R. Boulic, D. Thalmann. Real-time Display of Virtual Humans: Level of Details and Impostors, IEEE Transactions on Circuits and Systems for Video Technology, Special Issue on 3D Video Technology 10(2), pp. 207－217(2000).

[100] M. Bunnell, Adaptive Tessellation of Subdivision Surfaces with Displacement Mapping: GPU Gems 2. Addison-Wesley, Chapter 7, 109－122. 2005.

[101] W. C. P. Maciel, P. Shirley, Visual Navigation of Large Environments using Textured Clusters. Proceedings of the 1995 Symposium on Interactive 3D Graphics, 1995: 95－102.

[102] D. Tolani, A. Goswami, N. I. Badler, Real-time inverse kinematics techniques for anthropomorphic limbs, Graphical Models and Image Processing, Vol. 62, No. 5, pp. 353－388, 2000.

[103] L. Kovar, J. Schreiner, M. Gleicher, Footskate cleanup for motion capture editing, In Proceedings of ACM SIGGRAPH Symposium on Computer Animation 2002, ACM SIGGRAPH, pp. 97－104, 2002.